Kubernetes リソース
コマンドチートシート

初期設定

シェルの補完を有効化
```
$ kubectl completon bash << ~/.bashrc
```

設定ファイルの確認
```
$ kubectl config view
```

コンテキスト一覧を取得
```
$ kubectl config get-contexts
```

現在のコンテキストを確認
```
$ kubectl config current-context
```

コンテキストを変更
```
$ kubectl config use-context my-cluster
```

ネームスペースの変更
```
$ kubectl config set-context --current --namespace new-ns
```

リソース操作

Pod作成
```
$ kubectl run --generator=run-pod/v1 nginx ↵
    --image=nginx -labels=app=nginx
```

ロードバランサを作成し、外部からの接続を許可
```
$ kubectl create service loadbalancer nginx --tcp=80
```

Pod作成（コンソールでコマンド実行）
```
$ kubectl run --generator=run-pod/v1 nettool -it ↵
    --image=registry.gitlab.com/okamototk/nettools
```

リソース作成・アップデート
```
$ kubectl apply -f manifest.yaml
```

手動でマニフェストを編集してアップデート
```
$ KUBE_EDITOR=vim kubectl edit svc/docker-registry
```

マニフェストのパッチを適用してアップデート
```
$ kubectl patch node k8s-node-1 -p '{"spec":{"unschedulable":true}}'
```

イメージを更新
```
$ kubectl patch pod valid-pod -p '{"spec":{"containers ":[{"name":"container- ↵
name","image":"new-image"}]}}'
```

マニフェスト内のリソースを削除
```
$ kubectl delete -f manifest.yaml
```

リソースを指定して削除
```
$ kubectl delete pod/mypod
```

コンテナレジストリ認証用Secret作成
```
$ kubectl create secret docker-registry gitlab --docker-server=https:// ↵
registry.gitlab.com/ --docker-username=sato --docker-password=hogehoge -- ↵
docker-email=masas@gohan.com
```

Helm (3.0.0beta3)

リポジトリ追加
```
$ helm repo add stable https://kubernetes-charts.storage.googleapis.com
```

登録リポジトリの一覧
```
$ helm repo list
```

リポジトリ内のChartを検索
```
$ helm search repo wordpress
```

Chartの詳細を表示
```
$ helm show stable/wordpress
```

Chartをインストール（リリースの作成）
```
$ helm install --namespace wp mywp stable/wordpress --version 5.2.0
```

リリースのリストを表示
```
$ helm list --namespace=wp
```

リリースのアップグレード
```
$ helm upgrade mywp stable/wordpress --namespace=wp
```

Chartのコードを取得
```
$ helm pull --untar stable/wordpress
```

リソースの確認

リソース表示
```
$ kubectl get services
```

リソースの詳細情報の表示
```
$ kubectl get pods -o wide
```

リソースのラベルを表示
```
$ kubectl get pods --show-labels
```

すべてのネームスペースのリソースを表示
```
$ kubectl get pods --all-namespaces
```

特定の名前のリソースを表示
```
$ kubectl get deployment my-dep
```

YAML形式でリソース定義を表示
```
$ kubectl get pod my-pod -o yaml
```

クラスタ固有情報を除いてリソース定義を出力
```
$ kubectl get pod my-pod -o yaml -export
```

特定の情報でソート
```
$ kubectl get pods --sort-by='.status.containerStatuses[0].restartCount'
```

ラベルで表示するリソースをフィルタ
```
$ kubectl get pods --selector=app=nginx
```

jsonpathで指定した情報のみを表示
```
$ kubectl get pods -o  jsonpath='{.items[*].metadata.labels.version}'
```

フィールドでフィルタ (.status.phase)
```
$ kubectl get pods --field-selector='status.phase=Running'
```

イベントを発生順にソート
```
$ kubectl get events --sort-by=.metadata.creationTimestamp
```

Pocket
Reference

Kubernetes

ポケットリファレンス

岡本隆史・佐藤聖規
岩成祐樹・正野勇嗣 ——・著
村上大河

技術評論社

はじめに

　私は、Kubernetesは嫌いでした[注1]。

　ちょっとKubernetesを試してみようと思ってもクラスターを構築するのが大変ですし、クラスターでPodが起動できたと思ってもネットワークがつながらないし、ノードに障害が発生するとPod上のデータは消えてしまうし……。

　これらは過去の話で、今はGKEやAKSをはじめとしたマネージドサービスで簡単にKubernetesを構築できます。自前で構築する場合でも、いくつかのKubernetesをサポートしたインストーラや、PC 1台でオールインワンで使えるツールが提供されています。インターネットや書籍でたくさんの情報も提供されているので、トラブルで悩むことも、以前に比べれば各段に減ったでしょう。

　しかしながら、そのたくさんの複雑なリソースを覚えなければならない点や、コマンドラインのkubectlを覚えないといけない課題は、依然として残っています。

　本書では、Kubernetes操作の要となるkubectlコマンドとKubernetesのリソースについて、リファレンスとして網羅的に説明しつつ、Kubernetesとその前提となるDockerの基本的な使い方、リファレンスだけではカバーできない実践的な使い方をまとめ、実用的な書籍としてまとめました。また、「こうすれば動く」という内容だけでなく、エラーが発生したり、動かなかった場合のトラブルへの対処法なども処方せん的に記載しました。

　入門者の方には、Kubernetesの概要をつかみつつ、ハマったときにはトラブルの対処法を見ながらの学習に、中級者くらいの方には、まれにしか使わないコマンド・リソースを確認し思い出す際に、上級者には後輩にKubernetesを教えるために、本書を活用いただければ幸いです。

2019年10月　著者代表 岡本隆史

注1　本稿を書いている岡本の見解であり、著者全員の総意ではないと誤解を生まないように補足しておきます。

本書の使い方

OS・バージョンについて

OS	バージョン
Windows	10
Linux	Ubuntu 18.04.2
Mac	macOS Mojava 10.14.4

ソフトウェアについて

ソフトウェア	バージョン
Kubernetes	1.13～1.15
Docker	18.09 (docker-ce)
GKE	v1.14.3-gke.11
AKS	1.15.3
Minikube	v1.3.1 (Kubernetes 1.15.3)
Microk8s	1.15.2
Helm	v3.0.0beta2
Loki	0.3.0
GitLab	omibus

コマンドとオプション、リソースのパラメータについて

　本書で解説しているコマンドとオプション、およびKubernetesリソースのパラメータは、利便性を高めるために、重要なコマンドとオプションを選んで掲載しています。すべてのコマンドやオプションを確認したい場合はkubectl helpを、リソースを確認したい場合はkubectl api-resources (P.115)・kubectl explain (P.113) を参照してください。

リファレンスの読み方について

　本書第2章のリファレンスは、kubectlコマンドとKubernetesリソースについて
解説しています。

コマンドリファレンスの読み方

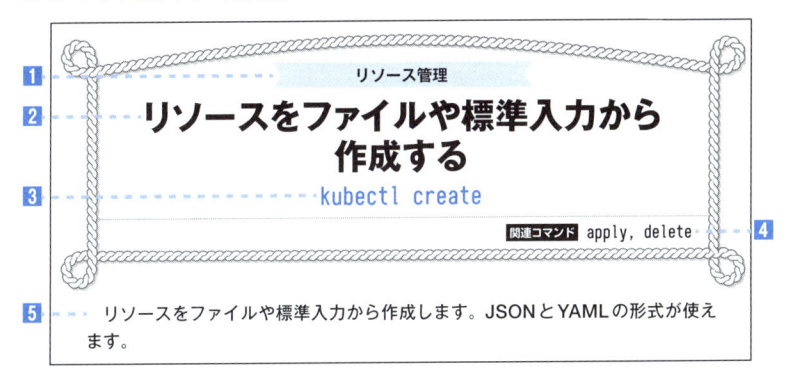

1 コマンドもしくはリソースのカテゴリを示します。
2 コマンドの機能の概要を示します。
3 コマンドを示します。
4 関連するコマンドを示します。
5 コマンドの説明です。

コマンドの書式

> ⬤ **書式**
>
> **1** kubectl create -f <ファイル名>
>
> **説明**
> 　Kubernetesはリソースという単位でコンテナやロードバランサーを管理します。
> createコマンドはリソースを作成・管理するコマンドです。リソースについては、
> 本章の後半で詳しく説明します。namespaceなどのサブコマンドが多数あります。
> これらはこの後説明します。
>
> **2** **オプション**
>
> --edit 　　　　　　　　　　　　リソースを作成する前に、入力ファイルを編集しま
> 　　　　　　　　　　　　　　　　す。
>
> **3** **頻出オプション（P.70参照）**
> --selector (-l) , --template, --output (-o) , --recursive (-R) , --filename
> (-f) , --dry-run, --record, --kustomize (-k)
>
> kubectl create -f sample.yaml --edit -o <ファイル書式>
>
> **説明**
> 　sample.yamlを入力として、リソース作成前に編集し、結果をYAML形式で出力
> します。
>
> **オプション**
> 　上記書式と同じです。

コマンドの別の書式（書式が複数ある場合）。同コマンドの別書式で
説明済みのオプションについては、特に差異がない場合は説明を省略

1 オプションの記述
　[オプション]
　　　省略可能なオプション（例：[-v]）
　オプション＝値
　　　値を設定するオプション（例：--namespace=foo）
　オプション1 | オプション2
　　　どちらか選択するオプション
　　　（例 [-f <ファイル名>] | <リソース種別>/<リソース名>)
　オプション（オプションの別名）
　　　オプションの別名（例：--filename=<ファイル名> (-f <ファイル名>)）
2 オプションの詳細な説明
3 頻出オプション
　各コマンドで共通的によく利用されるオプションを記載します。詳細は、P.68の
　「kubectlの概要」を参照してください。なお、頻出オプションとは別に、各コマン

ドで共通的に利用できる共通オプションも同セクションで説明しているので、最初に確認してください。

リソースリファレンスの読み方

リソースも基本的にコマンドと同じですが、下記の部分が追加になっています。

1 別名の記述
リソース名の別名（ショートネーム）を記載しています。リソースはこの別名でも指定できます。

リソースの書式

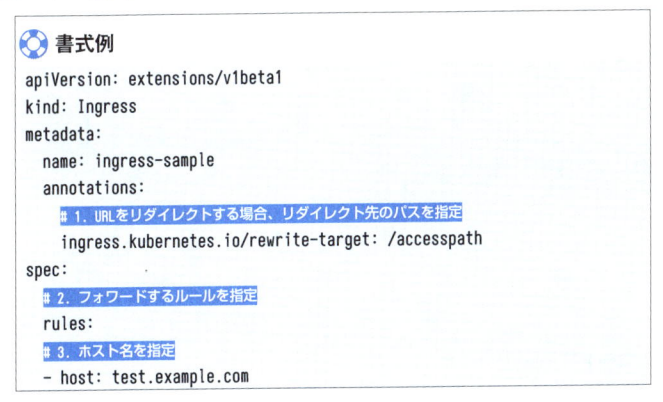

リソースは、YAML形式で記述されるKubernetesのマニフェストの書式例に対してコメントを入れる形式で、記載内容を説明しています。

なお、マニフェスト中の位置を指定する場合は、本書ではJSON形式で記載します。たとえば、上記のhost（test.example.com）の位置は、「.spec.rules[0].host」のように記載されます。

annotations に指定する内容はアノテーション欄に記載しています。

アノテーション

アノテーション	型	説明
seccomp.security.alpha. kubernetes.io/ allowedProfileNames	文字列	設定を許可する seccomp のプロファイル（例： docker/default）
seccomp.security.alpha. kubernetes.io/ defaultProfileName	文字列	デフォルトの seccomp のプロファイル（例：docker/ default）
apparmor.security.beta. kubernetes.io/ allowedProfileNames	文字列	設定を許可する AppArmor のプロファイル（例： runtime/default）
apparmor.security.beta. kubernetes.io/ defaultProfileName	文字列	デフォルトの AppArmor のプロファイル（例：runtime/ default）

また、各コマンドとリソースの説明の最後に、エラーが発生した場合の対処法を記載しているので、エラーが発生した場合は参考にしてください。

🔵 エラーと対処法

以下に、kubectl コマンドを利用する際に発生するエラーと対処法を掲載します。

存在しないオブジェクトを指定してコマンドを実行する

エラーメッセージ

```
$ kubectl get pods hoge
Error from server (NotFound): pods "hoge" not found
```

原因

指定したリソースが存在しません。

対処法

存在するリソースを指定して、コマンドを再実行してください。以下のように、kubectl get コマンドを利用してリソースの有無を確認できます。

サンプルコードについて

本書で利用している Kubernetes のマニフェストなどをサンプルコードとして以下の GitHub で公開しています。ぜひご活用ください。

https://github.com/k8spocket/sample

利用の前には README を確認してください。

目次

Chapter 1 入門編　　　　15

Chapter 2 実践編　　　　67

引用・クレジット

本書籍は、下記のとおりライセンスされた文書およびコードの引用・改変を含みます。

ライセンス：Creative Commons Attribution 3.0 Unported (CC-BY 3.0)
https://creativecommons.org/licenses/by/3.0/deed.en

- 著作権者：Google
  https://cloud.google.com/kubernetes-engine/docs/quickstart

ライセンス：Creative Commons Attribution 4.0 International (CC-BY 4.0)
https://creativecommons.org/licenses/by/4.0/deed.en

- 著作権者：The Kubernetes Authors, The Linux Foundation
  https://kubernetes.io/

ライセンス：Apache License 2.0
https://www.apache.org/licenses/LICENSE-2.0

- 著作権者：Cloud Native Computing Foundation
  https://github.com/kubernetes/kubernetes/
  https://github.com/kubernetes/community/
- 著作権者：Helm Project
  https://github.com/helm/charts/
- 著作権者：Docker, Inc.
  https://github.com/docker/cli/

入門編

本章では、Kubernetesを利用するうえで把握しておく必要がある初歩的なトピックを扱っていきます。

まずは、Kubernetesの機能とアーキテクチャについて概要を紹介します。次に、Kubernetesを利用するうえで、その基礎となるDockerについてKubernetesの利用に必要な項目に絞りながら解説します。最後に、実際にKubernetesのコマンドとKubernetes上でアプリケーションをデプロイするうえで要となるリソースについて、具体例を交えて実際に動かしながら解説していきます。Kubernetesの実行環境については、Minikubeを使ったローカル環境での構築と、GCPを使ったクラウド環境での構築方法を紹介しているので、お好みの環境でKubernetesを構築してみてください。

コンテナ大航海時代の新常識 Kubernetes

コンテナ大航海時代の船長 Kubernetes

昨今、仮想化技術よりもクラウド環境に適した技術として、コンテナが注目を浴びています。Docker登場以前にもOpenVZやLXC、Solarisコンテナなどのコンテナ技術がありましたが、Dockerが登場して一気にコンテナ技術が普及してきました。複数のノードにまたがる多数のコンテナを管理するオーケストレーターとして、Kubernetesが2018年頃から爆発的な広がりを見せています。これらの流れは、仮想化技術が、ノード単独で利用していたVMware ESX/KVMから、そのオーケストレーターであるvCenter、OpenStackなどにトレンドが移っていたのに似ています[注1]。

Kubernetesが注目されているのには、以下のような理由があると考えています。

1. 実績あるアーキテクチャとポータビリティ

Googleでは、Borgと呼ばれるコンテナ基盤をすでに10年以上運用していますが、KubernetesはそのBorgの開発者達によって当初作られました。実績のあるアーキテクチャをもとに開発されたため、リリース当初から注目を浴びています。Kubernetes上で動作するように提供されたアプリケーションであれば、他のKubernetesでも簡単に動作させることができます。Java言語が「Write Once, Run Anywhere」——コードを書くとどんなOS上でもJavaアプリを動かせることをうたい文句に、爆発的に広がっていきましたが、それと同じ側面があります。

2. オープンな開発

Kubernetesは、The Cloud Native Computing Foundation (CNCF) と呼ばれる標準化団体のコードなど支援を受けて開発されています。誰でも開発に参画できると同時に、誰でもKubernetesサービスを提供できるようになっています。そのため、Google Kubernetes Engine (GKE)、Azure Kubernetes Service (AKS)、Amazon Elastic Kubernetes Service (EKS)、IBM Cloud Kubernetes Service (IKS)、VMware Cloud PKSなど、多くのベンダーからKubernetesのマネージドサービスが提供されています。

また、CNI (Container Network Interface) やCSI (Container Storage Interface) のような標準化されたインタフェースも開発に並行して策定されていますが、インタフェースの標準化により、ネットワークベンダーやストレージ

注1　Kubernetesのためのカンファレンス「KubeCon」が北米で毎年開催されていますが、年々参加者が倍増しており、2018年は約8,000人が参加しました。

1 入門編

ベンダーなどが自社の製品をKubernetesでサポートしやすくなっています。Kubernetesのユーザー企業は、単に利用するだけでなく、自身のプロダクトの向上のために、Kubernetesとその周辺ツールや仕様策定にコントリビュートすることにより、コミュニティに取り込まれ、より良いプロダクトにしていくエコシステムも同時に形成されています。

3. 柔軟な拡張性

Custom Resource Definitions（CRDs）やプラグインにより、簡単に機能を拡張できるようになっています。コミュニティから多くのKubernetesの拡張機能が提供されており、サービスメッシュを実現するIstioやサーバーレスアーキテクチャを実現するKnativeをはじめ、魅力的な拡張機能が提供されています。また、ユーザー自身がCRDsを利用してKubernetesを拡張できます。前出のCNIやCSIに加え、コンテナ操作のための標準APIであるCRI（Container Runtime Interface）により、Docker以外のコンテナ技術（gVisor、cri-o、rkt）や軽量VM（Kata Containerなど）も利用できるようになっています。

4. 宣言的なAPIとCI/CDツールによる自動化

システムの構成を、システムを構築する実行手順ではなく、最終的にあるべき状態として記述します。これは宣言的APIと呼ばれています。この宣言的APIにより、オペレーターはリソースを手動で操作しなくても、バージョンアップ、障害からの復旧、そしてアプリケーションのスケールアウト・インを自動化できます。また、Kubernetesに対応したCI/CDツールも提供されており、運用だけでなく、開発・リリースまでの一連の流れも自動化できます。CI/CDについては、P.377のコラム「KubernetesでCI/CD」も参照してください。

Kubernetesのアーキテクチャ

　Kubernetesを理解するうえで要となるのは、リソースと呼ばれるKubernetes上で動作するアプリケーションシステムの構成要素です。ユーザーは、Kubernetesのリソースを作成して、アプリケーションシステムを定義していきます。リソースには、コンテナ（Pod）・ネットワーク・ストレージなどの直接的なアプリケーションシステムの構成要素のほか、アクセスを制御するRBACやリソース上限を規定するクォータなど、アプリケーションシステムの直接の構成要素にならないものも含まれます。

　ここでは、アプリケーションシステムの直接の構成要素となる、KubernetesのリソースとKubernetes自身の構成要素について紹介します。

　なお、本節を読むうえで、事前知識としてDockerなどのコンテナ技術の知識が必要となります。Dockerについて詳しくない方はP.27のDockerの解説を参照してください。

⚙ Kubernetesのリソースと動作の概要

　Kubernetesは、下図のようなリソース（色塗りの箇所）を利用して、アプリケーションシステムを構成します。実際にはもっとありますが、説明をわかりやすくするために代表的なものに絞っています。他にどのようなリソースがあるか知りたい方は、第2章のリファレンスを参照してください。

▼ Kubernetesの主なリソースの関係

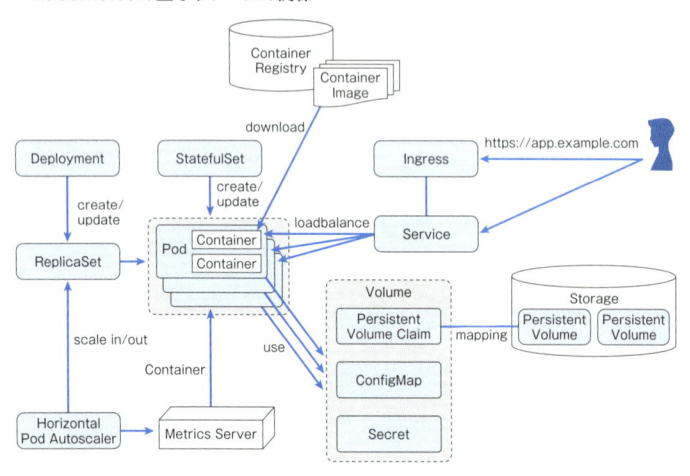

以下では図に沿って、それぞれのリソースについて説明していきます。

Container（コンテナ）

Container は Docker などのコンテナと同じで、仮想マシンのように他のコンテナ間で CPU・メモリ・ストレージが隔離されたリソースです。コンテナレジストリ（Docker レジストリ）からコンテナイメージを取得して実行します。

複数のプロセスを起動させることもできますが、1コンテナ1プロセスを動作させるのが理想的です。また、ログを標準出力もしくは標準エラー出力に出力すれば、Kubernetes でログを見られます。Kubernetes はコンテナを直接作成できず、次に説明する Pod 単位でリソースを作成することになります。

Pod

Pod は Kubernetes の最も基本となるリソースで、複数のコンテナをまとめたものです。シンプルな Pod では、1Pod につき1コンテナとなります。ネットワークは、1つの Pod につき基本的に1つのネットワークインタフェースが割り当てられます[注2]。

また、テンポラリなボリュームを同一 Pod 内のコンテナ間で共有し、コンテナログなどのデータのやり取りに利用できます。

ログを転送するコンテナや、モニタリングを行うコンテナを、メインとなるコンテナ（Web サーバーや DB サーバーなど）と一緒に利用することがあります。これらのコンテナはサイドカーコンテナと呼ばれます。サイドカーとは、日本ではあまり見かけませんが、バイクの横に付ける小さな補助的な車のことです。

Kubernetes へのデプロイは Pod 単位で行われ、1つの Pod 内のコンテナは同じノードにデプロイされます。ノードとは、コンテナを動かす1台のマシンのことで、VM や物理ホストが利用されます。仮想化基盤における VMware ESXi ホストや KVM ホストのようなものです。ノードについての詳細は P.24 を参照してください。

ReplicaSet

ReplicaSet は、Pod の起動数を管理するリソースです。ReplicaSet を利用すると、指定した数だけ Pod のコピーを起動できます。これにより、以下の機能を実現します。

負荷分散

Pod のレプリカ（複製）に処理を負荷分散できます。

スケールアウト

Pod のレプリカ数を変更することにより、自動的に指定したレプリカ数になるように Pod の数を調整し、スケールアウトを実現できます。後で説明する

HorizontalPodAutoscalerを利用すると、Podの負荷に応じて自動的にPodを増減させることも可能です。

冗長化による信頼性の向上
Podで障害が発生しても、他のPodで処理を継続できるので、信頼性を向上できます。

ReplicaSetはロードバランサーの機能を持たないので、上記の機能は後で説明するKubernetesの内部ロードバランサーであるServiceリソースと組み合わせて実現します。

なお、古い記事や書籍では、同様の機能を持つものとしてReplication Controllerが紹介されることもありますが、これから使う場合は、ReplicaSetを利用してください。

Deployment

Deploymentは、Kubernetesを利用していると最もよく利用するリソースです。Deploymentを作成すると、自動的にReplicaSetが作成され、Deploymentが ReplicaSetに対して、バージョン変更の管理を行います。バージョン変更時は、一度にPodを入れ替えるのではなく、少しずつPodを入れ替えることにより、無停止でのバージョンアップ・ダウンを実現しています。少しずつPodを入れ替えるバージョンアップを、ローリングアップデートと言います。また、変更のバージョン管理機能を持っており、いつでも以前の状態に戻せます。

Service

Serviceは、Pod/ReplicaSet/Deploymentで作成した複数のPodへアクセスを負荷分散するロードバランサー機能を提供します。また、外部ネットワークからPodに接続する機能を提供します。Kubernetes外部のリソース（VMやホスト）などをKubernetesのPodからアクセスできるサービスとして登録することもできます。

Ingress

Serviceによる外部接続を行う場合、外部接続にノード（ホスト）のポートを利用したり、外部と接続するIPアドレス（パブリッククラウドサービスを利用した場合はグローバルIPアドレス）が必要になり、接続数に制限があったり、IPアドレス確保のためのコストがかかったりします。

Ingressを利用すると、ドメイン名ベースで複数のサービスにロードバランスを行えます。たとえば、同じIPの異なるホスト名に対し、https://app1.example.comへのアクセスはアプリケーション1のPodへ、https://app2.example.comへのアクセスはアプリケーション2のPodへ、というように、ドメイン名ベースでのアクセスを提供できます。Webサーバーに詳しければ、Webサーバー（Apache/IIS）のバーチャルホストによるプロキシといったイメージを持つとよいでしょう。

HorizontalPodAutoscaler

HorizontalPodAutoscaler は、ReplicaSet（Deployment から作成されたものを含む）のレプリカの数を、システム負荷に応じて自動的に増減します。システムの負荷は、デフォルトでは Metrics Server で収集されます（カスタマイズすることも可能です）。

VerticalPodAutoscaler

VerticalPodAutoscaler は、Pod のスケールアップを自動的に行う仕組みです。Pod に設定した CPU やメモリの要求値は通常、固定です。この値がコンテナの利用量に対して大きすぎると、ノードで確保したリソースに余りが生じます。逆に、コンテナの利用量に対して小さすぎると、ノードのリソースが不足します。VerticalPodAutoscaler を用いると、コンテナの実際のリソース利用量から CPU やメモリの要求値を自動的に設定し、ノードに対するコンテナのリソース要求を最適化できます。

Persistent Volume Claim

基本的に Pod の中のデータは、Pod が消えると失われます。Persistent Volume Claim は、次に説明する Persistent Volume を参照することにより、永続化されたストレージを Pod から使えるようにします。Persistent Volume Claim は主にユーザーにより利用されます。

Persistent Volume

Persistent Volume は物理ストレージをマッピングしたストレージで、ストレージの設定状況（NFS サーバーの IP アドレス、iSCSI の iqn など）を持ちます。Persistent Volume は主に管理者により作成されます。Persistent Volume と Persistent Volume Claim を分離することにより、ストレージの管理とユーザーによるボリュームの割り当てを分離し、ユーザーによる直接のストレージ操作を避けられます。

また、Provisioner を利用することにより、Persistent Volume の作成を自動化することも可能なので、通常では意識することはありません。

ConfigMap

ConfigMap は設定ファイルを扱うボリュームです。httpd.conf（Apache の設定）、nginx.conf（Nginx の設定）、server.xml（Tomcat の設定）、その他ミドルウェア、アプリケーション固有の設定ファイルなどを定義できます。設定ファイルは、コンテナ内の任意のファイル（上記の例では、httpd.conf,nginx.conf,server.xml）としてマウントできます。また、環境変数として設定することもできます。

ConfigMap を利用することにより、アプリケーションの固有の設定が必要になるたびに、コンテナイメージを作り直したり、設定ファイルをボリュームとしてマウントしたりといった作業を避けられます。

Secret

Secretは、パスワードファイル・TLS証明書・秘密鍵など、秘匿性の高い情報を保存する暗号化したファイルを扱うリソースです。作成したSecretは、ConfigMapと同様にコンテナ内にマウントしたり、環境変数として設定できます。

StatefulSet

ReplicaSetでは、Podは状態を持たないように作成されます。たとえば、Podが再作成されると、Podの名前が変わったりコンテナ上のファイルを変更しても削除されたりしてしまいます。データが消えないように、永続化ボリューム（前述のPersistent Volume Claim）を利用した場合でも、複数のPodで1つのボリュームを共有するような使い方しかできません。これでは、データベースクラスターのように個々のPodに状態を持たせられません。障害が発生したりバージョンアップしてPodが再作成されたりしたときには、データが消えてしまうので困ります。

StatefulSetを利用すると、Podの複製を作成したときに各Podの名前を保持します（たとえばpod-1,pod-2……のように）。また、Podごとに異なる永続化ボリュームを割り当てて各Podの状態を保持することにより、データベースクラスターのようなステートフルなPodを実現します。ReplicaSetとStatefulSetのデータの持ち方は、以下の図を参考にしてください。

▼ ReplicaSet（Deployment）とStatefulSetで利用するボリュームの違い

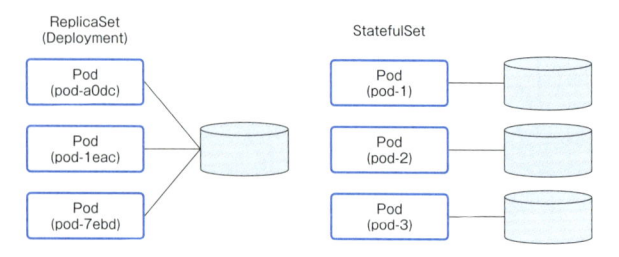

その他のリソース

その他のリソースとしては、ライフサイクルが短いPodを実行する「Job」、Jobを定期的に実行する「CronJob」、各ノードに配置されてノードのログ収集やモニタリング、ネットワーク機能の拡張などを提供できる「DaemonSet」などがあります。個々のリソースの詳細については、第2章のリソースリファレンスを参照ください。

🛟 Kubernetesの動作の仕組み

次に、Kubernetesがどのように動いているか、仕組みを確認していきましょう。
Kubernetesはマスター・ノード・アドオンと大きく3つの要素から構成されます。

▼ Kubernetesのコンポーネントの構成

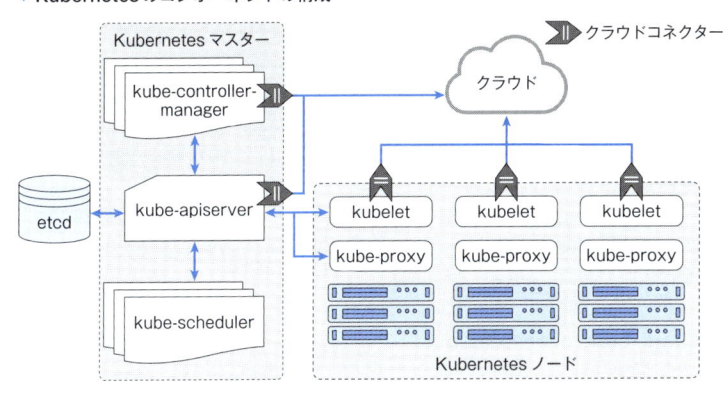

マスター

　マスターは、Kubernetesクラスターを制御するコントロールプレーンとして動作します。コンポーネントは、1つのVMもしくはホストにデプロイされます。マスターのコンポーネントがデプロイされたノードを、本書ではマスターノードと表記します。冗長化のために、一般的に3台以上の奇数台のマスターノードで構成されます。Podはマスターとして動作するノード上では通常、動作しませんが、MinikubeやMicroK8sなどのオールインワンタイプのKubernetesクラスターは、マスター上でPodが起動するように設定されています。

　マスターは以下のコンポーネントから構成されます。

kube-apiserver

kube-apiserverは、KubernetesのAPIを公開するためのマスターの構成要素です。KubernetesのCLIであるkubectlやKubernetesと連携するツールは、kube-apiserverと通信してKubernetesに指示を送ったり、状態を取得したりします。kube-apiserverは、アクティブ-アクティブ構成でスケールアウトするように設計されているため、ロードバランサーをkube-apiserverの前に配置し、負荷分散して利用します。

kube-scheduler

kube-schedulerは、Podをデプロイするノードを選択します。新しく定義されたけれどもまだノードに割り当てられていないPodを監視し、新しいPodの定義を検出すると、動作するノードを割り当てます。Podの割り当ては、ユーザーによるノードのスケジューリングルールの指定、ノードの状態、ノード上のリソースの消費状態、Pod内部のワークロードや指定された期限などによって決まります。スケジュールルールの指定やノードの状態については、kubectl taint（P.211）を参照してください。

kube-schedulerはアクティブ-スタンバイで動作し、実際に動作しているプロセスは1つのみです。障害発生時には、残りのkube-schedulerから次にアクティブとなるものが選出されます。

kube-controller-manager

kube-controller-managerは、Kubernetesのリソースを管理するコントローラーを実行管理します。どのようなコントローラーが存在するかは、kube-controller-manager（https://kubernetes.io/docs/reference/command-line-tools-reference/kube-controller-manager/）を参照してください。執筆時時点（Kubernetes 1.15）では、35種のコントローラーを利用できます。

cloud-controller-manager

cloud-controller-managerは、パブリッククラウド（AWS、Azure、GCP）、プライベートクラウド・仮想化基盤（vSphere、OpenStack）と連携するためのcloud providerを実行します。実現される機能はcloud providerの実装により異なりますが、クラウド・仮想化基盤で提供されているロードバランサーとの連携、仮想マシンのインスタンス名とKubernetesのノード名の紐付けなどができるようになります。

etcd

etcdは、Kubernetesクラスターのデータが保存される、キーバリューストア型のデータベースです。ユーザーが直接etcdを操作することは基本的にありませんが、障害発生時にetcdに書き込まれた内容の調査が必要になることもあります。Kubernetesの障害発生時に元の状態に復旧できるように、etcdのデータはバックアップを取得しておくとよいでしょう。etcdの詳細に関しては、https://github.com/coreos/etcd/blob/master/Documentation/docs.mdを参照してください。

一般的にマスターノードにまとめて配置されますが、大規模システムでは、独立した別のホスト・VMにデプロイされることもあります。

ノード

　ノードPodの実行と、ServiceのCluster IPによるロードバランサーを提供します。コンテナを実行するDockerなどのContainer Runtime、Podの実行を管理するkubelet、ServiceのCluster IPによるロードバランサーを実現するkube-proxyから構成されます。

P.23の図ではマスターとノードの論理的な概要図を示しましたが、具体的なコンポーネント配置およびノード配置を示すと、次のような図になります。

▼**Kubernetesのアーキテクチャの概要**

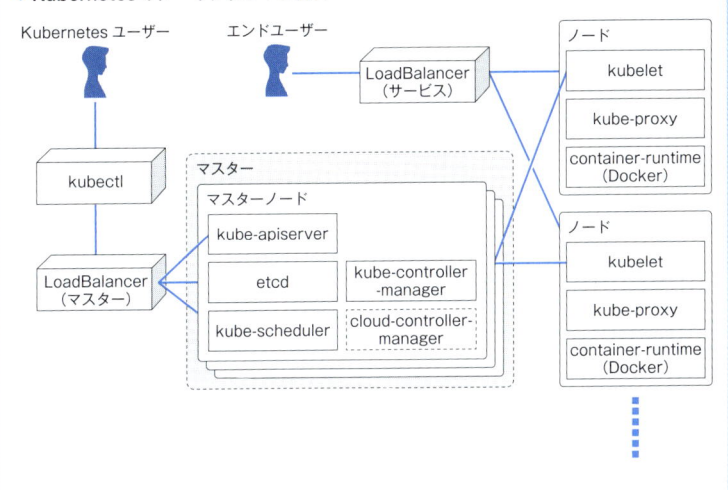

マスターノード中にマスターの各種コンポーネントを配置し、3台以上の奇数台で冗長化・負荷分散を行います。ユーザーからのアクセスは、マスター用のロードバランサーを介して、各ノードのkube-apiserverへ負荷分散されます。また、サービス用のロードバランサーを利用して、KubernetesのServiceリソースを外部から利用するための負荷分散を行います。cloud-controller-managerは、クラウドと連携しない場合には利用しないため、点線としています。

アドオン

クラスターに機能を追加するコンポーネントをアドオンと呼びます。アドオンには、ネットワーク・DNSなどKubernetesの利用にほぼ必須のものもあれば、ダッシュボードなどオプション的なものもあります。アドオンは、kube-systemネームスペースの中にPod・Deployment・ReplicaSet・DaemonSetのようなKubernetesリソースとして作成されます。

以下では、いくつかのアドオンを説明します。

DNS

Kubernetesクラスター内のPodやServiceのIPアドレスの名前解決を行うDNSサーバーです。DNSの実装としてはCoreDNSが使われますが、

Kubernetes 1.12以前はkube-dnsが利用されていました。

Dashboard（Web UI）
ダッシュボードはWebブラウザからKubernetes上でPodなどのリソースを作成したり、状態を確認できるWeb UIです。Webブラウザからアプリケーションの管理やトラブルシューティングを行えます。

Container Resource Monitoring
Container Resource Monitoringはコンテナに関するメトリクスを時系列データとして記録します。kubectl topやオートスケール、ダッシュボードでの利用率の可視化などで利用します。

Logging
コンテナのログやノード・マスター上のKubernetesコンポーネントが出力するログを収集し、ログを中央管理します。Elastic Search/Fluentd/Kibana（EFK）、Stackdriver（GKE）、Azure Monitor for containers（AKS）などがあります。StackdriverやAzure Monitor for containersでは、さらにetcdやCoreDNSなどのKubernetes以外のコンポーネントのログや、CPU使用率、メモリ消費量などのリソース情報も取得します。

これらのログやリソース情報は、Web上のコンソールやCLIを利用して検索・閲覧できます。

Dockerの基礎

　Kubernetesを利用する際、コンテナイメージ（Dockerイメージ）をビルドするときや、ノード上でトラブルが発生し障害解析を行うときにdockerコマンドを利用することがあります。

　本節では、Kubernetesを利用する際の基礎知識として、コンテナ技術の概要と、Dockerを単体で利用する手順を解説します。

🔵 コンテナとは？

　まず、コンテナ技術を復習しましょう。仮想マシンでは、仮想的にハードウェアをエミュレートしますが、コンテナでは、OSカーネルの上に仮想的なプロセス空間をコンテナとして作成し、他のコンテナから隔離します。

▼ 仮想マシンとコンテナの違い

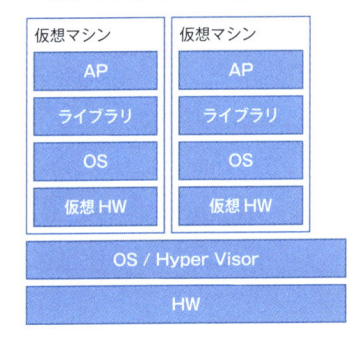
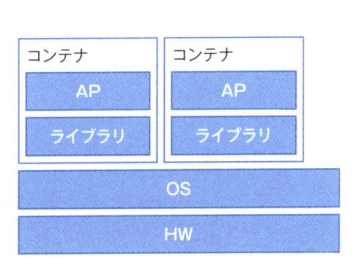

　仮想ハードウェア（HW）やその上で動作するOS（ゲストOS）のオーバーヘッドがないため、コンテナのほうが高速に起動し、メモリやCPUの利用リソースも少なくて済むというメリットがあります。

　また、コンテナでは、オーバーレイファイルシステムにより、ディスクの利用も効率化できます。たとえば、Ubuntuイメージから作成されたコンテナ（コンテナ1）と、UbuntuにWebサーバーをインストールしたイメージから作成されたコンテナが2つ（コンテナ2、3）あるとします。

	コンテナ 2 の差分	コンテナ 3 の差分
コンテナ 1 の差分	Web サーバーイメージの差分	
OS（Ubuntu）イメージ		

すべてのコンテナは、ベースのOSとしてUbuntuを利用しているので、ベースイメージはUbuntuイメージで共通化されます。また、コンテナ2とコンテナ3については、UbuntuイメージにWebサーバーを差分として追加（インストール）したWebサーバーイメージから生成すれば、OSだけでなく、Webサーバーイメージの部分も共有し、ディスクの使用量を抑えられます。このように別のイメージに積み重ねていく構成を、オーバーレイファイルシステムと呼びます。

オーバーレイファイルシステムは、このようにリソースの利用を効率化できます。しかし、重ねていく差分が多くなると、実際のファイルにアクセスするために性能が低下することがあります。

コンテナを実行するコンテナエンジンには、最もよく利用されるDockerのほか、DockerのアップストリームであるMoby、セキュリティを強化したgVisor、Kubernetesでの利用に最適化したCRI-Oやcontainerdなど、さまざまな種類があります。いずれも基本的な仕組みはほぼ同じですが、本書ではDockerの利用を前提に解説を進めます。

🛟 インストール

Dockerの環境を準備するには、macOSおよびWindowsではDocker Desktop、LinuxではDocker Engine Community Edition（以下、Docker Engine CE）を利用するのが一般的です。

macOS、Windowsの場合

Docker Hubにログインし、インストーラーをダウンロードしてインストールしてください。なお、動作条件は以下のとおりです。

- **macOS**：Apple mac OS Sierra 10.12以降のOS
- **Windows**：Microsoft Windows 10 ProfessionalまたはEnterprise 64ビット

Linuxの場合

各種LinuxにおけるDocker Engine CEのインストール手順は、Docker Hubから参照できます。以下に、Ubuntu 18.04を利用する場合のインストール手順を示します。

まず、aptパッケージインデックスを更新します。

```
$ sudo apt-get update
…… (中略) ……
Fetched 25.6 MB in 20s (1262 kB/s)
Reading package lists... Done
```

Docker公式のGPGキーを追加します。

```
$ curl -fsSL https://download.docker.com/linux/ubuntu/gpg | sudo apt-key add -
OK
```

aptコマンドで、HTTPSを利用してリポジトリを使用するためのパッケージをインストールします。

```
$ sudo apt-get install apt-transport-https ca-certificates \
    curl software-properties-common
…… (中略) ……
Unpacking apt-transport-https (1.6.6) ...
Setting up apt-transport-https (1.6.6) ...
```

リポジトリをセットアップします。以下では、stableリポジトリをセットアップしています。

```
$ sudo add-apt-repository \
  "deb [arch=amd64] https://download.docker.com/linux/ubuntu \
  $(lsb_release -cs) \
  stable"
…… (中略) ……
Fetched 67.6 kB in 1s (56.9 kB/s)
Reading package lists... Done
```

Docker Engine CEをインストールします。

```
$ sudo apt-get update
…… (中略) ……
Reading package lists... Done

$ sudo apt-get install docker-ce
…… (中略) ……
Processing triggers for ureadahead (0.100.0-20) ...
Processing triggers for libc-bin (2.27-3ubuntu1) ...
```

```
# 特定のバージョンをインストールする場合
## 利用可能なバージョンを表示
$ apt-cache madison docker-ce
## 特定のバージョンをインストール
$ sudo apt-get install docker-ce=<VERSION>
```

最後に、Docker CEが正しくインストールされていることを確認してみましょう。

```
$ sudo docker run hello-world
Unable to find image 'hello-world:latest' locally
latest: Pulling from library/hello-world
1b930d010525: Pull complete
Digest: sha256:2557e3c07ed1e38f26e389462d03ed943586f744621577a99efb77324b0fe535
Status: Downloaded newer image for hello-world:latest

Hello from Docker!
This message shows that your installation appears to be working correctly.
…… (略) ……
```

🔵 コンテナの起動

Docker Engineが利用可能になったので、次はコンテナを起動してみましょう。ここでは、例としてnginxコンテナを起動します。

```
$ sudo docker run --name some-nginx -d -p 8080:80 nginx
Unable to find image 'nginx:latest' locally
latest: Pulling from library/nginx
177e7ef0df69: Pull complete
…… (略) ……
```

起動中のコンテナの情報を表示し、先ほどのコンテナが起動していることを確認します。

```
$ sudo docker ps
CONTAINER ID  IMAGE  ... STATUS ... NAMES
4da2bed918ca  nginx  ... Up     ... some-nginx
```

起動したnginxコンテナにHTTPリクエストを送り、ポートフォワーディングが正しく動作しているかを確認します。

```
$ curl localhost:8080
<!DOCTYPE html>
```

```
<html>
<head>
<title>Welcome to nginx!</title>
…… (中略) ……
</html>
```

　起動したコンテナのログを表示します。先ほどのアクセスが表示されていることがわかります。

```
$ sudo docker logs some-nginx # "4da2bed918ca"でもOK
172.17.0.1 - - [03/Jan/2019:16:41:12 +0000] "GET / HTTP/1.1" 200 612 "-" "curl/7.58.0" "-"
```

　起動したコンテナの詳細な情報を取得します。たとえば、デバッグ時においてイメージのハッシュ、リソース割り当て、その他の詳細な情報を参照します。

```
$ sudo docker inspect some-nginx
[
    {
        "Id": "4da2bed918cac69b09a23bc0b67b25fb0ee79f825c5d737fc72cb9b2436208eb",
        "Created": "2019-01-03T16:37:30.703623403Z",
        "Path": "nginx",
        "Args": [
            "-g",
            "daemon off;"
        ],
        "State": {
            "Status": "running",
            "Running": true,
            "Paused": false,
            "Restarting": false,
            "OOMKilled": false,
            "Dead": false,
            "Pid": 5426,
            "ExitCode": 0,
            "Error": "",
            "StartedAt": "2019-01-03T16:37:31.106005279Z",
            "FinishedAt": "0001-01-01T00:00:00Z"
        },
        …… (中略) ……
    }
]
```

```
# --formatを利用することで、特定の値を取得可能
# 以下は、イメージ名を取得する場合
$ sudo docker inspect --format='{{.Config.Image}}' some-nginx
nginx
```

　最後に、起動中のコンテナのリソース統計情報を取得してみましょう。コンテナの挙動で不明な点がある場合などに参照します。

```
$ sudo docker stats some-nginx
CONTAINER ID  NAME        CPU %  MEM USAGE / LIMIT      ...
2973e6f525d8  some-nginx  0.00%  1.934MiB / 3.607GiB    ...
```

🛟 イメージのビルド

　先ほどは既存のイメージを利用してコンテナを起動してみましたが、実際に利用する場合は、自身で構築したアプリケーションをコンテナ化する場合が多いでしょう。ここでは、自身で作成したアプリケーションを含んだイメージをビルドする方法を説明します。

　なお、イメージを作成する際のベストプラクティス（キャッシュやマルチステージビルドの有効活用など）、およびDockerfile記法については、第3章の「スマートなコンテナイメージの作成ノウハウ」を参照してください。

　独自のイメージを作成するには、以下の手順が必要となります。

1. アプリケーションを作成
2. Dockerfile を記述
3. イメージをビルド
4. イメージをプッシュ

　例として、以下のアプリケーションのイメージを作成します。

▼ server.js
```
var http = require('http');

var handleRequest = function(request, response) {
  console.log('Received request for URL: ' + request.url);
  response.writeHead(200);
  response.end('Hello World!');
};
var www = http.createServer(handleRequest);
www.listen(8080);
```

次にDockerfileを記述します。

```
# 元のイメージとして、公式のPythonランタイムを利用
FROM node:6.14.2

# アプリケーションをコンテナにコピー
COPY server.js .

# ポート8080番をコンテナ外に公開
EXPOSE 8080

# コンテナ実行時に、server.jsを実行
CMD node server.js
```

ファイルの準備が整ったので、イメージをビルドしましょう。

```
$ docker build -t friendlyhello .
Sending build context to Docker daemon  3.072kB
Step 1/4 : FROM node:6.14.2
...
Successfully built 0ef39a5e281e
Successfully tagged friendlyhello:latest

$ docker image ls
REPOSITORY        TAG          IMAGE ID        CREATED          SIZE
friendlyhello     latest       0ef39a5e281e    49 seconds ago   660MB
node              6.14.2       00165cd5d0c0    10 months ago    660MB
```

ビルドしたイメージを動かしてみましょう。

```
$ docker container run -p 8080:8080 friendlyhello
Received request for URL: /?authuser=0
Received request for URL: /favicon.ico
```

　Kubernetesで動かす場合は、Container Registryにイメージをプッシュする必要があります。ここでは、認証の部分は省略し、プッシュする手順のみを記載します。認証については、各種サービスの手順を参照してください。

```
$ docker push friendlyhello
```

 **コマンド一覧**

docker コマンドの一覧を以下に記載します。

なお、2017年に Docker のコマンドラインの命令体系が再編成され、どのオブジェクト（イメージ、コンテナなど）に対して、どの操作（作成、削除など）を実施するかがより明確になりました。新しいコマンドライン体系の利用が推奨されていることから、これから覚えるときには新しいコマンドライン体系のほうで覚えるのがよいでしょう。

本書では、新しいコマンドライン体系で記載し、カッコ内に古いコマンドを記載します。また、Kubernetes を利用するにあたって、Docker を使った開発時およびデバッグ時に利用するコマンドを中心に記載しています。

▼ docker builder—ビルドを管理

コマンド	説明
docker builder prune	ビルドキャッシュを削除

▼ docker image—イメージを管理

コマンド	説明
docker image build (docker build)	Dockerfile からイメージをビルド
docker image history (docker history)	イメージの履歴を表示
docker image import (docker import)	ファイルシステムイメージを作成するために、tar ファイルからコンテンツをインポート
docker image inspect (docker inspect)	イメージの詳細な情報を表示
docker image load (docker load)	tar アーカイブあるいは標準入力からイメージをロード
docker image ls (docker images)	イメージの一覧を表示
docker image prune	使用していないイメージを削除
docker image pull (docker pull)	レジストリからイメージあるいはリポジトリを取得
docker image push (docker push)	レジストリにイメージあるいはリポジトリをプッシュ
docker image rm (docker rmi)	イメージを削除
docker image save (docker save)	イメージを tar アーカイブに保存（デフォルトでは標準出力に表示）
docker image tag (docker tag)	イメージに対してタグを付与

▼docker container—コンテナを管理

コマンド	説明
docker container attach (docker attach)	ローカルの標準入力、標準出力、エラーのストリームを起動中のコンテナにアタッチ
docker container commit (docker commit)	コンテナから新たなイメージを作成
docker container cp (docker cp)	コンテナとローカルファイルシステム間でファイル、フォルダをコピー
docker container create (docker create)	新しいコンテナを作成
docker container diff (docker diff)	コンテナのファイルシステムのファイルやディレクトリの差分を確認
docker container exec (docker exec)	起動中のコンテナでコマンドを実行
docker container export (docker export)	コンテナのファイルシステムをtarアーカイブとしてエクスポート
docker container inspect (docker inspect)	コンテナの詳細な情報を表示
docker container kill (docker kill)	コンテナを停止
docker container logs (docker logs)	コンテナのログを取得、表示
docker container ls (docker ps)	コンテナ一覧を表示
docker container pause (docker pause)	コンテナ内のすべてのプロセスを停止
docker container port (docker port)	ポートマッピングあるいはコンテナの特定のマッピング一覧を表示
docker container prune	停止中のコンテナをすべて削除
docker container rename (docker rename)	コンテナをリネーム
docker container restart (docker restart)	コンテナを再起動
docker container rm (docker rm)	コンテナを削除
docker container run (docker run)	新しいコンテナでコマンドを実行
docker container start (docker start)	停止中のコンテナを起動
docker container stats (docker stats)	コンテナのリソース使用統計のライブストリームを表示
docker container stop (docker stop)	コンテナを停止
docker container top (docker top)	コンテナの起動中のプロセスを表示

コマンド	説明
docker container unpause (docker unpause)	コンテナ内のすべてのプロセスを再開
docker container update (docker update)	コンテナの設定を更新
docker container wait (docker wait)	コンテナが停止するまで待機し、exit codeを表示

▼docker network—ネットワークを管理

コマンド	説明
docker network connect	ネットワークにコンテナを接続
docker network create	ネットワークを作成
docker network disconnect	ネットワークからコンテナを切断
docker network inspect	ネットワークの詳細情報を表示
docker network ls	ネットワークを一覧表示
docker network prune	すべての未使用のネットワークを削除
docker network rm	ネットワークを削除

▼docker system—Dockerを管理

コマンド	説明
docker system df	dockerのディスク使用率を表示
docker system events (docker events)	サーバーからリアルタイムなイベントを取得
docker system info (docker info)	システム情報を表示
docker system prune	利用していないデータを削除

▼docker volume—ボリュームを管理

コマンド	説明
docker volume create	ボリュームを作成
docker volume inspect	ボリュームの詳細情報を表示
docker volume ls	ボリュームを一覧表示
docker volume prune	未使用のローカルボリュームを削除
docker volume rm	ボリュームを削除

▼特定のオブジェクトに紐付かないコマンド

コマンド	説明
docker login	コンテナレジストリにログイン
docker logout	コンテナレジストリからログアウト
docker search	Docker Hubでイメージを検索
docker version	Dockerのバージョンを表示

Kubernetesの基礎

　ここでは、Kubernetesの環境を構築し、実際にKubernetesを動かしながら、基本的な要素について説明していきます。Kubernetesを利用するには、大きく分けて次の4つの方法があります。

1. KatacodaによるWebブラウザ上での利用

Kubernetesの環境を構築する必要がなく、WebブラウザさえあればKubernetesを利用できます。また、教材に従ってKubernetesのコマンドを勉強することもできます。準備は何もしなくてよいので、とりあえず触ってみたいという人に最適です。

2. MicroK8s/Minikubeによるオールインワン環境の構築

自分のノートPC、もしくはクラウド上のインスタンス1台にKubernetesを構築します。Kubernetesの学習や、開発用途での利用に適しています。

3. KubernetesマネージドサービスGKE/AKSの利用

クラウドで提供されるKubernetesサービスを利用して、Kubernetesクラスターを構築します。本格的なKubernetesクラスターを手軽に構築して利用できます。インターネット上からのアクセスの設定もできるので、外部ネットワークからのアクセスを含む本格的なKubernetesの学習や、開発・本番環境の運用に最適です。

4. 自前で構築したKubernetesの利用

自分でKubernetesを構築します。ベンダーの提供するKubernetesディストリビューションを利用したり、kubeadmやKubesprayなどを利用して自前で1から構築することもできます。会社や顧客のセキュリティポリシーにより、クラウド上にデータを置けない場合や、Kubernetesの仕組みや動作原理を勉強したい場合に向いています。

🔧 環境準備

Katacodaを使い、WebブラウザでKubernetesを利用

　Katacodaのサイト（https://www.katacoda.com/courses/kubernetes）にアクセスし、シナリオを選択します。シナリオには、Kubernetesクラスターの作成や、リソースの使い方などがあります。シナリオを選択すると、以下の図のように、左にコマンドの説明、右にコンソールが表示され、画面右のコンソール上で

Kubernetesのコマンドを実行しながら、実際に使い方を学習できます。

▼ Katacodaの画面

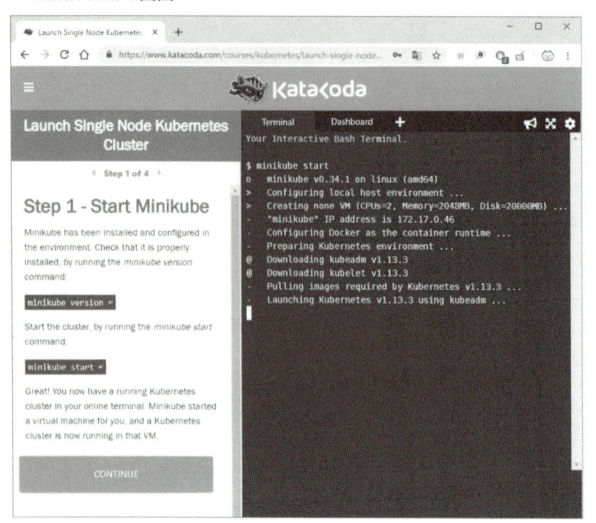

　とりあえず触ってみたいという人には最適です。なお、似たようなサイトとして、Play with Kubernetes（https://labs.play-with-k8s.com/）があります。こちらはトレーニング形式ではないものの、4分まで自由にKubernetesを利用できるようになっています。

■ オールインワンKubernetesの構築

　クラウド環境がない場合や、ローカル環境にKubernetesをインストールして学習したい場合は、MinikubeやMicroK8sを利用します。手軽に手元に構築でき、ローカル開発や学習用に利用できます。シングルノードでの利用に限られるので、複数ノードでのクラスター構築をしたい場合は、Google Cloud PlatformにおけるGoogle Kubernetes Engine（GKE）やMicrosoft Azure の Azure Kubernetes Service（AKS）などのクラウド環境を利用するとよいでしょう。

　Windows、macOS、Linuxそれぞれについてインストール方法を紹介します。Minikubeの動作には以下の3つの条件が必要です。

- Minikube本体のインストール
- KVM、VirtualBox、Hyper-V、xhyve driverなどのHypervisorのインストール
- kubectlのインストール

Minikubeのインストール（macOSの場合）

a. VirtualBoxのインストール

macOS用のHypervisorとしてVirtualBoxをインストールします。

```
$ brew cask install virtualbox
…… (中略) ……

==> Satisfying dependencies
==> Downloading https://download.virtualbox.org/virtualbox/6.0.0/VirtualBox-6.0.
######################################################################## 100.0%
==> Verifying SHA-256 checksum for Cask 'virtualbox'.
==> Installing Cask virtualbox
==> Running installer for virtualbox; your password may be necessary.
==> Package installers may write to any location; options such as --appdir are i
installer: Package name is Oracle VM VirtualBox
installer: Installing at base path /
installer: The install was successful.
🍺  virtualbox was successfully installed!
```

b. Minikubeのインストール

brewコマンドを使って、Minikubeをインストールします。

```
$ brew cask install minikube
==> Satisfying dependencies
All Formula dependencies satisfied.
==> Downloading https://storage.googleapis.com/minikube/releases/v1.3.1/minikube
######################################################################## 100.0%
==> Verifying SHA-256 checksum for Cask 'minikube'.
==> Installing Cask minikube
==> Linking Binary 'minikube-darwin-amd64' to '/usr/local/bin/minikube'.
🍺  minikube was successfully installed!
```

c. kubectlのインストール

brewコマンドを使って、kubectlコマンドをインストールします。

```
$ brew install kubectl
Updating Homebrew...
==> Downloading https://homebrew.bintray.com/bottles/kubernetes-cli-1.15.3.mojav
######################################################################## 100.0%
==> Pouring kubernetes-cli-1.15.3.mojave.bottle.tar.gz
==> Caveats
Bash completion has been installed to:
```

```
  /usr/local/etc/bash_completion.d

zsh completions have been installed to:
  /usr/local/share/zsh/site-functions
==> Summary
🍺  /usr/local/Cellar/kubernetes-cli/1.15.3: 234 files, 47.9MB
```

d. 動作確認

Minikubeのインストールが終わったところで、さっそくMinikubeを実行してみましょう。

```
$ minikube start
minikube v1.3.1 on Darwin 10.14.3
Tip: Use 'minikube start -p <name>' to create a new cluster, or 'minikube↵
 delete' to delete this one.
Starting existing virtualbox VM for "minikube" ...
Waiting for the host to be provisioned ...
Preparing Kubernetes v1.15.2 on Docker 18.09.6 ...
Relaunching Kubernetes using kubeadm ...
Waiting for: apiserver proxy etcd scheduler controller dns
Done! kubectl is now configured to use "minikube"
```

MicroK8sのインストール（Ubuntuの場合）

LinuxでもMinikubeは動作しますが、UbuntuでMicroK8sを利用する方法が最も簡単にKubernetes環境を構築できます。Minikubeはインストール時にKubernetesクラスターを構築するのに対し、MicroK8sは構築済みのイメージを配置することにより、インストールの高速化を実現しています。

```
# ファイアウォールの有効化
$ sudo ufw enabled

# iptablesの設定
$ sudo iptables -P FORWARD ACCEPT

# microk8sパッケージの情報を表示
$ snap info microk8s
name:      microk8s
summary:   Kubernetes for workstations and appliances
publisher: Canonical
…… （中略） ……

channels: # 利用できるチャネルとバージョン
```

```
stable:        v1.15.2    2019-08-05 (743) 192MB classic
candidate:     v1.15.3    2019-08-20 (778) 171MB classic
beta:          v1.15.3    2019-08-20 (778) 171MB classic
edge:          v1.15.3    2019-08-29 (804) 171MB classic
…… (中略) ……


# microk8sのインストール（infoで取得したバージョンとチャネルを指定）
$ sudo snap install --channel=1.15/stable --classic microk8s


# microk8sの開始
$ microk8s.start


# プラグインのインストール（必要に応じて実行）
$ microk8s.enable dns              # DNSのインストール
$ microk8s.enable storage          # ストレージのインストール
$ microk8s.enable ingress          # Ingress Controllerのインストール
$ microk8s.enable metrics-server   # Metrics Serverのインストール
$ microk8s.enable dashboard        # ダッシュボードのインストール
```

動作確認

MicroK8sでは、microk8s.kubectl コマンドを利用して、kubectlを実行します。

```
$ microk8s.kubectl cluster-info
Kubernetes master is running at https://127.0.0.1:16443
…… (中略) ……
To further debug and diagnose cluster problems, use 'kubectl cluster-info dump'.
```

~/.bashrcに次のaliasを定義しておくと、kubectl コマンドでKubernetesを操作できるようになり、便利です。

```
alias kubectl=microk8s.kubectl
```

Windows での Kubernetes の利用

Windowsでは、Windows版のMinikubeを利用することもできますが、仮想マシン（VM）上にUbuntuを構築し、MicroK8sをインストールするのが最も簡単です。以下では、MicroK8sをインストールするまでの手順を簡単に説明します。

a. VirtualBox のインストール

以下のサイトからVirtualBoxをダウンロードし、インストールします。

- https://www.oracle.com/technetwork/server-storage/virtualbox/downloads/index.html

インストールが完了したら、同じサイトから「Oracle VM VirtualBox Extension Pack」もダウンロードしてインストールします。

b. Ubuntu 18.04のインストール

VMを作成し、UbuntuのISOをダウンロードして、通常どおりUbuntuを構築します。Ubuntuのインストールが面倒な場合は、UbuntuのVMイメージをダウンロードすることでも簡単に準備できます。ここでは、UbuntuのVMイメージを利用する方法を紹介します。

以下のサイトから、Ubuntu 18.04 Bionic BeaverのVirtualBoxイメージをダウンロードし、解凍します。

- https://www.osboxes.org/ubuntu-server/

VirtualBoxを起動し、「Machine」→「New」から仮想マシンを作成します。最初の画面でOSに「Linux」「Ubuntu (64-bit)」を選択し、次の画面でRAMは2048 (MB) 以上を設定します。「Hard disk」の画面で、「Use an existing virtual hard disk file」を選択し、先ほどダウンロード・解凍したイメージを選択し、仮想マシンを作成します。

仮想マシンを起動したら、以下のユーザー名、パスワードでログインします。

- **ユーザー名**：osboxes
- **パスワード**：osboxes.org

ログインしたら、キーボードの設定を変更します。以下のコマンドを実行し、キーボードを設定します。

```
$ sudo dpkg-reconfigure keyboard-configuration
```

たとえば一般的な日本語キーボードの場合、「Generic 105-key PC (intl.)」「Japanese」(国)「Japanese」(キーボードレイアウト) を選択します。

あとは、MicroK8sのインストール (Ubuntu) の手順に従って、MicroK8sをインストールしてください。sudoコマンドの実行時にパスワードを尋ねられたときには、前述のパスワード (osboxes.org) を入力してください。

GKEによるKubernetesの構築

ここでは、Google Cloud Platformで提供されるGoogle Kubernetes Engine (以下、GKE) を使って、Kubernetesを構築する方法を説明します。

Kubernetesは多くのコンポーネントで構成されており、環境構築のコストがかかったり、Kubernetes自体の監視・バージョンアップなどの運用にコストがかかったりします。そのため、Kubernetesを利用する場合に、マネージドサービスの利用を検討するケースが多いでしょう。

GKEを利用することで、以下のようなメリットが得られます。

- Kubernetesクラスターを数クリックで構築可能
- マスターやノードのアップグレードを自動化
- IstioやCloud Run on GKEなど、Kubernetesのエコシステムを簡単に利用可能

GKEを利用するにあたって、以下の作業が必要となります。

1. GCPプロジェクトの作成
2. Cloud SDKのインストール・認証
3. kubectlコマンドのインストール
4. GKEクラスターの作成・認証

では、1つずつ見ていきましょう。

GCPプロジェクトの作成

https://cloud.google.com/free-trial/にアクセスし、「無料トライアル」をクリックします。画面の指示に従い、アカウント作成を完了してください。なお、無料トライアルのGCPプロジェクトを作成するためには、Googleアカウント（Gmailアカウント）が必要です。

Cloud SDKのインストール・認証

Cloud SDKは、Google Cloud Platformを利用するためのコマンドラインのツールです。Linux、macOS、Windowsで利用可能で、Python 2.7.xがインストールされている必要があります。Cloud SDKには、対話型のインストーラーも用意されています。パスを通してくれたり、コマンド補完を有効にするなどの追加の設定も行ってくれるため、Cloud SDKの最新バージョンを手軽に利用できます。

macOS、Linuxの場合

以下は、Ubuntu 18.04 LTSにインストールした場合の出力です。

```
$ curl https://sdk.cloud.google.com | bash
……（中略）……

Installation directory (this will create a google-cloud-sdk subdirectory)↵
```

```
(/home/iwanariy): # 必要に応じて値を入力

……（中略）……

Do you want to help improve the Google Cloud SDK (Y/n)?

……（中略）……

Modify profile to update your $PATH and enable shell command
completion?

Do you want to continue (Y/n)? # 必要に応じて値を入力

……（中略）……

The Google Cloud SDK installer will now prompt you to update an rc
file to bring the Google Cloud CLIs into your environment.

Enter a path to an rc file to update, or leave blank to use
[/home/iwanariy/.bashrc]: # 必要に応じて値を入力

Backing up [/home/iwanariy/.bashrc] to [/home/iwanariy/.bashrc.backup].
[/home/iwanariy/.bashrc] has been updated.

==> Start a new shell for the changes to take effect.

For more information on how to get started, please visit:
  https://cloud.google.com/sdk/docs/quickstarts
```

Cloud SDKを有効化するため、シェルを再起動します。

```
$ exec -l $SHELL
```

gcloud initを実行して、gcloud環境を初期化しましょう。

```
$ gcloud init
Welcome! This command will take you through the configuration of gcloud.

Your current configuration has been set to: [default]

You can skip diagnostics next time by using the following flag:
  gcloud init --skip-diagnostics
```

```
Network diagnostic detects and fixes local network connection issues.
Checking network connection...done.
Reachability Check passed.
Network diagnostic passed (1/1 checks passed).

You must log in to continue. Would you like to log in (Y/n)?  Y # "Y"を入力

Go to the following link in your browser:

https://accounts.google.com/o/oauth2/auth?client_id=32555940559.apps.goog↵
leusercontent.com&redirect_uri=urn%hoge

Enter verification code:  # Webブラウザに表示されたコードを入力

You are logged in as: [example@gmail.com].

Pick cloud project to use:
 [1] example-project
...
Please enter numeric choice or text value (must exactly match list
item): # 利用したいプロジェクトの番号を入力

Your current project has been set to: [example-project].

…… (中略) ……

* Run `gcloud --help` to see the Cloud Platform services you can interact↵
 with. And run `gcloud help COMMAND` to get help on any gcloud command.
* Run `gcloud topic --help` to learn about advanced features of the SDK l↵
ike arg files and output formatting
```

Windowsの場合

Cloud SDK のインストーラーを https://cloud.google.com/sdk/docs/quickstart-windows?hl=ja からダウンロードし、手順に従ってインストールしてください。

kubectlコマンドのインストール

gcloudコマンドを利用して、kubectlコマンドをインストールします。

```
$ gcloud components install kubectl
Your current Cloud SDK version is: 264.0.0
```

```
Installing components from version: 264.0.0
……（中略）……

Do you want to continue (Y/n)?  Y

……（中略）……

Performing post processing steps...done.

Update done!
```

GKEクラスターの作成・認証

　GKEクラスターは、gcloudコマンド、Webブラウザで利用できるCloud Console、REST APIのいずれかで作成します。今回はgcloudコマンドでクラスターを作成してみましょう。

　以下のコマンドで、GKEクラスターを作成します。ここではクラスター名k8spocket、ゾーン名asia-northeast1-a（東京リージョン）として作成しています。

```
# 利用可能なバージョンを確認
$ gcloud container get-server-config --zone=asia-northeast1
Fetching server config for asia-northeast1
defaultClusterVersion: 1.13.7-gke.8
defaultImageType: COS
……（中略）……
validMasterVersions:
- 1.14.6-gke.1
- 1.14.3-gke.11
……（以下略）……

# クラスターのバージョンを指定して、クラスターを作成
$ gcloud container clusters create k8spocket --zone=asia-northeast1-a --c⤷
luster-version=1.14.3-gke.11
……（中略）……

kubeconfig entry generated for k8spocket.
NAME       LOCATION           MASTER_VERSION  MASTER_IP        MACHINE_TYPE⤷
  NODE_VERSION   NUM_NODES   STATUS
k8spocket  asia-northeast1-a  1.14.3-gke.11   34.84.165.175    n1-standard-⤷
1 1.14.3-gke.11  3           RUNNING
```

　最新版（α版）のGKEを利用する場合、GCPのストレージを用いたPersistent Volume/Persistent Volume Claimが正しく動作しない場合があるので、注意して

ください。

　次に、以下のコマンドで、GKEクラスターへの認証情報をkubectlコマンドで利用可能にします。ゾーンについては、クラスター作成時の値を設定してください。

```
$ gcloud container clusters get-credentials k8spocket --zone asia-northeast1-a
Fetching cluster endpoint and auth data.
kubeconfig entry generated for k8spocket.
```

　以下のコマンドで、ノードの情報が取得され、設定が完了することを確認しましょう。

```
$ kubectl get nodes
NAME                                          STATUS   ROLES    AGE   VERSION
gke-k8spocket-default-pool-c1a1862c-lgk6      Ready    <none>   4h    v1.14.3-gke.11
```

AKSによるKubernetesの構築

　MicrosoftのAzureで利用できるKubernetesのマネージドサービス、Azure Kubernetes Service（AKS）の設定方法を紹介します。

　最初に、Azure CLIのサイト（https://docs.microsoft.com/ja-jp/cli/azure/）からAzure CLI（azure-cli-x.x.x.msi）をダウンロード、インストールします。次に、PowerShellを起動し、以下の手順でAKSを起動します。

Azureへのログイン

　Azureにログインします。あらかじめAzureのサイトでアカウントを作成し、以下のコマンドを実行すれば、Webブラウザが起動してログイン画面が表示されます。

```
> az login
```

　ユーザー、パスワードを入力したらログイン完了です。

リソースグループ作成

　リージョンを指定してAzureのリソースグループを作成します。ここでは、東日本（japaneast）を利用しました。

```
> az  group create --name mygrp --location japaneast
{
  "id": "/subscriptions/22e464df-8ad6-4eaf-a774-a57fa9a9a9dc/resourceGroups/grp",
  "location": "japaneast",
  "managedBy": null,
  "name": "mygrp",
```

```
  "properties": {
    "provisioningState": "Succeeded"
  },
  "tags": null
}
```

サポートするKubernetesのバージョン確認

　AKSでサポートされるKubernetesのバージョンを確認します。最新のプレビュー版を利用するには、aks-preview extensionを有効にします。

```
> az extension add --name aks-preview
```

　バージョンの確認は次のようにします。

```
> az aks get-versions --location japaneast -otable
The behavior of this command has been altered by the following extension: aks-preview
KubernetesVersion    Upgrades
-------------------  -------------------------
1.15.3(preview)      None available
1.14.6               1.15.3(preview)
1.14.5               1.14.6, 1.15.3(preview)
1.13.10              1.14.5, 1.14.6
…… (以下略) ……
```

Kubernetesクラスターの作成

　Kubernetesクラスターを作成します。アドオンにmonitoringとhttp_application_routingを設定しておきます。また、先ほど作成・確認したリソースグループとKubernetesのバージョンを指定します。

```
> az aks create --resource-group mygrp --name myaks --enable-addons monit↵
oring,http_application_routing --kubernetes-version 1.15.3
```

　Kubernetesのバージョンの指定を省略すると、リリースされているバージョンよりも1つ前のマイナーバージョンのKubernetesが利用されます。

kubectlのインストール

　kubectlをインストールします。Webサイトからダウンロードしても構いませんが、以下のコマンドでもインストールできます。

```
> az ask install-cli
```

Kubernetesの認証ファイル取得と動作確認

クラスターの認証ファイルを取得し、動作確認します。

```
> az aks get-credentials --resource-group mygrp --name myaks
Merged "myaks" as current context in C:\Users\okamototk\.kube\config

> kubectl.exe get nodes
NAME                        STATUS   ROLES   AGE   VERSION
aks-nodepool1-38666258-0    Ready    agent   21m   v1.15.3
aks-nodepool1-38666258-1    Ready    agent   21m   v1.15.3
aks-nodepool1-38666258-2    Ready    agent   21m   v1.15.3
```

> **Column** **Windowsのサポート**
>
> KubernetesのWindowsのサポートは発展途上ではありますが、Kubernetes 1.14
> からStableリリースとなり、Linuxノードと同様の管理がKubernetesでできるよう
> になっています。Windows Server 2019に限定されますが、Pod/ReplicaSet/
> Deployment/Serviceなど、ひととおりのリソースに対応しています。本書執筆時
> 点（2019年7月）では、AKSの対応が最も進んでいます。興味がある方は、以下の手
> 順に従いAKSでWindowsノードを利用してみてください。
>
> - Current limitations for Windows Server node pools and application
>   workloads in Azure Kubernetes Service (AKS)
>   https://docs.microsoft.com/ja-jp/azure/aks/windows-node-limitations
>
> なお、最近では.NETやMicrosoft SQL ServerがLinux上でも動作するようになり、
> Microsoftから対応したコンテナイメージも提供されています。開発用途であれば、
> Linux上でのWindowsアプリやフレームワークの利用も検討してみるとよいでしょ
> う。

> **Column** **オンプレミスで使えるKubernetesディストリビューション**
>
> 気軽にKubernetesを試してみるには、マネージドKubernetesや、MicroK8s・
> Minikubeのような簡易版のKubernetesを利用するのが便利です。社内で本格的な
> Kubernetesクラスターを運用する場合は、各ベンダーが出しているKubernetesを利
> 用できます。ここでは、アルファベット順でKubernetesディストリビューションをい
> くつか紹介します。
>
> #### Anthos／GKE On-Prem
>
> Anthosは、Googleが提供するKubernetesを中心とするオンプレミスとのハイブ
> リッドやマルチクラウドのソリューションです。なかでもGKE On-Premは、GCP側

をコントロールプレーンとして、オンプレ側にあるKubernetesクラスターを管理します。Web上のGoogle Could Consoleにより、マネージド版のGKEのようにオンプレミスのKubernetesクラスターを管理できます。また、マネージド版のGKEと連携したハイブリッド構成をとれることも、特徴の1つです。

Charmed Distribution of Kubernetes（CDK）

Canonical社が提供する、Ubuntu用のKubernetesディストリビューションです。ログ管理、モニタリングなどの機能を統合し、ターンキー方式により仮想マシン・物理マシンのプロビジョニング、OSのセットアップ、Kubernetesと各種コンポーネントのインストール、クラウドとの統合まで一括して行います。ソフトウェア自体は無償で提供されていますが、必要に応じて有償サポートを後から追加することもできます。

Karbon

ハイパーコンバージドインフラストラクチャ(HCI)のNutanix上で提供されるKubernetesソリューションです。Nutanixの仮想化基盤上に、ワンクリックでKubernetesクラスターを導入できます。Nutanixの特徴の1つである、スケーラブルなストレージの分散ストレージファブリックと統合して利用できます。シンプルな構成で高信頼かつスケーラブルなクラウド基盤を提供できるNutanixのメリットを、そのままKubernetesでも活かせます。Karbonのスタックとして、Flannel（ネットワーク）、EFK（ログ管理）も統合されています。

Kubespray

ベンダー非依存でコミュニティにより開発されるディストリビューションで、AnsibleによりKubernetesをインストールします。また、いち早く最新のKubernetesのバージョンや機能に対応しています。さまざまなOS（CentOS、Debian、Ubuntu、CoreOS）や構成（ネットワーク〔calico、canal、flannel、cilium〕、コンテナ〔docker、rkt、cri-o〕など）に対応しており、柔軟なカスタマイズ性もコミュニティでの開発ならではの特徴です。

Rancher

Rancher社が提供するKubernetesのマルチクラスター管理ツールです。OpenStackやVMware上にKubernetesクラスターをプロビジョニングする機能を持ちつつ、GKE・AKS・EKSといったパブリッククラウド上のマネージドKubernetesクラスターも同時に管理できます。また、Helmをベースとしたアプリケーションカタログ機能も提供しており、管理するクラスター上に簡単にアプリケーションをデプロイできます。

RedHat OpenShift

オープンソースで有名なRed Hat社が開発したKubernetesディストリビューションです。Kubernetesに足りない機能を独自に拡張し、付加価値を付けて提供しています。リソース監視にPrometheus、ログ管理にEFK、コンテナレジストリとしてRedHat Quayを統合し、サービスカタログ機能なども提供しています。ドキュメントが豊富で、英語のドキュメントはもちろん、日本語化されたドキュメントもかなりの量が提供されています。

❖ コンテナの起動

　Kubernetes環境の準備ができたら、kubectl createコマンドを使って、hello-
podという名前のPodが起動することを確認してみます。ここではHTTPリクエス
トの内容を表示するechoserverのコンテナイメージを利用して、コンテナを起動
しています。

```
$ kubectl create deployment hello-pod --image=k8s.gcr.io/echoserver:1.10
deployment.apps/hello-pod created

$ kubectl get pod
NAME                          READY   STATUS    RESTARTS   AGE
hello-pod-5497477645-jxchr    1/1     Running   0          39s
```

　上記のPodはDeploymentから作成されているので、Podを削除するには
Deploymentごと削除します。

```
$ kubectl delete deployment/hello-pod
deployment.extensions "hello-pod" deleted
```

　以下のネットワークの設定以降の操作は、上記のhello-podに対して行うので、
削除した場合はもう一度起動し直してください。

❖ ネットワークの設定

　ここでは、クラスター内のPod同士で通信する方法と、クラスターの外からPod
に通信を行う方法を、先ほど起動したhello-podに接続する例で紹介します。

▌クラスター内のPod同士の通信

　Kubernetesクラスター内のPod同士で通信を行うには、Serviceリソースを利
用します。Serviceリソースにはいくつか種類があり、クラスター内のPod同士で
通信する場合は、ClusterIPタイプを利用します。ClusterIPタイプのServiceは次
のコマンドで作成できます。

```
$ kubectl expose deployment hello-pod --name=hello-svc --port=80 --target↩
-port=8080 --type=ClusterIP
```

正しく作成できたか、確認してみます。

```
$ kubectl.exe get services -owide
NAME          TYPE          CLUSTER-IP      EXTERNAL-IP     PORT(S)        ↩
AGE      SELECTOR
hello-svc     ClusterIP     10.0.49.2       <none>          80/TCP         ↩
7m24s   run=hello-pod
```

次に、PodがServiceに登録されているか確認します。

```
# PodのクラスターIPアドレス（内部IPアドレス）を確認
$ kubectl get pods -owide
NAME                              READY       STATUS ... IP            ...
hello-pod-5969f67c8d-z766n        1/1         Running ... 10.244.1.6    ...

# hello-svcに登録されたエンドポイント（IPアドレス）を確認
$ kubectl get endpoints
NAME          ENDPOINTS           AGE
hello-svc     10.244.1.6:8080     10m
```

hello-podのIPアドレス10.244.1.6が、hello-svcのエンドポイントとして登録されていることが確認できました。また、Kubernetesは内部DNSを持っており、Podから次のような名前でServiceにアクセスできます。

▼ 内部DNS名

アクセス元	ホスト名	ホスト名の例
同じネームスペースのPod	<Service名>	hello-svc
他のネームスペースのPod	<Service名>.<ネームスペース名>	hello-svc.default

Kubernetesのリソースはネームスペースごとに分けられ、デフォルトのネームスペースは「default」です。ネームスペースについての詳細は、P.379を参照してください。

ServiceにアクセスするFQDNは、通常以下のようになっていて、以下の例ではhello-svc.default.svc.cluster.localでもアクセスできます[注3]。

```
<Service名>.<ネームスペース名>.svc.cluster.local
```

注3　svc.cluster.localの部分は、クラスターの設定によっては異なることがあります。

他のPodを起動して疎通確認を行うには、次のようにします。

```
$ kubectl run --generator=run-pod/v1 -it --rm curl --image=registry.gitla↩
b.com/okamototk/nettools
If you don't see a command prompt, try pressing enter.
/ # curl http://hello-svc.default/
Hostname: hello-pod-648648b846-jzsxr
……（以下略）……
```

> ### Column DNSアドオンのインストール
>
> 通常、Kubernetesクラスターには、DNSサーバーがデフォルトで組み込まれています。しかし、kubeadmを利用してスクラッチからKubernetesを構築した場合のように、デフォルトではDNSサーバーが組み込まれないこともあります。kubeadmを利用した場合は、次のようにしてDNSサーバーを有効化できます。
>
> ```
> # 新たにクラスターを作る場合
> $ kubeadm init --feature-gates CoreDNS=true
> # 既存のクラスターをアップデートする場合
> $ kubeadm upgrade plan --feature-gates CoreDNS=true
> ```

クラスターの外からのPodへの通信

クラスターの外からPodへアクセスするには、ServiceリソースのLoadBalancerタイプかIngressリソースを利用します。

ServiceのLoadbalancerタイプを利用する

IPアドレスを割り当て、L4のロードバランサーとして動作します。次のコマンドで作成します。typeがLoadBalancerになっている点が、先ほどと異なります。

```
$ kubectl expose deploy hello-pod --name=hello-lb --port=80 --target-port↩
=8080 --type=LoadBalancer
```

数分後、次のコマンドで確認します。

```
$ kubectl get svc
NAME       TYPE          CLUSTER-IP    EXTERNAL-IP    PORT(S)       AGE
hello-lb   LoadBalancer  10.0.87.119   13.66.210.72   80:31385/TCP  5m27s
```

上記の結果から、EXTERNAL-IPに13.66.210.72のIPアドレスが割り当てられていることがわかります。http://13.66.210.72/にアクセスすると、Web画面が表

示されます。

　LoadBalancerの作成に時間がかかり、タイミングが早すぎると、EXTERNAL-IPが割り当てられていないことがあります。また、MinikubeなどでLoadBalancerがKubernetesに統合されていない場合もEXTERANL-IPは割り当てられないので、注意してください。

　GKEやAKSのようなパブリックなマネージドKubernetesを利用している場合は、デフォルトで利用できる最も簡単な方法です。Minikube・MicroK8sや自前でKubernetesを構築した場合は、ロードバランサーのアドオン（および、構成により外部ロードバランサーの追加）が必要です。

Ingressを利用する

　先に紹介したServiceのLoadBalancerタイプでは、1つサービスを公開するごとに1つのグローバルIPアドレスが必要でした。それに対してIngressでは、ドメイン名でリクエストをサービスに割り振ります。そのため、グローバルIPは1つで済みます。ただし、サービスのアクセスに利用したいドメイン名を、DNSあるいはアクセスする端末のhostsファイルに登録する必要があります。

　Ingressは、MinikubeやMicroK8sでもアドオンを有効にするだけで簡単に使えます。Ingressは、Ingressリクエストを処理するIngress Controllerの実装により、使い方が異なります。以下では、GKE・AKSを利用する場合と、素のKubernetes（Minikube・MicroK8sなど）でIngress Nginx Controllerを利用する場合とに分けて解説します。

GKEのIngressを利用する

　GKEのデフォルトのIngressを利用するには、最初にタイプがNodePortのServiceを作成します。

```
$ kubectl expose deploy hello-pod --name=hello-np --port=8080 --type=NodePort
```

　作成されたリソースを確認します。

```
$ kubectl get svc hello-np
NAME       TYPE       CLUSTER-IP      EXTERNAL-IP   PORT(S)         AGE
hello-np   NodePort   10.11.254.184   <none>        8080:31893/TCP  4s
```

　NodePortは、Serviceにアクセスするためのポートをノードのポートに割り当てます。上記の例では、ポート31893番が割り当てられたことが確認できます。
　次に、作成したNodePortのService hello-npを利用してIngressを作成します。

▼ ingress-gke.yaml
```
apiVersion: extensions/v1beta1
```

```
kind: Ingress
metadata:
  name: hello-ing
spec:
  rules:
  - host: test.k8spocket.io
    http:
      paths:
      - path: /
        backend:
          serviceName: hello-np
          servicePort: 8080
```

以下のコマンドで Ingress を作成します。

```
$ kubectl apply -f ingress-gke.yaml
（数分後）
$ kubectl get ingress
NAME        HOSTS              ADDRESS        PORTS  AGE
hello-ing   test.k8spocket.io  34.96.68.191   80     65s
```

　ここで表示された ADDRESS を test.k8spocket.io のアドレスとして Google Cloud DNS やその他の DNS に登録するか、端末の /etc/hosts を書き換えて、test.k8spocket.io にアクセスできるようにし、http://test.k8spocket.io/ に Web ブラウザでアクセスすると、Web 画面が表示されます。curl コマンドで次のようにしても、動作確認ができます。

```
$ curl -H "Host: test.k8spocket.io" http://34.96.68.191/
```

AKSの Ingress を利用する

　タイプが Cluster IP の Service に対し、Ingress を作成します。また、AKS で管理されるドメイン名を自動的に DNS に登録できます。

　Ingress を利用する際には、AKS 作成時に「HTTP アプリケーションのルーティング」を有効にするか、次のコマンドを実行し、アプリケーションルーティングを有効にしておきます。

```
> az aks create --resource-group <Azureのリソースグループ> --name <AKSの⤸
リソース名> --enable-addons http_application_routing
```

　次に、以下のコマンドで DNS ゾーンを取得します。

```
> az aks show --resource-group <Azureのリソースグループ> \
  --name <AKSのリソース名> --query \
  addonProfiles.httpApplicationRouting.config.HTTPApplicationRoutingZone↵
Name -o table
92f1816b430b4f7ab563.westus2.aksapp.io
```

　ここで取得したDNSゾーンのサブドメインをIngressのホスト名に指定すれば、
Ingress作成時に自動的にDNSの登録が行われます。たとえば、以下のようなマニ
フェストを用意します。

```
apiVersion: extensions/v1beta1
kind: Ingress
metadata:
  name: hello-ing
  annotations:
    kubernetes.io/ingress.class: addon-http-application-routing
spec:
  rules:
  - host: test.92f1816b430b4f7ab563.westus2.aksapp.io
    http:
      paths:
      - path: /
        backend:
          serviceName: hello-svc
          servicePort: 80
```

　次のコマンドでIngressリソースの作成と確認を行います。

```
> kubectl.exe apply -f ingress-aks.yaml
（数分後）
> kubectl.exe get ing
NAME        HOSTS                                          ADDRESS        PORTS  AGE
hello-ing   test.92f1816b430b4f7ab563.westus2.aksapp.io    40.65.96.199   80     103m
```

　この設定されたホストにWebブラウザでアクセスすると、Web画面が表示され
ます。Web画面が表示されるようになるまで数分ほどの時間がかかるので、表示さ
れない場合はしばらく待ってから確認してください。

Kubernetes + Ingress Nginx Controllerを利用する
　MinikubeやMicroK8sを利用した場合は、Ingress Nginx Controllerを利用しま

す。Ingres Nginx Controllerを有効にするには、次のようにします。

```
$ minikube addon enable ingress
```

> **Column** 一般的なKubernetesクラスターへのIngress Controllerの
> インストール
>
> 通常、Ingressを利用するためのIngress Controllerはデフォルトで導入されている
> か、Kubernetesクラスターのインストール時にオプションを設定することによりイン
> ストールできます。ただし、kubeadmなどを利用して自前でインストールした場合、
> Ingress Controllerは手動でインストールする必要があります。Ingress Nginx
> Controllerをインストールするには、次のようにします。
>
> ```
> $ kubectl apply -f https://raw.githubusercontent.com/kubernetes/ingre↩
> ss-nginx/master/deploy/mandatory.yaml
> ……（中略）……
> deployment.apps/nginx-ingress-controller created
>
> $ kubectl apply -f https://raw.githubusercontent.com/kubernetes/ingre↩
> ss-nginx/master/deploy/provider/cloud-generic.yaml
> service/ingress-nginx created
> ```
>
> Ingress Nginx Controllerの動作確認は、次のようにして行います。
>
> ```
> $ kubectl -n ingress-nginx get svc,pod
> NAME                        TYPE          CLUSTER-IP      EXTERNAL-IP ↩
>   PORT(S)
> service/ingress-nginx  LoadBalancer  10.111.231.198  <pending>   ↩
>   80:31321/TCP,443:32282/TCP
>
> NAME                                             READY  STATUS   RE↩
> STARTS   AGE
> pod/nginx-ingress-controller-65486c986c-fn9l6   1/1    Running  0 ↩
>         69s
> ```

Ingress Nginx Controllerを利用する際は、Cluster IPタイプのServiceに対し
て次のようなIngressを作成します。

▼ ingress-nginx.yaml

```
apiVersion: extensions/v1beta1
kind: Ingress
```

```
metadata:
  name: hello-ing
spec:
  rules:
  - host: test.k8spocket.io
    http:
      paths:
      - path: /
        backend:
          serviceName: hello-svc
          servicePort: 80
```

以下のコマンドでIngressを作成します。

```
$ kubectl apply -f ingress-nginx.yaml
```

Ingressが作成されたか確認します。

```
$ kubectl get ing
NAME         HOSTS              ADDRESS     PORTS   AGE
hello-ing    test.k8spocket.io  127.0.0.1   80      39s
```

ノードのIPアドレスをtest.k8spocket.ioのアドレスとしてDNSに登録するか、端末の/etc/hostsを書き換えてtest.k8spocket.ioにアクセスできるようにして、http://test.k8spocket.io/にWebブラウザでアクセスすると、Web画面が表示されます。curlで次のようにしても動作確認できます。

```
$ curl -H "Host: test.k8spocket.io" http://127.0.0.1/
```

🔵 ボリューム設定

Pod内のコンテナにおけるデフォルトのディスクは揮発性なので、データは永続化されません。また、Pod内のコンテナごとに別々の仮想ディスクを持つので、コンテナ間ではデータを共有できません。

一方で、アプリごとの設定が必要になる場合、それぞれコンテナイメージを作るのは非効率です。環境変数から設定ファイルを設定することもできますが、それも非効率です。

ファイルの永続化、設定ファイルの定義、Pod間のファイルの共有、パスワードや証明書などの認証情報を利用するために、以下の表に挙げるようなボリュームを利用できます。

▼ ボリュームの種類

名前	永続化	説明
configMap	固定	設定ファイルをリソースとして作成してマウントする
emptyDir	×	空のディレクトリ。Pod内で複数のコンテナでファイルを共有したい場合に利用する
hostPath	○	DaemonSetと組み合わせて、ノードの監視やログ収集など、ホスト情報を読み取りたいときに利用する
secret	固定	パスワードや証明書などの認証情報を管理する
Persistent Volume/ Persistent Volume Claim	○	Podに障害が発生しても消えない永続化ボリュームの管理に利用する

　configMapとsecretはKubernetesのリソースから提供される固定値です。emptyDirはPodが削除されるとデータが消失するので注意してください。configMap/secretについての詳細は、第2章のリソースリファレンスのConfigMap（P.303）、Secret（P.306）も参照してください。

　ここでは、データを永続化するボリュームを扱うことができるPersistent VolumeとPersistent Volume Claimの使い方について紹介します。

　Persistent Volume/Persistent Volume Claimの関係は、下図のようになります。

▼ Pod/Persistent Volume Claim/Persistent Volume/Storage Classの関係

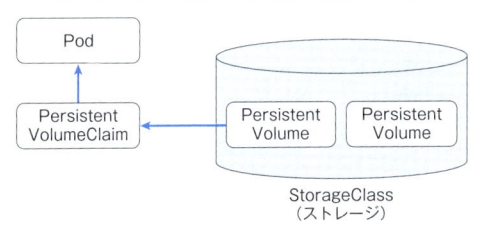

　まず、実際のストレージ（NFS、iSCSI、クラウドストレージなど）を管理するStorage Classを定義します。GKEやAKS、Minikubeなどでは標準で利用できるStorage Classが定義されているので、最初はそれらのStorage Classを利用するのがよいでしょう。定義されているStorage Classを確認するには、次のようにします。

```
$ kubectl get StorageClass
NAME                 PROVISIONER                 AGE
standard (default)   k8s.io/minikube-hostpath    56m
```

　上記はMinikubeの例ですが、standardが定義されていることが確認できました。Persistent Volumeは、ストレージから割り当てられたボリュームで物理ストレー

ジ情報を持ち、管理者により作成されるか、自動的に作成されます。ユーザーは、
Persistent Volumeに紐付けたPersistent Volume Claimを作成し、Podに割り当
てます。最近のマネージドKubernetesやMinikubeなどを利用した場合は、たいて
い自動的に作成されます。

　ここでは、ノードのディレクトリからPersistent Volumeを作成するhostPath[注4]
を利用したPersistentVolume（PV）を手動で作成する例を紹介します。GKE・
AKS・Minikubeを利用する場合は、このステップを省略し、次に紹介する
PersistentVolumeClaimを直接作成できます。

　マニフェストpv001-hostpath.yamlをデプロイします。

▼ pv001-hostpath.yaml

```
apiVersion: v1
kind: PersistentVolume
metadata:
  name: pv001
spec:
  accessModes:
    - ReadWriteOnce
  capacity:
    storage: 1Gi
  hostPath:
    path: /data/pv001
```

```
$ kubectl apply -f pv001-hostpath.yaml
```

　次に、PersistentVolumeClaimを作成します。上記の手順でPersistentVolume
pv001を作成した場合はpvc001-hostpath.yamlを、Storage Classを利用する場
合はpvc001.yamlを利用します。

▼ pvc001.yaml（GKE・AKS・MinikubeなどでStorage Classを利用する場合）

```
apiVersion: v1
kind: PersistentVolumeClaim
metadata:
  name: pvc001
spec:
  accessModes:
    - ReadWriteOnce
  resources:
```

注4　Persistent VolumeのhostPathは、開発環境や検証をユースケースとしているため、単一ノードでしか動
作しません。本番環境で永続化をユースケースとして使うときには、永続化が期待どおり動作するStorage
Classを指定するようにしてください。

```
  requests:
    storage: 1Gi
  storageClassName: standard   # P.59で確認したStorageClass名を指定
```

▼ pvc001-hostpath.yaml (hostPathを利用してPVを作成した場合)

```
apiVersion: v1
kind: PersistentVolumeClaim
metadata:
  name: pvc001
spec:
  accessModes:
    - ReadWriteOnce
  resources:
    requests:
      storage: 1Gi
  volumeName: pv001
```

```
$ kubectl apply -f pvc.yamlもしくはpvc-hostpath.yaml
```

Podを次のようにして作成します。

▼ pod.yaml

```
apiVersion: v1
kind: Pod
metadata:
  name: pod01
  labels:
    app: web01
spec:
  containers:
    - name: nginx01
      image: nginx
      ports:
        - containerPort: 80
          name: http-server
      volumeMounts:
        - mountPath: /var/www/html
          name: pvol
  volumes:
    - name: pvol
      persistentVolumeClaim:
        claimName: pvc001
```

```
$ kubectl apply -f pod.yaml
```

定義した PersistentVolumeClaim を指定し Pod 内で利用するボリュームを spec.volumes に定義し、その volumes で定義したボリュームをコンテナのどのディレクトリにマウントするか spec.containers.volumeMounts に指定します。

作成した Pod にアクセスして、マウントされたボリュームを df コマンドで確認してみましょう。ここでは、/share が /var/www/html にマウントされていることがわかります。

```
$ kubectl exec pod01 -it /bin/bash
root@pod01:/# df -h
Filesystem      Size  Used Avail Use% Mounted on
overlay          17G  4.9G   11G  33% /
tmpfs            64M     0   64M   0% /dev
tmpfs           996M     0  996M   0% /sys/fs/cgroup
/dev/sda1        17G  4.9G   11G  33% /etc/hosts
shm              64M     0   64M   0% /dev/shm
/dev/sda1       113G  113G   38G  76% /var/www/html
tmpfs           996M   12K  996M   1% /run/secrets/kubernetes.io/serviceaccount
tmpfs           996M     0  996M   0% /proc/acpi
tmpfs           996M     0  996M   0% /proc/scsi
tmpfs           996M     0  996M   0% /sys/firmware
```

🛟 dashboard による Kubernetes の管理

ここまで kubectl コマンドをはじめとする CUI を中心とした手順を紹介しました。kubectl コマンドが苦手な方は、Web ブラウザからの Kubernetes 操作を可能にするダッシュボードを利用するとよいでしょう。Pod の作成などのリソース操作のほか、リソースの利用情報をグラフで確認できたりします。

また、GKE を使う場合は GKE ダッシュボードを利用するとよいでしょう。まず、ダッシュボードが提供されているポートを確認します。

```
$ kubectl get svc/kubernetes-dashboard -nkube-system
NAME                   TYPE        CLUSTER-IP    EXTERNAL-IP   PORT(S)
kubernetes-dashboard   ClusterIP   10.0.63.91    <none>        80/TCP
```

ダッシュボードの Service は ClusterIP タイプなので、クラスター外からはアクセスできません。そこで、ダッシュボードのポート 80 番をローカルの 8080 番などにフォワードします。

```
$ kubectl port-forward svc/kubernetes-dashboard 8080:80 -n kube-system
Forwarding from 127.0.0.1:8080 -> 9090
Forwarding from [::1]:8080 -> 9090
Handling connection for 8080
```

　上記のコマンドを実行後、kubectl port-forwardを実行した端末でWebブラウザを起動し、http://localhost:8080/ にアクセスすれば、ダッシュボードに接続できます。

　ダッシュボードに接続後、認証を求められた場合は、「スキップ」をクリックします。以下の画面のようにスキップが表示されない場合は、

▼ Dashoboardの認証画面

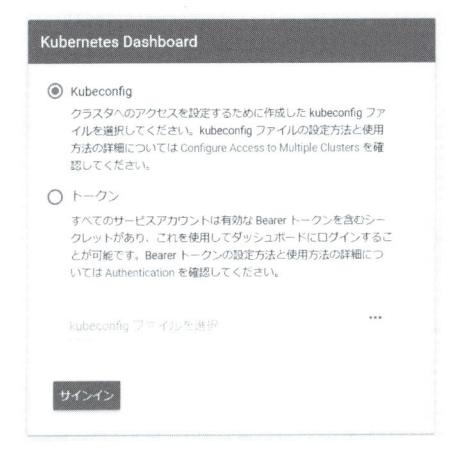

admin-userのトークンを次のコマンドで取得します。そして、上記画面でトークンを選択し、出力されたトークン（以下の例ではZXlKa……）を入力します。

```
$ kubectl get secrets -n kube-system|grep admin
admin-user-token-rmmcs          kubernetes.io/service-account-token

$ kubectl get secret admin-user-token-rmmcs -n=kube-system -o json | jq ↵
-r '.data["token"]'
ZXlKaGGJHY2lPaUpTVXpJM…….    # トークンを出力
```

　無事ダッシュボードにログイン（もしくは認証なしでアクセス）できると、以下のような画面が表示されます。

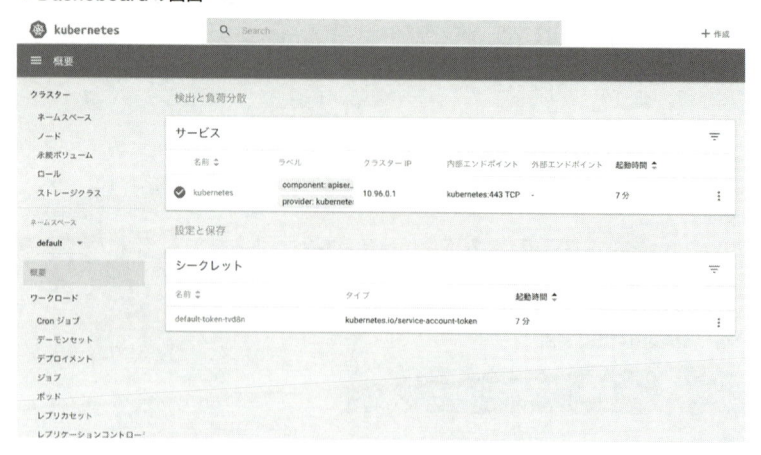

MinikubeやAKSでは、ポートフォワードからWebブラウザ起動まで行ってくれるコマンドが用意されているので、そちらを利用するとよいでしょう。

```
# minikube
$ minikube dashboard

# AKS
$ az aks browse -g <リソースグループ名> --name <AKSサービスの名前>
```

ダッシュボードを表示できたら、Podを作ってみましょう。「+作成」をクリックし、「テキスト入力から作成」タブにYAMLファイルの内容を入力します。入力が終わったら、「アップロード」ボタンをクリックします。

▼ Podの作成 （YAML ファイル）

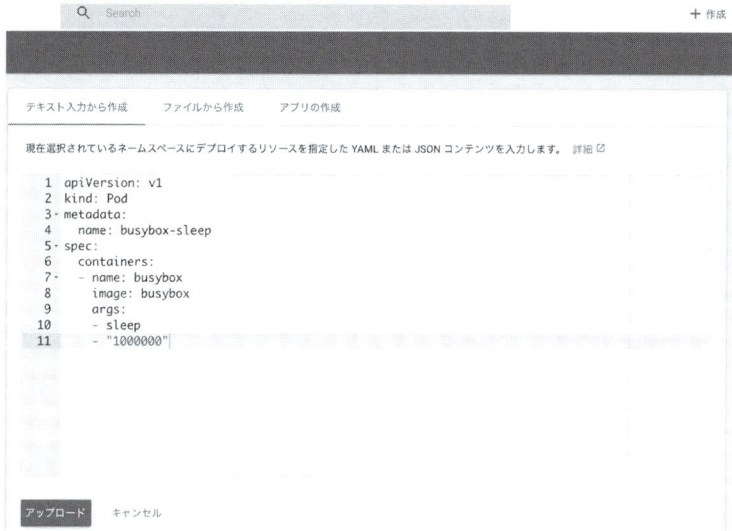

Podが ContainerCreating 状態となります。

▼ Container Creating

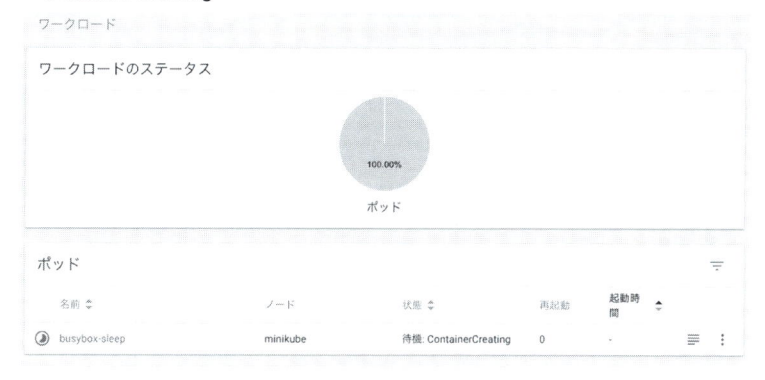

一定時間経過後に Web ブラウザをリロードします。

▼ 構築完了

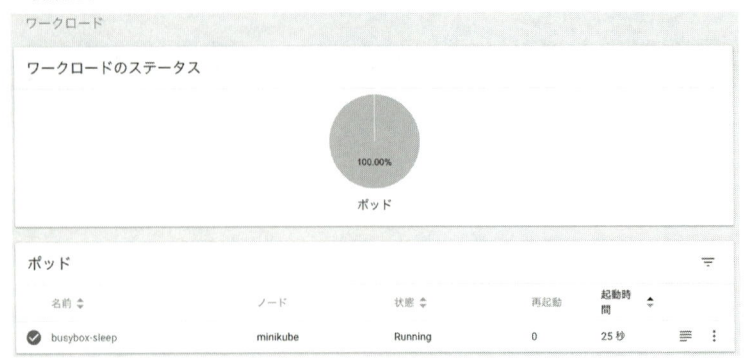

　Podが作成されました。このように、kubectlコマンドを利用することなく、Podなどのリソースが構築でき、またリソースの状態もWebブラウザで確認できます。

実践編

本章では、Kubernetes を利用するうえで、重要な kubectl コマンドの利用方法と Kubernetes のリソースについて紹介します。また、詰まったときの助けになるように、エラー発生時の対処方法も記載しています。

kubectlの概要

kubectlは、Kubernetesクラスターに対してコマンドを実行するためのCLI（Command Line Interface）です。

 書式

```
kubectl [command] [TYPE] [NAME] [flags]
```

command

リソースに対して実施したい操作を指定します。
例：create, get, describe, delete

TYPE

リソース種別を指定します。大文字小文字が区別されます。以下のように、単数形、複数形、短縮名で指定できます。

```
$ kubectl get pod pod1
$ kubectl get pods pod1
$ kubectl get po pod1
```

なお、リソース一覧および短縮名は、以下のコマンドで取得できます。

```
$ kubectl api-resources
NAME                SHORTNAMES   APIGROUP    NAMESPACED   KIND
bindings                                     true         Binding
componentstatuses   cs                       false        ComponentStatus
configmaps          cm                       true         ConfigMap
……（以下略）……
```

NAME

リソースの名称を指定します。大文字小文字が区別されます。
複数のリソースに対して操作を実行する場合、以下のように指定できます。

```
# 同じリソース種別を複数指定
$ kubectl get pod example-pod1 example-pod2
```

```
# 異なるリソース種別を複数指定
$ kubectl get pod/example-pod deploynemt/example-deployment

# マニフェストを複数指定
$ kubectl get pod -f ./pod.yaml -f ./deployment.yaml
```

flags

オプションを指定します。

共通オプション

kubectlコマンドを実行する際に、以下のような共通オプションを使えます（ここ
では、共通コマンドの中でよく利用するオプションのみを説明します）。

すべての共通オプションを表示するには、kubectl optionsを実行してください。

--alsologtostderr	ログをファイルだけでなく標準エラー出力にも出力します。
--as <文字列>	操作を実施するユーザー名。
--as-group <文字列（配列）>	操作を実施するグループ。複数のグループを指定するために繰り返すことも可能です。
--cluster <文字列>	使用するkubeconfigのクラスター名。
--context <文字列>	使用するkubeconfigのcontext名。
--insecure-skip-tls-verify	trueの場合、サーバー証明書の信頼性を確認しません。開発環境など、自己署名証明書を使う場合に利用します。
--kubeconfig <文字列>	CLIリクエストで使用するkubeconfigファイルのパス。
--logtostderr （デフォルト値：true）	ファイルの代わりに標準エラー出力にログを出力します。
--namespace <ネームスペース>（-n<ネームスペース>）	このCLIリクエストが対象とするネームスペース（ただし、指定したネームスペースが存在する場合のみ有効です）。
--request-timeout <文字列> （デフォルト値：0）	単一のリクエストがタイムアウトするまでの時間。0でない場合は、時間の単位（例：1s, 2m, 3h）を含む必要があります。0の場合は、リクエストのタイムアウトが設定されません。

-s <文字列> (--server <文字列>)	Kubernetes APIサーバーのIPアドレスとポートを指定します。
--skip-headers	trueの場合、ログメッセージにヘッダーを表示しません。
--token <文字列>	APIサーバーに対する認証用Bearer token。
--user <文字列>	利用するkubeconfigのユーザー名。

頻出オプション

　以下は、kubectl optionsで表示されるkubectlの共通オプションではありませんが、多くのサブコマンドでサポートされており、頻繁に利用するオプションです。

--all-namespaces	すべてのネームスペースを対象にします。
--dry-run	trueの場合、対象となるオブジェクトを表示します。
-f <ファイル名	ディレクトリ名	URL> (--filename <ファイル名 | ディレクトリ名 | URL>)	リソースを指定するためのファイル、ディレクトリあるいはURLを指定します。複数指定可能。-Rと組み合わせて利用することで、特定のディレクトリ以下にあるすべてのマニフェストを対象とすることも可能です。
--force	--grace-period=0の場合のみ利用できます。trueの場合、APIからリソースを即座に削除し、猶予期間を無視します。リソースによっては、即座に削除した場合に不整合やデータ欠損が生じる可能性があるため、注意が必要です。
--grace-period=<時間>(デフォルト値：-1)	グレイスフルシャットダウンするリソースに与えられた猶予期間 (秒)。マイナスの値は無視され、1を設定すると即座にシャットダウンされます。--force=trueの場合のみ、0を設定可能です。
--output=(yaml | json)(-o(yaml | json))	出力形式を指定します。以下のいずれかが指定可能です。json | yaml | name | go-template | go-template-file | template | templatefile | jsonpath | jsonpath-file
-R (--recursive)	-f、--filenameで指定したディレクトリを再帰的に処理します。同一ディレクトリ内で管理される関連するマニフェストを管理したい場合に便利です。

`--record`	リソースのアノテーションに、kubectlコマンドが記録されます。falseに設定されている場合はコマンドを記録されず、trueに設定されている場合は記録されます。設定されていない場合は、アノテーションが存在する場合のみ、既存のアノテーションの値を上書きします。
`--selector <ラベル名>=<値>[,<ラベル名>=<値>,...] (-l<ラベル名>=<値>[,<ラベル名>=<値>])`	ラベルを利用してクエリーする場合に指定します。=、==、!=がサポートされています。 例：-l key1=value,key=value2
`--template`	-o=go-template、-o=go-template-fileを使用する際、テンプレート文字列またはテンプレートファイルを指定します。テンプレートのフォーマットについては、http://golang.org/pkg/text/template/#pkg-overviewを参照してください。
`-k <ディレクトリ、URL> (--kustomize <ディレクトリ、URL>)`	指定したディレクトリ、URLをkustomizeのディレクトリとして扱い、各コマンドの処理を行います。

🔵 エラーと対処法

以下に、kubectlコマンドを利用する際に発生するエラーと対処法を掲載します。

▌存在しないオブジェクトを指定してコマンドを実行する

エラーメッセージ

```
$ kubectl get pods hoge
Error from server (NotFound): pods "hoge" not found
```

原因

指定したリソースが存在しません。

対処法

存在するリソースを指定して、コマンドを再実行してください。以下のように、kubectl getコマンドを利用してリソースの有無を確認できます。

```
# デフォルトのネームスペースのすべてのリソースを一覧表示
$ kubectl get all -n default
```

```
# すべてのネームスペースのPodを一覧表示
$ kubectl get pod --all-namespaces
```

Podが起動しない

　Podをスケジュールした際、kubectl自体はエラーメッセージを表示せずに完了しても、Podの起動に失敗している場合があります。

```
# 存在しないディレクトリを削除しようとするDeploymentをスケジュール
$ kubectl create deployment hoge --image=busybox -- rm sample-dir
deployment.apps/hoge created

$ kubectl get pods
NAME                          READY   STATUS             RESTARTS   AGE
hoge-fd9bc675b-k2jqx          0/1     CrashLoopBackOff   3          59s
```

原因

　ノードのリソース、プロセス起動、イメージ取得など、いくつかの要因が考えられます。

対処法

　原因を特定するため、まずPodの状態を確認しましょう。kubectl describeコマンドを用いて「Containers.<ContainerName>.State」、「.Containers.<ContainerName>.State.Reason」を確認することで、Podの状況を確認できます。また、「.Events」には、このPodで実行された経過が示されています。Pod起動時にどこまで実行が完了したのかを知ることで、Podが起動しない理由の切り分けに役立つでしょう。

```
$ kubectl describe po hoge-66c49b8c8f-2dzk9
Name:                hoge-66c49b8c8f-2dzk9
...
Containers:
  hoge:
    Container ID:   docker://fdc2670bfa81b41f997b4bf7229d8329bbacdd1bd54676↵
2d4d27faf73ff63026
    Image:          busybox
    ……（中略）……
    State:          Terminated
      Reason:       Error
      Exit Code:    1
      Started:      Sun, 24 Mar 2019 19:00:24 +0900
      Finished:     Sun, 24 Mar 2019 19:00:24 +0900
    ……（以下略）……
Events:
```

```
   Type      Reason      Age                   From                 Message
   ----      ------      ----                  ----                 -------
   Normal    Scheduled   25s                   default-schedule     Successf↵
ully assigned default/hoge-66c49b8c8f-2dzk9 to gke-xxx-pool-xxx
······ (中略) ······
   Normal    Started     6s (x3 over 22s)  kubelet, gke-xxx-pool-xxx  Started ↵
container busybox
   Warning   BackOff     6s (x3 over 20s)  kubelet, gke-xxx-pool-xxx  Back-off↵
restarting failed container
```

　「.Containers.<ContainerName>.State」 は「Waiting」、「Running」、「Terminated」のいずれかの値となります。

値	説明
Waiting	Running、Terminatedでない場合は、この状態になる。この状態のコンテナは、イメージのPullなどの必要な操作が未完了となっており、「.Containers.<ContainerName>.State.Reason」に理由が記載されている
Running	コンテナが問題なく実行中であることを示している
Terminated	コンテナが実行を完了し、停止中であることを示している。この状態は、コンテナが問題なく完了した場合と、何らかの要因で完了してしまった場合のいずれも含む。そのため、この状態のコンテナは、正しく動作を完了したかどうかを確認する必要がある

　上記で原因が特定できない場合は、さらに詳細な情報を確認し、原因を特定しましょう。

```
# 現在のコンテナのログを確認
$ kubectl logs ${POD_NAME} ${CONTAINER_NAME}

# 以前のコンテナがクラッシュした場合に、以前のコンテナのログを確認
$ kubectl logs --previous ${POD_NAME} ${CONTAINER_NAME}

# ログから判断できない場合に、コンテナ内でコマンドを実行して確認
$ kubectl exec ${POD_NAME} -c ${CONTAINER_NAME} -- ${CMD} ${ARG1} ${ARG2} ↵
 ... ${ARGN}
```

リソースの作成・設定変更を行う
kubectl apply

関連コマンド create, edit, patch, replace

リソースの作成・設定変更を行います。

🔘 書式

```
kubectl apply -f <ファイル名> [options]
```

説明

マニフェスト（YAMLまたはJSON）の内容に従って、リソースを作成あるいは設定変更します。

オプション

--all	同一ネームスペース内の、指定したリソース種別のすべてのリソースを選択します。
--cascade （デフォルト値：true）	trueの場合、削除対象のリソースによって管理されるリソースも、同様に削除されます（例：ReplicaSetによって作成されたPod）。
--overwrite （デフォルト値：true）	修正された設定の値を用いて、修正された設定と稼働中の設定の間の競合を自動的に解決します。

頻出オプション（P.70参照）

--filename (-f), --selector (-l), --output (-o), --recursive (-R), --dry-run, --force, --grace-period, --record

```
kubectl apply edit-last-applied -f <ファイル名> [options]
```

説明

リソースの最新のlast-applied-configurationアノテーションを、エディタで編集します。

オプション

上記と同じ使い方です。

```
kubectl apply set-last-applied -f <ファイル名> [options]
```

　最新のlast-applied-configurationアノテーションを、ファイルの内容に設定します。

オプション

　上記と同じ使い方です。

```
kubectl apply view-last-applied -f <ファイル名> [options]
```

説明

　リソースの最新のlast-applied-configurationを表示します。

オプション

　上記と同じ使い方です。

```
kubectl apply -k <フォルダ名>
```

説明

　kustomize用のマニフェストが格納されているフォルダを指定します。kustomizeの詳細については、kubectl kustomizeコマンドの説明（P.122）を参照してください。

オプション

　原則、上記と同じ使い方ですが、-fや-Rオプションとは同時に指定できません。

😊 使い方

　applyコマンドにより、マニフェストに記述された内容に従い、オブジェクトを作成・変更します。
　では、applyコマンドを用いて、Podを作成してみましょう。
　まず、Podのマニフェストを作成します（pod_nginx.yaml）。

```yaml
apiVersion: v1
kind: Pod
metadata:
  creationTimestamp: null
```

```
    labels:
      run: nginx
    name: nginx
  spec:
    containers:
    - image: nginx:1.7.1
      name: nginx
      resources: {}
    dnsPolicy: ClusterFirst
    restartPolicy: Never
```

以下のコマンドで、Podを作成します。

```
$ kubectl apply -f pod_nginx.yaml
pod/nginx created

$ kubectl get po
NAME     READY    STATUS     RESTARTS    AGE
nginx    1/1      Running    0           34s
```

次に、Podで利用するイメージを変更し、変更を適用してみましょう。
まず、pod_nginx.yamlを修正します。

```
apiVersion: v1
kind: Pod
…… (中略) ……
spec:
  containers:
  - image: nginx:1.9.1  # 修正
    name: nginx
    …… (以下略) ……
```

変更を適用し、Podを更新しましょう。

```
$ kubectl apply -f pod_nginx.yaml
pod/nginx configured

$ kubectl describe pod nginx
Name:               nginx
…… (中略) ……
Containers:
  nginx:
```

```
   Container ID:   docker://9edcbb4c363f980c4d10ae99f337ab62b99816d323be3↵
13a8fcd657fc742b57c
   Image:          nginx:1.9.1   # イメージが更新された
……（以下略）……
```

差分計算と変更のマージ

kubectl apply コマンドは、マニフェスト、現在の設定および last-applied-configuration アノテーションを使って差分を計算し、パッチリクエストを作成します。そのパッチリクエストにより、現在のリソースの設定のうち、特定の設定が更新されます。

kubectl apply コマンド実行時の差分計算および変更のマージの詳細については、Kubernetes の公式ホームページ[注1]を確認してください。

> **Column** Imperative / Declarative object configuration

Kubernetes リソースを作成・更新するには、いくつかの管理手法が考えられます。本コラムでは、以下の3つの管理手法を説明します。

管理手法	管理対象	推奨環境	同時管理者数	学習コスト
Imperative commands	稼働中のリソース	開発環境	1+	低
Imperative object configuration	個別のマニフェスト	本番環境	1	中
Declarative object configuration	ディレクトリに配置したマニフェスト群	本番環境	1+	高

Imperative は「命令的」という意味で、「何を実施するのか」を指定する方法です。kubectl コマンドを利用したり、マニフェストをその都度1つ1つ作成して kubectl apply でリソースを作成することを指します。

一方、Declarative は「宣言的」という意味で、「どんな状態にしたいのか」を指定する方法です。アプリケーションをディレクトリに配置したマニフェスト群 (Deployment、ConfigMap、PersisentVolumeClaim、Service、Ingress、……) で管理します。

Kubernetes に対する習熟度、チームの体制、求められる管理の粒度、リリースフローなどを考慮し、自チームに合った管理手法を選択し、混在して利用しないようにチームでどちらかに統一したほうがよいでしょう。

Imperative commands

Imperative commands は、クラスターの中で稼働中のリソースを直接操作する管理手法です。Imperative =「命令的な」が意味するとおり、ユーザーは kubectl コマンドによって「何を実施するか」を指定します。

注1　https://kubernetes.io/docs/concepts/overview/object-management-kubectl/declarative-config/#how-apply-calculates-differences-and-merges-changes

この管理手法は、クラスター内で一度きりのタスクを実行する場合、非常にシンプルな方法です。そのため、手軽にKubernetesの挙動を確認する場合などに適しています。

　しかし、この手法では稼働中のリソースを直接操作するため、Gitでバージョン管理を行えません。そのため、本番運用で利用するのは避けたほうがよいでしょう。

操作例

　Deploymentリソースを作成し、nginxコンテナを起動する場合、以下のようなコマンドを利用します。

```
$ kubectl create deployment nginx --image=nginx
```

object configurationと比較した際のメリット

- コマンドがシンプルで、学びやすく記憶しやすい
- 単純な操作でクラスターに対して変更を実施できる

object configurationと比較した際のデメリット

- Gitでバージョン管理を行えない
- 誰がリソースを変更したのかわからない
- マニフェストが残らないので、稼働中のリソースを直接確認する以外に、状況を把握する方法がない
- マニフェストを他のネームスペースにデプロイしたり、コピーやカスタマイズして別のリソースとしてデプロイするのが難しい

Imperative object configuration

　Imperative object configurationは、kubectlコマンドで操作（createやreplaceなど）・オプション・マニフェストを指定する管理方法です。リソースの内容をマニフェストによって指定するのが、Imperative commandsとは異なる点です。なお、指定されたマニフェストは、リソースのすべての定義を含んでいる必要があります。

操作例

　以下のようにリソースを作成・削除します。

```
# マニフェストに定義されたリソースを作成
$ kubectl apply -f nginx.yaml

# 2つのマニフェストに定義されたリソースを削除
$ kubectl delete -f nginx.yaml -f redis.yaml

# マニフェストの内容で稼働中のリソースの設定を上書きし、リソースを更新
$ kubectl replace -f nginx.yaml
```

- リソースの設定を、Gitなどのソースコード管理システムで管理できる
- 変更を適用する前にプルリクエストでリソースの設定をレビューするなど、変更管理プロセスに統合できる
- 新しいリソースを作る際のマニフェストをコピーして簡単にカスタマイズできる

- マニフェストを作成するために、基本的なリソースを記述するYAMLファイルの構文を理解する必要がある
- リソースを変更するためにマニフェストを作成するというステップが必要になる

- Imperative object configurationのほうが、より単純で理解しやすい

- Imperative object configurationでは、コマンドでリソースに対する操作を指定するため、ディレクトリを利用してマニフェストを指定する方法と相性が悪い
- 稼働中のリソースに対する変更は、必ずマニフェストの内容によって定義されている必要がある。それ以外の方法で設定を変更した場合、次回のマニフェスト適用時に変更が失われてしまう

Declarative object configuration

Declarative object configurationは、Imperative object configurationと同様に、マニフェストを用いてリソースを管理する手法です。ただし、この手法では、ユーザーは実施する操作を指定せず、kubectlコマンドがCreate/Update/Deleteの操作をリソースごとに自動的に検出します。

この手法では、kubectl apply実行時に差分を計算して変更を適用するため、kubectl apply以外で実施した変更を保持することが可能です。たとえば、マニフェストによって管理したい内容には kubectl apply を用い、レプリカ数の管理には kubectl scale を用いるといった運用も可能です。

configディレクトリ内のマニフェストを処理し、リソースを作成するか、稼働中のリソースにパッチを適用します。kubectl diff コマンドを利用することで、どのような変更が適用されるかを事前に確認することも可能です。

```
$ kubectl diff -f configs/
$ kubectl apply -f configs/

# 再帰的に実行する場合は、-Rを指定
$ kubectl diff -R -f configs/
$ kubectl apply -R -f configs/
```

Imperative object configurationに対するメリット

- マニフェストに変更がマージされなかったとしても、稼働中のリソースに直接加えられた変更 (レプリカ数の変更など) が保持される
- リソースへの変更操作 (create、patch、delete) が自動的に検出されるため、ディレクトリに対する操作と相性がよい

Imperative object configurationに対するデメリット

- 予期しない挙動をした場合に、デバッグや結果を理解するのが難しい
- 差分を利用した部分的な更新が、複雑なマージやパッチ操作となる

2

実践編 ▼ コマンド ▼ リソース管理

リソースをファイルや標準入力から
作成する
kubectl create

関連コマンド apply, delete

リソースをファイルや標準入力から作成します。JSONとYAMLの形式が使えます。

 書式

```
kubectl create -f <ファイル名>
```

説明

Kubernetesはリソースという単位でコンテナやロードバランサーを管理します。createコマンドはリソースを作成・管理するコマンドです。リソースについては、本章の後半で詳しく説明します。namespaceなどのサブコマンドが多数あります。これらはこの後説明します。

オプション

--edit	リソースを作成する前に、入力ファイルを編集します。

頻出オプション（P.70参照）

--selector (-l), --template, --output (-o), --recursive (-R), --filename (-f), --dry-run, --record, --kustomize (-k)

```
kubectl create -f sample.yaml --edit -o <ファイル書式>
```

説明

sample.yamlを入力として、リソース作成前に編集し、結果をYAML形式で出力します。

オプション

上記書式と同じです。

🛟 使い方

　createを使うと、リソースを作成できます。リソースに必要な設定をJSONもしくはYAML形式でマニフェストに記述して、createコマンドでリソースを作成できます。JSONやYAMLファイルをバージョン管理すると、変更点や変更理由が管理しやすくなるでしょう。

　createコマンドは、リソースを管理するときに命令的管理（Imperative commands）をします。命令的に管理するときには、create・replace・deleteを意識して管理します。applyコマンドでもリソースが管理できます。createとapplyの使い分けについては、P.74を確認してください。

　最初にリソースを作成するためのファイルを用意します。createコマンドはさまざまなリソースを作成できますが、ここではKubernetesにPodをデプロイするサンプルを使います。busybox-sleep.yamlという名前のファイルを作成します。

```
# Kubernetes API Versionを指定
apiVersion: v1
# 作成するリソースの種類を指定
kind: Pod
# リソースの名前
metadata:
  name: busybox-sleep
# 作成するリソースの仕様
spec:
  containers:
  - name: busybox
    image: busybox
    args:
    - sleep
    - "1000000"
```

　作成したYAMLファイルを引数にしてcreateコマンドを実行します。

```
$ kubectl create -f busybox-sleep.yaml
pod "busybox-sleep" created
```

　作成されたPodを確認してみましょう。

```
$ kubectl get pods
NAME            READY   STATUS    RESTARTS   AGE
busybox-sleep   1/1     Running   0          29s
```

　このようにbusybox-sleepという名称のPodが作成できたことがわかります。

--editオプションを付けると、リソースを作成する前にファイルを編集できます。

```
$ kubectl create -f busybox-sleep.yaml --edit
```

🆘 エラーと対処法

書式が不正なファイルを指定した

```
$ kubectl create -f busybox-sleep.yaml
error: error converting YAML to JSON: yaml: line 1: mapping values are not↵
 allowed in this context
```

原因

引数に渡したbusybox-sleep.yamlに不正な書式があったため、エラーとなりました。

対処法

line 1のように不正な書式がある行が表示されるため、確認して修正します。--dry-runオプションを使って検出することもできます。

```
$ kubectl create -f busybox-sleep.yaml --dry-run
error: error converting YAML to JSON: yaml: line 1: mapping values are not↵
 allowed in this context
```

ClusterRoleBindingを作成する
kubectl create clusterrolebinding

Clusterごとに権限などを管理をするためのCluster Role Bindingを作成します。

書式

```
kubectl create clusterrolebinding <Cluster Role Binding名> [--cluster↵
role=<cluster role名>] [--serviceaccount=<Namespace>:<Service Accou↵
nt名>] [--user=ユーザー名] [--group=グループ名]
```

説明

Role Based Access Control（RBAC）で権限などを設定する場合に作成します。Namespaceベースで設定することも、クラスター単位（ClusterRoleBinding）で設定することもできます。Service AccountまたはUser・Groupに対して設定可能です。詳しくは3章のP.379を確認してください。

オプション

--clusterrole	設定するCluster Roleを指定します。
--serviceaccount	設定するServiceAccountを指定します。
--user	設定するUserを指定します。
--group	設定するGroupを指定します。

頻出オプション（P.70参照）
--output (-o)，--dry-run，--template

 使い方

Cluster Roleオブジェクトをあらかじめ作成しておきましょう。以下の例では、k8s-pocket-clusterというCluster Role Bindingを、devというCluster Roleに対して作成しています。設定する対象は、DefaultというNamespaceに存在する、nginxという名称のService Accountです。

実践編　▼　コマンド　▼　リソース管理

2

```
$ kubectl create clusterrolebinding k8s-pocket-cluster --clusterrole=dev ⏎
--serviceaccount=default:nginx
clusterrolebinding.rbac.authorization.k8s.io "k8s-pocket-cluster" created
```

作成したCluster Role Bindingを確認しましょう。

```
$ kubectl describe clusterrolebinding k8s-pocket-cluster
Name:          k8s-pocket-cluster
Labels:        <none>
Annotations:   <none>
Role:
  Kind: ClusterRole
  Name: dev
Subjects:
  Kind           Name    Namespace
  ----           ----    ---------
  ServiceAccount nginx   default
```

このように、devというCluster Roleに対して、Cluster Role Bindingを作成できました。

Namespaceを作成する

kubectl create namespace

関連リソース Namespace

クラスター上にNamespaceを作成します。

📘 書式

```
kubectl create namaspace <Namespace名>
```

説明

Kubernetesは、1つの物理的なクラスター上で仮想クラスターをサポートします。この仮想クラスターのことをNamespaceと呼びます。create namespaceコマンドはNamespaceを作成するコマンドです。Namespaceの詳細はリソースNamespaceと3章で詳しく説明します。

頻出オプション（P.70参照）

--template, --output (-o) , --dry-run, --record

📘 使い方

新しくNamespaceを作成するときに使います。デフォルトで、default、kube-public、kube-systemの3つのNamespaceが存在します。同じ名前では作成できないので、デフォルトで存在する3つの名称以外を指定しましょう。

```
$ kubectl create namespace foo
namespace "foo" created
```

作成したPodを確認してみましょう。kubectl get namaspaceコマンドで取得できます。

```
$ kubectl get namespace
NAME          STATUS   AGE
default       Active   9d
foo           Active   8s
kube-public   Active   9d
kube-system   Active   9d
```

このように、fooという名称のNamespaceが作成できたことがわかります。

🛟 エラーと対処法

Namespace名に使えない文字列を指定した

`エラーメッセージ`

```
$ kubectl create namespace k8s_pocket
The Namespace "k8s_pocket" is invalid: metadata.name: Invalid value: "k8s_↵
pocket": a DNS-1123 label must consist of lower case alphanumeric characte↵
rs or '-', and must start and end
with an alphanumeric character (e.g. 'my-name', or '123-abc', regex used ↵
for validation is '[a-z0-9]([-a-z0-9]*[a-z0-9])?')
```

`原因`

Namespace名に使えない文字を指定しました。

`対処法`

指定する文字列は、小文字の英数字、または「-」である必要があります。また、最初と最後は必ず英数字です。これはNamespaceがDNSで使える文字列である必要があるためです。

```
$ kubectl create namespace k8s-pocket
namespace "k8s-pocket" created
```

Namespace名にすでに存在する名前を指定した

`エラーメッセージ`

```
$ kubectl create namespace k8s-pocket
Error from server (AlreadyExists): namespaces "k8s-pocket" already exists
```

`原因`

Namespace名にすでに存在するNamespace名を指定したためです。

`対処法`

別のNamespace名を指定しましょう。現在のNamespace一覧はkubectl get namespaceコマンドで取得できます。

```
$ kubectl get namespace
NAME          STATUS   AGE
default       Active   9d
k8s-pocket    Active   5m
kube-public   Active   9d
kube-system   Active   9d
```

Quotaを設定する
kubectl create quota

関連リソース ResourceQuota

Kubernetesが使用するCPUやメモリなどのオブジェクトに使用量の制限を設定します。

書式

```
kubectl create quata <Quota名> --hard=<設定項目>=<設定値> --scope=<S⤶
cope>
```

説明

Kubernetesが使用するリソースに制限をかけます。KubernetesでのCPU割り当てやPodの数といったさまざまなリソースの割り当てを制御します。設定できるリソースは、P.329のResourceQuotaを参照してください。

オプション

--hard
key=valueの形式で、Keyに制限をかけるリソース名、Valueに制限値を設定します。複数のKey、Valueのセットを同時に指定できます。

--scopes
設定するQuotaの有効となる範囲を指定します。

Scope	説明
Terminating	.spec.activeDeadlineSeconds >= 0 の Podsに一致
NotTerminating	.spec.activeDeadlineSeconds が nil の Podsに一致
BestEffort	QoSがbest effortのPodsに一致
NotBestEffort	QoSがbest effortではないPodsに一致

頻出オプション（P.70参照）

```
--template, --output (-o),--dry-run,--record
```

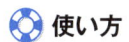 **使い方**

k8s-pocketというnamespaceに、CPUとメモリの制限をかけます。name
space配下のすべてのPodの合計は、指定した制限値を超えられません。合計に
はterminate状態のPodは含まれません。

```
$ kubectl create quota k8s-pocket --hard=cpu=2, memory=1G
resourcequota "k8s-pocket" created
```

作成したresourcequotaを確認しましょう。

```
$ kubectl describe resourcequota k8s-pocket
Name:       k8s-pocket
Namespace:  default
Resource    Used  Hard
--------    ----  ----
cpu         0     2
memory      0     1G
```

このように、「k8s-pocket」という名称で、CPUとメモリにHardという箇所に
指定した制限が設定されていることがわかります。

Podを1つ作成してみましょう。作成するPodは以下のYAMLファイルで、設定
した制限内で起動するようにしておきます。

```
apiVersion: v1
kind: Pod
metadata:
  name: quota-mem-cpu-demo
spec:
  containers:
  - name: quota-mem-cpu-demo-ctr
    image: nginx
    resources:
      limits:
        memory: "800Mi"
        cpu: "800m"
      requests:
        memory: "600Mi"
        cpu: "400m"
```

この設定ファイルはkubernetesの公式サイトに配備してあるため、以下のコマ
ンドでPodを作成します。

```
$ kubectl create -f https://k8s.io/examples/admin/resource/quota-mem-cpu-pod.yaml
pod "quota-mem-cpu-demo" created
```

改めて、resourcequotaの設定を確認しましょう。

```
$ kubectl describe resourcequota/k8s-pocket
Name:       k8s-pocket
Namespace:  default
Resource    Used   Hard
--------    ----   ----
cpu         400m   2
memory      600Mi  1G
```

Usedが増加し、Hardの設定値以下であることがわかります。

2 エラーと対処法

ResourceQuotaに設定した上限値以上にリソースをリクエストした

```
$ kubectl create -f https://k8s.io/examples/admin/resource/quota-mem-cpu-
pod.yaml
Error from server (Forbidden): error when creating "https://k8s.io/example
s/admin/resource/quota-mem-cpu-pod.yaml": pods "quota-mem-cpu-demo" is for
bidden: exceeded quota: k8s-pocket, requested: memory=600Mi, used: memory=
600Mi, limited: memory=1G
```

原因

現在かかっているResourceQuotaの上限以上に、リソースが必要なPodを作成
しようとしたために、制限がかかりました。

対処法

ResourceQuota以内でPodを作成するか、またはResourceQuotaを上げます。
共有クラスターなどで複数アプリケーションなどが動いている場合は、影響度を考
慮して対応を考える必要があります。

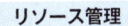

リソース管理

RoleBinding を作成する
kubectl create rolebinding

関連リソース rolebinding

Namespaceごとに権限などを管理をするためのRole Bindingを作成します。

🛟 書式

```
kubectl create rolebinding <Role Binding名> [--clusterrole=<cluster r
ole名>|--role=<role名>] [--serviceaccount=namespace:<Service Account
名>] [--user=ユーザー名] [--user=user2] [--group=グループ名]
```

説明

Role Based Access Control (RBAC) で権限などを設定する場合に作成します。
Namespaceベースで設定することも、クラスター単位 (ClusterRoleBinding) で
設定することもできます。Service AccountまたはUser、Groupに対して設定で
きます。詳しくは3章の「ネームスペースとRBACによるアクセス制御」(P.379) を
確認してください。

オプション

--clusterrole	設定する Cluster role を指定します。
--role	設定する role を指定します。
--serviceaccount	設定する ServiceAccount を指定します。
--user	設定する User を指定します。
--group	設定する Group を指定します。

頻出オプション (P.70参照)

--output (-o) , --dry-run, --template

🛟 使い方

RoleまたはCluster Roleオブジェクトをあらかじめ作成しておきましょう。以下
の例では、k8s-pocketというRole BindingをopsというRoleに対して作成してい
ます。設定する対象は、Namespace名「default」に存在するnginxという名称の
Service Accountです。

2

実践編 ▼ コマンド ▼ リソース管理

91

```
$ kubectl create rolebinding k8s-pocket --role=ops --serviceaccount=default:nginx
rolebinding.rbac.authorization.k8s.io "k8s-pocket" created
```

作成したRole Bindingを確認しましょう。

```
Name:         k8s-pocket
Labels:       <none>
Annotations:  <none>
Role:
  Kind:  Role
  Name:  ops
Subjects:
  Kind             Name   Namespace
  ----             ----   ---------
  ServiceAccount   nginx  default
```

このように、opsというRoleに対して、Role Bindingが作成できました。

機密性の高い情報を保持するための secretを作成する

`kubectl create secret`

パスワードやOAuthトークンなど、機密性の高い情報はsecretに格納します。

書式

```
kubectl create secret [--type=generic|docker-registry|tls] <secret名>
```

説明

外部のサービスと連携するためのパスワードやOAuthのトークン、SSH Keyなどの情報は、Base64でエンコードしてsecretに格納できます。ConfigMapでも接続先のURLなど設定情報を管理できますが、平文で保存されます。そのため、機密性の高い情報はsecretに格納するとより安全です。

通常の機密情報はgenericを指定します。docker-registryはコンテナレジストリ（Dockerレジストリ）で使用するdockercfgを使う場合、tlsは事前に作成した公開鍵と秘密鍵からTLSを扱う場合に指定します。

kubectl create secret genericで使えるオプションを以下に示します。envファイル・ファイル・文字列の直接指定という3つの方法があるので、それぞれ紹介します。

オプション

`--type`	作成するsecretの種類を指定します。generic、docker-registry、tlsから指定します。
`--from-env-file`	指定したenv-fileからsecretを作成します。形式は「key=val」のペアである必要があります。
`--from-file`	指定したファイルからsecretを作成します。指定したファイル名がkeyとなります。
`--from-literal`	指定した文字列からsecretを作成します。

頻出オプション（P.70参照）

`--output (-o)` , `--dry-run`, `--template`

```
kubectl create secret generic <secret名> --from-env-file=<.envファイルパス>
```

最初の書式と同じです。

最初の書式と同じです。

```
kubectl create secret generic <secret名> --from-file=<ファイルパス>
```

ファイルパスに記述している内容をBase64でエンコードしてvalueにし、ファイル名をKeyにして、secretを作成します。

最初の書式と同じです。

```
kubectl create secret generic <secret名> --from-literal key=value
```

引数に指定したkeyとvalueをBase64でエンコードして、secretを作成します。

最初の書式と同じです。

🔵 使い方

pocket_secret.envに記述しているkey=value のペアから、pocket-secretという名称のsecretを作成します。あらかじめpocket_secret.envに、secretの内容であるkeyとvalueを準備します。

```
admin=password1234
userpocket=reference
```

作成したenvファイルを引数にcreate secret genericコマンドを実行します。

```
$ kubectl create secret generic pocket-secret --from-env-file=pocket_secret.env
secret "pocket-secret" created
```

作成されたsecretを確認してみましょう。

```
$ kubectl get secrets
NAME                  TYPE                                  DATA    AGE
default-token-f457x   kubernetes.io/service-account-token   3       35d
istio.default         istio.io/key-and-cert                 3       35d
pocket-secret         Opaque                                2       1m
```

　このように、pocket-secretという名称のsecretが作成できたことがわかります。secret名と-oオプションを指定すると、valueがBase64でエンコードされていることがわかります。

```
$ kubectl get secrets pocket-secret -o yaml
apiVersion: v1
data:
  admin: cGFzc3dvcmQxMjM0
  userpocket: cmVmZXJlbmNl
kind: Secret
metadata:
  creationTimestamp: 2019-02-09T12:39:32Z
  name: pocket-secret
  namespace: default
  resourceVersion: "7410228"
  selfLink: /api/v1/namespaces/default/secrets/pocket-secret
  uid: bfddf8e7-2c67-11e9-87a9-42010a80016d
type: Opaque
```

　作成したsecretを利用するには、環境変数で指定するか、ボリュームでマウントします。詳しくは1章の「ボリューム設定」（P.58）を参照してください。
　次に、あらかじめ用意したテキストファイルからsecretを作成する方法を解説します。pocket_secret.txtにsecretのvalueを準備します。

```
p0ssword
```

　作成したファイルを引数に、kubectl create secret genericコマンドを実行します。

```
$ kubectl create secret generic pocket-secret-file --from-file=pocket_secret.txt
secret "pocket-secret-file" created
```

　作成されたsecretを確認してみましょう。

```
$ kubectl get secrets pocket-secret-file -o yaml
apiVersion: v1
data:
  pocket_secret.txt: cDBzc3dvcmQK
kind: Secret
metadata:
  creationTimestamp: 2019-02-09T12:53:46Z
  name: pocket-secret-file
  namespace: default
  resourceVersion: "7412319"
  selfLink: /api/v1/namespaces/default/secrets/pocket-secret-file
  uid: bd407151-2c69-11e9-87a9-42010a80016d
type: Opaque
```

pocket_secret.txtというキー名でsecretが作成されました。

最後に、secretコマンドの引数にkeyとvalueを直接指定して実行する使い方を解説します。

```
$ kubectl create secret generic pocket-secret-literal --from-literal user↵
=admin --from-literal password=foo
secret "pocket-secret-literal" created
```

作成されたsecretを確認してみましょう。

```
$ kubectl get secrets pocket-secret-literal -o yaml
apiVersion: v1
data:
  password: Zm9v
  user: YWRtaW4=
kind: Secret
metadata:
  creationTimestamp: 2019-02-09T13:03:27Z
  name: pocket-secret-literal
  namespace: default
  resourceVersion: "7413738"
  selfLink: /api/v1/namespaces/default/secrets/pocket-secret-literal
  uid: 17283fa4-2c6b-11e9-87a9-42010a80016d
type: Opaque
```

userとpasswordの2つのkeyとvalueのペアが作成されました。createや applyコマンドでYAMLを引数にsecretを作成するときには、事前に手動でBase64 エンコードしておく必要があることに注意してください。

続いて、typeオプションにdocker-registryを指定しましょう。たとえばGitLabのプライベートレジストリを使うときなどに利用します。Pullするときにpods.spec.imagePullSecretsに作成したsecret名を指定します。

```
$ kubectl create secret docker-registry gitlab --docker-server=https://re↵
gistry.gitlab.com/ --docker-username=masas --docker-password=hogehoge --d↵
ocker-email=masas@xxx.com
secret "gitlab" created
```

上記の例では、GitLabのプライベートリポジトリをdocker-serverで指定し、それぞれ、ユーザー名・パスワード・emailアドレスを指定しています。describeオプションで作成したsecretを確認してみると、139バイトの.dockerconfigjsonの設定ファイルが作成できたことがわかります。

```
$ kubectl describe secrets gitlab
Name:          gitlab
Namespace:     default
Labels:        <none>
Annotations:   <none>

Type:   kubernetes.io/dockerconfigjson

Data
====
.dockerconfigjson:   139 bytes
```

.dockerconfigjsonをデコードしてみましょう。

```
$ kubectl get secret gitlab --output="jsonpath={.data.\.dockerconfigjson}↵
" | base64 --decode
{"auths":{"https://registry.gitlab.com/":{"username":"masas","password":"h↵
ogehoge","email":"masas@xxx.com","auth":"bWFzYXM6aG9nZWhvZ2U="}}}
```

authの情報もBase64でエンコードされているので、デコードしてみます。

```
$ echo bWFzYXM6aG9nZWhvZ2U= | base64 --decode
masas:hogehoge
```

このとおり、コンテナ（Docker）のプライベートレジストリの認証のためのIDとパスワードが保存されています。

最後に、typeオプションにtlsを指定してみましょう。

最初にtslの証明書ペアを作成します。k8s.xxx.comの証明書を作成しましょう。

```
$ openssl req -x509 -nodes -days 365 -newkey rsa:2048 -keyout .tls.key -o↵
ut .tls.crt -subj "/CN=k8s.xxx.com"
Generating a RSA private key
.......................+++++
.....................................................................+++++
writing new private key to '.tls.key'
-----
$ cat .tls.crt
-----BEGIN CERTIFICATE-----
MIIDAjCCAeqgAwIBAgIJAJOc45VDCtxcMA0GCSqGSIb3DQEBCw
...... (中略) ......
2/oUzQ1m
-----END CERTIFICATE-----
$ cat .tls.key
-----BEGIN PRIVATE KEY-----
MIIEvgIBADANBgkqhkiG9w0BAQEFAASCBKgwggSk
...... (中略) ......
mwtYHlVskwvbwfteiE+p3S/T
-----END PRIVATE KEY-----
```

証明書ペアが作成できました。次にcreate secretのTypeオプションにtlsを指定して、証明書ペアをsecretとして作成します。

```
$ kubectl create secret tls k8s-tls --key .tls.key --cert .tls.crt
secret "k8s-tls" created
```

作成したsecretをdescribeコマンドで確認してみましょう。

```
$ kubectl describe secret k8s-tls
Name:          k8s-tls
Namespace:     default
Labels:        <none>
Annotations:   <none>

Type:  kubernetes.io/tls

Data
====
tls.crt:  1103 bytes
tls.key:  1704 bytes
```

SecretをIngressでSSL証明書として使用する場合は、Ingressリソースの.spec.tls.secretNameに指定します。

⚙️ エラーと対処法

すでに存在するsecret名を指定した

`エラーメッセージ`

```
$ kubectl create secret generic pocket-secret-literal --from-literal user↵
=admin --from-literal password=foo
Error from server (AlreadyExists): secrets "pocket-secret-literal" already↵
 exists
```

`原因`

すでに存在するsecret名を指定して、secretを作成しようとしました。

`対処法`

別の名称でsecretを作成します。現在作成されているsecretを確認するには、get secretsコマンドを使います。

```
$ kubectl get secrets
NAME                    TYPE                                    DATA    AGE
default-token-f457x     kubernetes.io/service-account-token     3       35d
istio.default           istio.io/key-and-cert                   3       35d
pocket-secret           Opaque                                  2       28m
pocket-secret-file      Opaque                                  1       14m
pocket-secret-literal   Opaque                                  2       4m
```

key=valueではないフォーマットを指定したか、keyの名前として使えない文字列を指定した

`エラーメッセージ`

```
$ kubectl create secret generic pocket-secret2 --from-env-file=pocket_sec↵
ret.env
error: "admin,password1234" is not a valid key name: a valid environment v↵
ariable name must consist of alphabetic characters, digits, '_', '-', or '↵
.', and must not start with a digit (e.g. 'my.env-name',  or 'MY_ENV.NAME'↵
,  or 'MyEnvName1', regex used for validation is '[-._a-zA-Z][-._a-zA-Z0-9↵
]*')
```

`原因`

「key=value」以外のフォーマットを指定した可能性があります。あるいは、英数字と-._以外の文字列を使っている可能性があります。また、key名は記号を先頭

に指定できません。

　上記の例では「admin,password1234」と指定してしまっているので、これが原因です。

対処法

　書式に合わせて修正してください。

Service Accountを作成する

`kubectl create serviceaccount`

Service Accountを作成します。Service Accountは、サービス（厳密には
Pod）に対してAPIのアクセストークンなどを制御するアカウントです。

 書式

```
kubectl create serviceaccount <Service Account名>
```

説明

セキュリティや認証をサービスで設定するためのアカウントです。他にもRole
Based Access Control（RBAC）でセキュリティを設定することもできます。詳し
くは3章の「ネームスペースとRBACによるアクセス制御」（P.379）を確認してくだ
さい。

頻出オプション（P.70参照）

`--output (-o)` , `--dry-run`, `--template`

使い方

新しくService Accountを作成するときに使います。デフォルトで「default」と
いう名称のService Accountが存在するので、それ以外の名前を指定しましょう。

```
$ kubectl create serviceaccount nginx
serviceaccount "nginx" created
```

作成したService Accountを確認しましょう。

```
$ kubectl describe serviceaccount nginx
Name:                nginx
Namespace:           default
Labels:              <none>
Annotations:         <none>
Image pull secrets:  <none>
Mountable secrets:   nginx-token-8hrp2
```

```
Tokens:                 nginx-token-8hrp2
Events:                 <none>
```

このように nginx という名称の Service Account が作成されたことがわかります。

> **Column** **kubectl create の便利なサブコマンド**
>
> create には他にも多数のサブコマンドがあります。参考までに代表的なものを表に
> まとめておきます。
>
> | コマンド | 説明 |
> | --- | --- |
> | clusterrole | ClusterRole を作成 |
> | configmap | キーと値のペアの ConfigMap を作成 |
> | deployment | Deployment を作成 |
> | job | Job を作成 |
> | cronjob | CronJob を作成 |
> | poddisruptionbudget | メンテナンスのときなどに有効な Pod 数や、無効な Pod 数の上限を指定する poddisruptionbudget を作成 |
> | priorityclass | Pod を優先順位付けするための PriorityClass を作成 |
> | role | Role を作成 |
> | service | Service を作成 |

リソース管理

リソースを削除する
`kubectl delete`

Kubernetesが管理しているリソースを削除します。

📖 書式

```
kubectl delete [-f <ファイル名>] | <リソース種別>/<リソース名> -l <ラ
ベルキー>=<ラベル名>
```

説明

存在するリソースを削除します。注意点は、deleteコマンドではバージョンの確認ができないため、他者が変更を加えた場合でも、一緒にリソースごと削除してしまうことです。

オプション

`--all`	初期化中のステータスも含み、すべての対象リソースを削除します。
`--cascade=(true|false)`	リソースによって管理されているリソースを同時に削除します。たとえばDeploymentを削除すると、ReplicaSetとPodも一緒に削除されます。このオプションをfalseに設定すると、Deploymentを削除しても、ReplicaSetやPodは残ったままになります。デフォルトはtrueです。

頻出オプション（P.70参照）

```
--selector(-l), --output(-o), --recursive(-R), --filename(-f), --force,
--grace-period, --record, --kustomize(-k)
```

```
kubectl delete -k <フォルダ名>
```

説明

kustomize用のマニフェストが格納されているフォルダを指定します。詳細な説明はapplyコマンド（P.74）を参照してください。

　原則として上記と同じ使い方ですが、-fや-Rオプションとは同時に指定できません。

🔵 使い方

　PodやDeploymentなどのリソースを削除するときに使います。

　deployment nginx を削除してみましょう。最初にget コマンドで今の状態を確認してみます。

```
$ kubectl get deployments,replicasets,pods -o wide
NAME                             DESIRED   CURRENT   UP-TO-DATE   AVAILABLE  ↩
  AGE        CONTAINERS   IMAGES        SELECTOR
deployment.extensions/nginx   3         3         3            3          ↩
  1d        nginx        nginx:1.9.1   run=nginx

NAME                                        DESIRED   CURRENT   READY    AGE↩
      CONTAINERS   IMAGES        SELECTOR
replicaset.extensions/nginx-58dd4dd875   0         0         0        1d ↩
      nginx        nginx:1.9.1   pod-template-hash=1488088431,run=nginx
replicaset.extensions/nginx-cc9f9d7b9    3         3         3        1d ↩
      nginx        nginx:1.9.1   pod-template-hash=775958365,run=nginx

NAME                          READY     STATUS    RESTARTS   AGE        IP   ↩
    NODE
pod/nginx-cc9f9d7b9-26tv6   1/1       Running   0          1d         10.4.↩
2.2   gke-your-first-cluster-1-pool-1-bd3866a8-c3z3
pod/nginx-cc9f9d7b9-ctwm7   1/1       Running   0          28m        10.4.↩
1.6   gke-your-first-cluster-1-pool-1-bd3866a8-h6cc
pod/nginx-cc9f9d7b9-mrlbj   1/1       Running   0          28m        10.4.↩
1.7   gke-your-first-cluster-1-pool-1-bd3866a8-h6cc
```

　Podが3つあるDeploymentとReplicaSetが存在することがわかります。Deploymentを削除して、もう一度getコマンドでPodの数などを確認してみましょう。

```
$ kubectl delete deployments nginx
deployment.extensions "nginx" deleted
$ kubectl get deployments,replicasets,pods -o wide
No resources found.
```

　Deploymentによって管理されていたリソースがすべて削除されて、リソースが見つからなくなりました。

続いて、マニフェストを使ってリソースを削除してみましょう。
まずは、マニフェストを使ってnginxという名称のPodを作ります。

```
$ cat nginx.yaml
# Kubernetes API Versionを指定
apiVersion: v1
# 作成するリソースの種類を指定
kind: Pod
# リソースの名前
metadata:
  name: nginx
# 作成するリソースの仕様
spec:
  containers:
  - name: nginx
    image: nginx
$ kubectl create -f nginx.yaml
pod "nginx" created
$ kubectl get pod
NAME      READY     STATUS     RESTARTS    AGE
nginx     1/1       Running    0           13s
```

　deleteコマンドの引数に-fでマニフェストを指定して、nginx podを削除しましょう。

```
$ kubectl delete -f nginx.yaml
pod "nginx" deleted
$ kubectl get pods
No resources found.
```

リソースの情報を表示する
kubectl describe

Kubernetesリソースの詳細な情報を表示します。

🛟 書式

```
kubectl describe (-f <マニフェスト名> | <リソース種別> [<リソース名の↵
プレフィクス> | -l <ラベル>] | <リソース種別>/<リソース名>)
```

説明

指定したリソースもしくはリソースグループの情報を表示します。

オプション

--include-uninitialized	このオプションに設定した値がtrueの場合、初期化されていないリソースを含められます。このオプションに明示的にfalseを設定した場合、"--all"のような他のオプションの設定値を上書きます。
--show-events （デフォルト値：true）	このオプションに設定した値がtrueの場合、対象リソースに関連するイベントを表示します。

頻出オプション（P.70参照）

--all-namespaces, --filename (-f), --selector (-l), --recursive (-R),
--kustomize (-k)

🛟 使い方

describeを使うと、リソースの情報を表示できます。次に「sample-pod」の情報を表示する書式を3パターン示します。

```
$ kubectl describe pod sample-pod
$ kubectl describe -f sample-pod.yaml
$ kubectl describe pod/sample-pod
```

たとえば、Podが利用するイメージのバージョン番号を取得するには、次のよう

実践編 ▼ コマンド ▼ リソース管理

2

に実行します。deploymentリソースを活用して、バージョンを入れ替えた後に実行してみるとよいでしょう。

```
$ kubectl describe pod sample-pod|grep Image:
    Image:            sample-pod:v1
```

起動に失敗したPodがある場合の状況確認にも活用可能です。

```
$ kubectl get pods
NAME                                  READY   STATUS             RESTARTS   AGE
hello-deployment-8445df5967-qhhbk     0/1     ImagePullBackOff   0          9d
$ kubectl describe pod hello-deployment-8445df5967-qhhbk

…… (中略) ……
   State:           Waiting
     Reason:        ImagePullBackOff

…… (中略) ……

Conditions:
  Type             Status
  Initialized      True
  Ready            False
  ContainersReady  False
  PodScheduled     True

…… (中略) ……

Events:
  Type      Reason   Age                 From              Message
  ----      ------   ----                ----              -------
  Normal    BackOff  13m (x3229 over 9d) kubelet, minikube Back-off pull⤶
ing image "hello-node:v1"
  Warning   Failed   3m11s (x3272 over 9d) kubelet, minikube Error: ImageP⤶
ullBackOff
```

　--filenameオプションでフォルダ名を指定すると、指定したフォルダのマニフェストの情報をすべて表示できます。その際、--recursiveオプションを付けると、再帰的にフォルダを検索します。

```
$ kubectl describe --filename sample-dir --recursive
```

エラーと対処法

作成前のリソースを指定した

```
$ kubectl describe pod -f sample.yaml
Error from server (NotFound): pods "sample" not found
```

原因

引数に渡したリソースが存在しなかったためエラーを返しました。

対処法

該当のリソースを作成してから、実行します。

```
$ kubectl apply -f sample.yaml
```

誤ったリソース名を指定した

エラーメッセージ

```
$ kubectl describe pod wrong_name
Error from server (NotFound): pods "wrong_name" not found
```

原因

引数に渡したリソースが存在しなかったためエラーを返しました。

対処法

正しい名称のリソースを確認実行します。

```
$ kubectl get pods
NAME          READY   STATUS    RESTARTS   AGE
sample_pod    2/2     Running   0          6d18h
```

設定ファイルとリソースの差分を確認する

kubectl diff

マニフェストとリソースの差分を確認します。

書式

```
kubectl diff -f <ファイル名> [options]
```

説明

マニフェストとリソースの差分を確認します。なお、kubectl diffコマンドは Kubernetes 1.13で追加されたコマンドのため、利用中のCLIのバージョンに注意してください。

頻出オプション（P.70参照）

`--filename (-f)`, `--recursive (-R)`, `--kustomize (-k)`

使い方

現在のリソースとマニフェストの差分を確認します。結果は常にYAML形式で出力されます。

Podのスケールやイメージの更新などにkubectlコマンドを利用している場合、最後に適用したマニフェストの内容と、実際に稼働するリソースの内容に差分が生じていることがあります。kubectl applyコマンドを実施する前にkubectl diffコマンドで差分を確認することで、意図しない変更の適用を防げます。

以下のコマンドで、マニフェストとリソースの差分を確認できます。

```
# pod.jsonに含まれるリソースの差分を確認
$ kubectl diff -f pod.json

# 標準入力を利用
$ cat service.yaml | kubectl diff -f -
```

2

実践編 ▼ コマンド ▼ リソース管理

マニフェストをインタラクティブに編集する

kubectl edit

リソースをエディタで編集して、反映します。

🔵 書式

`kubectl edit <リソース種別>/<リソース名> -o [json|yaml]`

説明

エディタでリソースの設定を変更します。KUBE _EDITOR か EDITOR の環境変数で指定したエディタで編集します。指定されていない場合や指定したエディタの起動に失敗した場合、Linux であれば Vi、Windows であれば Notepad を起動します。一度にまとめてリソースの編集ができます。編集したリソースはまとめて一度に変更されます。

オプション

--windows-line-endings （デフォルト値：false）	Windows の改行コードを使う場合は true を指定します。

頻出オプション（P.70参照）

`--template`, `--output (-o)`, `--recursive (-R)`, `--filename (-f)`, `--record`, `--kustomize (-k)`

🔵 使い方

Deployment などのリソースをエディタで編集します。このとき編集の対象となるのは、Kubernetes が管理しているマニフェストです。deployment の名称「nginx」を edit で編集します。

```
$ kubectl edit deployments nginx
 （Viが起動します）
# Please edit the object below. Lines beginning with a '#' will be ignored,
# and an empty file will abort the edit. If an error occurs while saving t↵
his file will be
# reopened with the relevant failures.
```

```
#
apiVersion: extensions/v1beta1
kind: Deployment
metadata:
  annotations:
    deployment.kubernetes.io/revision: "8"
  creationTimestamp: 2019-02-14T13:30:30Z
  generation: 13
  labels:
    run: nginx
  name: nginx
  namespace: default
  resourceVersion: "9165162"
  selfLink: /apis/extensions/v1beta1/namespaces/default/deployments/nginx
  uid: b294a5c7-305c-11e9-9b2a-42010a800064
spec:
  progressDeadlineSeconds: 600
  replicas: 1
  revisionHistoryLimit: 10
  selector:
    matchLabels:
      run: nginx
  strategy:
    rollingUpdate:
      maxSurge: 1
      maxUnavailable: 1
    type: RollingUpdate
…… (以下略) ……
```

Replicasの数を3に変更して保存してみましょう。次のように、編集が成功し、実際にPodの数が3つに増えています。

```
deployment.extensions "nginx" edited
$ kubectl get deployments nginx
NAME    DESIRED   CURRENT   UP-TO-DATE   AVAILABLE   AGE
nginx   3         3         3            3           1d
```

編集するエディタを変更してみましょう。環境変数KUBE _EDITORにnanoをセットして、editコマンドを実行してみます。

```
$ KUBE_EDITOR="nano" kubectl edit deployments/nginx
（nanoが起動する）
```

```
 Please edit the object below. Lines beginning with a '#' will be ignored,
# and an empty file will abort the edit. If an error occurs while saving t⏎
his file will be
# reopened with the relevant failures.
#
apiVersion: extensions/v1beta1
……（以下略）……
```

　設定1つ1つではなく、全体を確認しながら、いくつか変更したい場合などに便利に使えます。

エラーと対処法

表記を間違えて設定して保存してしまった

```
error: deployments "nginx" is invalid
A copy of your changes has been stored to "/tmp/kubectl-edit-z9k8l.yaml"
error: Edit cancelled, no valid changes were saved.
```

原因

　設定を変更した際に、設定できないような値を指定してしまったことが原因です。たとえば、次のようにreplicasには数字が入らなければなりませんが、文字列を指定したときなどに表示されます。

```
replicas: a
```

対処法

　もう一度editコマンドを実行すると、編集前の状態のマニフェストで編集が可能です。また、間違えて設定してしまったファイルは、エラーメッセージの2行目で表示される/tmpのパスに保存されています。

リソースの説明を表示する

kubectl explain

関連コマンド api-resources

リソースの詳細な説明を表示します。

🛟 書式

`kubectl explain [--api-version=<APIのバージョン>] <リソース名>`

説明

Kubernetesでは、PodやDeploymentをはじめとするさまざまなリソースを使いながらアプリケーションを運用します。explainコマンドは、リソースの詳細な説明を確認したいときに使います。たとえば、Podとはどのようなものか、どのようなフィールドが存在するのか、といったことを調べられます。

オプション

--api-version=<APIのバージョン>	リソースが複数のAPIのバージョンを持つとき、指定したAPIのバージョンの説明を出力します。
--recursive	リソースの設定項目を階層的に表示します。

🛟 使い方

kubectl explainの引数に調べたいリソース名を指定します。たとえば、Nodeであれば次のように指定します。

```
$ kubectl explain node
KIND:    Node
VERSION: v1

DESCRIPTION:
    Node is a worker node in Kubernetes. Each node will have a unique
    identifier in the cache (i.e. in etcd).

FIELDS:
  apiVersion   <string>
    APIVersion defines the versioned schema of this representation of an
```

実践編 ▼ コマンド ▼ リソース管理

2

```
    object. Servers should convert recognized schemas to the latest internal
    value, and may reject unrecognized values. More info:
    https://git.k8s.io/community/contributors/devel/api-conventions.md#resources

  kind <string>
    Kind is a string value representing the REST resource this object
    represents. Servers may infer this from the endpoint the client submits

    requests to. Cannot be updated. In CamelCase. More info:
    https://git.k8s.io/community/contributors/devel/api-conventions.md#types-kinds

  metadata    <Object>
    Standard object's metadata. More info:
    https://git.k8s.io/community/contributors/devel/api-conventions.md#metadata

  spec <Object>
    Spec defines the behavior of a node.
    https://git.k8s.io/community/contributors/devel/api-conventions.md#spec-and-status

  status      <Object>
    Most recently observed status of the node. Populated by the system.
    Read-only. More info:
    https://git.k8s.io/community/contributors/devel/api-conventions.md#spec-and-status
```

nodeの中でもkindだけ調べたい場合は、node.kindのように指定します。

```
$ kubectl explain node.kind
KIND:     Node
VERSION:  v1

FIELD:    kind <string>

DESCRIPTION:
    Kind is a string value representing the REST resource this object
    represents. Servers may infer this from the endpoint the client submits
    requests to. Cannot be updated. In CamelCase. More info:
    https://git.k8s.io/community/contributors/devel/api-conventions.md#types-kinds
```

　設定項目を階層的に表示したい場合は、--recursiveオプションを使うと便利です。

```
$ kubectl explain node --recursive
```

```
KIND:     Node
VERSION:  v1

DESCRIPTION:
    Node is a worker node in Kubernetes. Each node will have a unique
    identifier in the cache (i.e. in etcd).

FIELDS:
   apiVersion   <string>
   kind <string>
   metadata      <Object>
      annotations        <map[string]string>
      clusterName        <string>
      creationTimestamp <string>
      deletionGracePeriodSeconds        <integer>
      …… (以下略) ……
```

kubectlコマンドだけでリソースの詳細な説明が確認できるので、もしリソースの使い方や意味などがわからなくなったら、このexplainコマンドを使ってみてください。

リソースは、APIバージョンを複数持つ場合があります。そのときは、--api-versionオプションを利用します。

HorizontalPodAutoscalerのデフォルトとは別のバージョンの情報を出力してみましょう。まず、APIグループをkubectl api-resourcesで調べます。kubectl api-resourcesは、リソース一覧とAPIグループを表示できるので、リソース名やAPIグループを思い出せないときに便利です。

```
$ kubectl api-resources
NAME                SHORTNAMES  APIGROUP        NAMESPACED  KIND
bindings                                        true        Binding
componentstatuses   cs                          false       ComponentStatus
…… (中略) ……
volumeattachments               storage.k8s.io  false       VolumeAttachment
```

APIグループはautoscalingなので、autoscalingのAPIのバージョンを調べます。

```
$ kubectl api-versions
…… (中略) ……
autoscaling/v1
autoscaling/v2beta1
autoscaling/v2beta2
```

autoscaling APIに対し、v1・v2beta1・v2beta2の3つのバージョンが表示されました。最新のv2beta2のAPIを指定して、説明を表示します。

```
$ kubectl explain --api-version=autoscaling/v2beta2 HorizontalPodAutoscaler.spec
KIND:     HorizontalPodAutoscaler
VERSION:  autoscaling/v2beta2

RESOURCE: spec <Object>

DESCRIPTION:
    spec is the specification for the behaviour of the autoscaler. More info:
    https://git.k8s.io/community/contributors/devel/api-conventions.md#spec-and-status.
…… (以下略) ……
```

🛟 エラーと対処法

存在しないリソースやfieldを指定した

エラーメッセージ

```
the server doesn't have a resource type "egress"
```

原因

存在しないリソースやfieldを指定しています。

対処法

正しい名称のリソースやfieldを指定して、もう一度実行しましょう。

リソースの情報を取得する

kubectl get

関連コマンド describe

Kubernetesで管理しているリソースの情報を取得します。現状の把握や、実行したコマンドの動作確認に使います。

📖 書式

```
kubectl get -o [json|yaml|wide|custom-columnなど] <リソース名>
```

説明

現在Kubernetes上に存在するリソースの情報を取得します。PodやDeploymentなど作成したリソースが意図したとおりに動作しているか、といったことを確認するときに便利です。

オプション

--sort-by=<ソートするフィールドのJSONパス>	指定したフィールドでソートして表示します。詳細は使い方を参照してください。
--show-labels	リソースに付与されたラベルを表示します。

頻出オプション（P.70参照）

```
--all-namespaces, --selector (-l), --output (-o), --recursive (-R),
--filename (-f), --kustomize (-k)
```

```
kubectl get -k <フォルダ名>
```

説明

カスタマイズ用のマニフェストが格納されているフォルダを指定します。詳細な説明はapplyコマンド（P.74）を参照してください。

オプション

原則、上記と同じ使い方ですが、-fや-Rオプションとは同時に指定できません。

`--kustomize(-k)`	上記説明のとおり、もともとは`kustomize`機能として独立していましたが、`kubectl` 1.14にて`kubectl`のサブ機能として統合されました。

 使い方

3つのノードがあるクラスターにデプロイされているさまざまな情報を取得してみます。最初はノードの情報です。

```
$ kubectl get nodes
NAME                                          STATUS   ROLES     AGE   VERSION
gke-your-first-cluster-1-pool-1-bd3866a8-c3z3 Ready    <none>    6m    v1.11.5-gke.5
gke-your-first-cluster-1-pool-1-bd3866a8-fhtd Ready    <none>    20d   v1.11.5-gke.5
gke-your-first-cluster-1-pool-1-bd3866a8-h6cc Ready    <none>    6m    v1.11.5-gke.5
```

STATUSや、AGE（作成してからの期間）、Kubernetesのバージョンなどの情報が表示されます。ここでは3つのノードがあることがわかります。

続いてPodを取得します。-oオプションにwideを指定すると、情報量も増えて、コンソール上で見やすく表示できます。

```
$ kubectl get pods
NAME                   READY   STATUS    RESTARTS   AGE
nginx-cc9f9d7b9-26tv6  1/1     Running   0          1d
nginx-cc9f9d7b9-qrxzm  1/1     Running   0          1d
nginx-cc9f9d7b9-vjtj4  1/1     Running   0          1d
$ kubectl get pods -o wide
NAME                   READY   STATUS    RESTARTS   AGE   IP          NODE
nginx-cc9f9d7b9-26tv6  1/1     Running   0          1d    10.4.2.2    gke↵
-your-first-cluster-1-pool-1-bd3866a8-c3z3
nginx-cc9f9d7b9-qrxzm  1/1     Running   0          1d    10.4.2.5    gke↵
-your-first-cluster-1-pool-1-bd3866a8-c3z3
nginx-cc9f9d7b9-vjtj4  1/1     Running   0          1d    10.4.0.20   gke↵
-your-first-cluster-1-pool-1-bd3866a8-fhtd
```

Podがどのノードで動作しているかなどの詳細な情報を確認できます。

Persistent Volume Chain や Persistent Volume にも -oオプションにwideを指定できます。指定すると、VOLUMEMODE もコンソール上で確認できます。

```
$ kubectl get pvc -o wide
NAME          STATUS    VOLUME                        CAPACITY↵
  ACCESS MODES    STORAGECLASS        AGE       VOLUMEMODE
```

```
nfs-claim1   Bound   pvc-653fc796-1b70-4495-b2ce-221091ef9b2e   1Gi   ↵
  RWX           microk8s-hostpath   4h30m   Filesystem
```

Deploymentなどリソース種別の後にリソース名を指定すると、指定したリソース名の情報だけを取得できます。

```
$ kubectl get deployments nginx
NAME    DESIRED   CURRENT   UP-TO-DATE   AVAILABLE   AGE
nginx   3         3         3            3           1d
```

ここでは、試しにDeploymentの設定でPodの数を20個まで増やしてみます。getコマンドで取得した情報がどのように変わるか見てみましょう。

```
$ kubectl scale deployment nginx --replicas=20
deployment.extensions "nginx" scaled
$ kubectl get deployments nginx
NAME    DESIRED   CURRENT   UP-TO-DATE   AVAILABLE   AGE
nginx   20        20        20           7           1d
```

20個のPodを要求していて、今7つのPodが利用可能であることがわかります。続いてPodの状況も見てみましょう。

```
$ kubectl get pods -o wide
NAME                   READY   STATUS    RESTARTS   AGE   IP         NODE
nginx-cc9f9d7b9-25hhw  0/1     Pending   0          2m    <none>     <none>
nginx-cc9f9d7b9-26tv6  1/1     Running   0          1d    10.4.2.2   gke-↵
your-first-cluster-1-pool-1-bd3866a8-c3z3
nginx-cc9f9d7b9-55mn4  1/1     Running   0          2m    10.4.1.3   gke-↵
your-first-cluster-1-pool-1-bd3866a8-h6cc
nginx-cc9f9d7b9-8dr56  0/1     Pending   0          2m    <none>     <none>
nginx-cc9f9d7b9-bwx5p  0/1     Pending   0          2m    <none>     <none>
…… (以下略) ……
```

STATUSがPendingとなっているPodがあることがわかります。このような場合はdescribeコマンドを使うと、原因を調べられます。

```
$ kubectl describe pod nginx-cc9f9d7b9-25hhw
Name:                  nginx-cc9f9d7b9-25hhw
Namespace:             default
…… (中略) ……
Conditions:
```

```
  Type           Status
  PodScheduled   False
Volumes:
  default-token-f457x:
    Type:          Secret (a volume populated by a Secret)
    SecretName:    default-token-f457x
    Optional:      false
QoS Class:         Burstable
Node-Selectors:    <none>
Tolerations:       node.kubernetes.io/not-ready:NoExecute for 300s
                   node.kubernetes.io/unreachable:NoExecute for 300s
Events:
  Type     Reason            Age              From              Message
  ----     ------            ----             ----              -------
  Warning  FailedScheduling  7s (x107 over 5m)  default-scheduler  0/3 nod↵
es are available: 3 Insufficient memory.
```

2 実践編 ▼ コマンド ▼ リソース管理

　最終行に警告が出ていますが、メモリが不足していて、このPodが起動できな
かったことがわかります。今回の原因は、20個のPodを起動するためには、3つの
ノードだけではメモリが足りなかったことです。
　複数のリソースをまとめて取得することもできます。Deployment、ReplicaSet、
Podの情報をまとめて取得する例を次に示します。カンマ (,) で区切って指定しま
す。DeploymentとReplicaSet、Podなど関連性があるリソースを一覧で確認した
いときに便利です。

```
$ kubectl get deployments,replicasets,pods -o wide
NAME                             DESIRED    CURRENT    UP-TO-DATE   AVAILABLE  ↵
  AGE      CONTAINERS   IMAGES       SELECTOR
deployment.extensions/nginx   3          3          3            3          ↵
  1d       nginx        nginx:1.9.1  run=nginx

NAME                                        DESIRED    CURRENT    READY      AGE↵
      CONTAINERS   IMAGES         SELECTOR
replicaset.extensions/nginx-58dd4dd875   0          0          0          1d ↵
      nginx        nginx:1.9.1    pod-template-hash=1488088431,run=nginx
replicaset.extensions/nginx-cc9f9d7b9    3          3          3          1d ↵
      nginx        nginx:1.9.1    pod-template-hash=775958365,run=nginx

NAME                          READY      STATUS       RESTARTS   AGE      I↵
P         NODE
pod/nginx-cc9f9d7b9-26tv6   1/1        Running      0          1d       1↵
0.4.2.2    gke-your-first-cluster-1-pool-1-bd3866a8-c3z3
```

```
pod/nginx-cc9f9d7b9-55mn4   0/1        Terminating  0         4h      1↵
0.4.1.3   gke-your-first-cluster-1-pool-1-bd3866a8-h6cc
pod/nginx-cc9f9d7b9-jct78   1/1        Running      0         4h      1↵
0.4.2.6   gke-your-first-cluster-1-pool-1-bd3866a8-c3z3
pod/nginx-cc9f9d7b9-qrxzm   1/1        Running      0         1d      1↵
0.4.2.5   gke-your-first-cluster-1-pool-1-bd3866a8-c3z3
```

　--sort-byオプションを利用すると、指定したフィールドでソートすることもでき
ます。たとえば、ボリュームを容量順にソートするには次のようにします。

```
$ kubectl get pv --sort-by=".spec.capacity.storage"
NAME            CAPACITY   ACCESS MODES   RECLAIM POLICY   STATUS     CL↵
AIM   STORAGECLASS   REASON   AGE
local-pv        1Gi        RWO            Retain           Available  ↵
      local-shared         5m51s
local-pv-large  5Gi        RWO            Retain           Available  ↵
      local-shared         4m13s
local-pv-huge   10Gi       RWO            Retain           Available  ↵
      local-shared         15s
```

kustomize からマニフェストを生成する

kubectl kustomize

関連コマンド apply, delete

kustomizeによりカスタマイズされたマニフェストから、kubectl applyで適用できる形式にして、標準出力にマニフェストを出力します。Kubernetes 1.14から導入された機能ですが、マニフェストの生成はクライアント側で行うため、kubectlを1.14以降のバージョンを利用すれば、クラスター側が1.13以下でもこの機能は利用できます。

 書式

```
kubectl kustomize <ディレクトリ>
```

オプション

なし

 使い方

kustomizeは、Kubernetesのマニフェストとkustomize専用のYAMLファイルから、Kubernetesのマニフェストをビルドするツールです。kustomizeを定義したディレクトリで以下のようにして実行します。

```
$ kubectl kustomize .
```

kustomizeを利用すると、開発環境と商用環境のように環境ごとに差分があるような場合でも、ベースとなるマニフェストにそれぞれの環境の差分を記述したkustomization.yamlを用意することで、簡単に複数環境に対応したマニフェストを生成できます。これにより、環境による接続先のデータベース、ユーザー／パスワード、リソース制限値の違いに対応できます。

kustomizeの機能

kustomizeは、基準となるマニフェストに項目の追加やリソースの追加などを行います。基準となるマニフェストを、本書では「baseマニフェスト」と呼びます。また、カスタマイズする内容は、別のディレクトリにkustomize.yamlという名

2

実践編 ▼ コマンド ▼ リソース管理

前のファイルと、必要に応じて設定ファイルなどを配置します。たとえば、次のようなファイル構造をとります。

```
base/
  kustomization.yaml   利用するマニフェストの定義ファイル
  deployment.yaml      Deploymentのマニフェスト
  service.yaml         Serviceのマニフェスト
  demo-cm.yaml         ConfigMapのマニフェスト

dev/
  kustomization.yaml   開発環境用のカスタマイズするマニフェストの定義
  configmap.env        ファイルに定義されたConfigMapの値
  nginx.conf           ConfigMapに追加するファイル
  secret.env           ファイルに定義されたSecretの値
  key.pem              Secretに定義するTLS秘密鍵
  patch.yaml           パッチファイル
  resource.yaml        追加するリソースのマニフェス定義

prod/
  kustomization.yaml   商用環境用のカスタマイズするマニフェストの定義
  ……（以下、上記devと同じファイル名でprod用に値を変更したファイル）……
```

概念的な図で表すと、次のようになります。

▼ kustomizeの概要

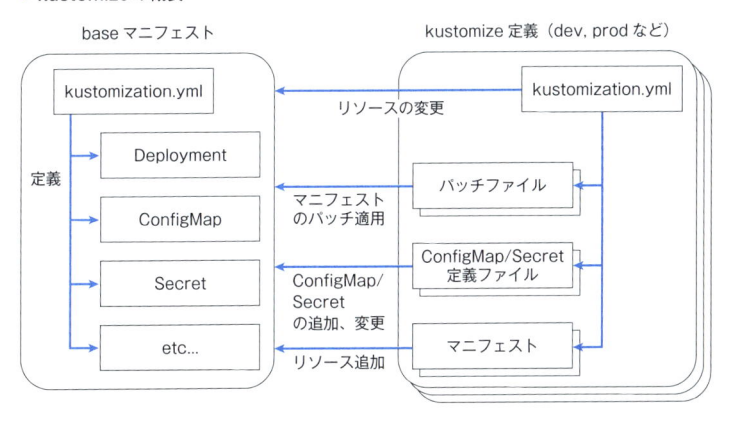

baseディレクトリの中のkustomization.yamlでbaseマニフェストを定義し、dev・prodなどの各ディレクトリの中のkustomization.yamlでbaseマニフェストの変更点を記載します。kustomizsation.yamlからは、ConfigMap・Secretを定

義するためのファイルやパッチファイルを適宜参照し、baseマニフェストを変更します。

では、それぞれ見ていきましょう。

base マニフェスト

kustomization.yamlの中で利用するマニフェストを定義します。

▼ base/kustomization.yaml
```
resources:
- service.yaml
- deployment.yaml
- demo-cm.yaml
```

ここで定義されたマニフェストが他の環境のマニフェストのベースとなります。

dev用マニフェスト

devディレクトリのkustomization.yamlは次のようになります。

▼ dev/kustomization.yaml
```
# 1. ベースとなるマニフェストのあるディレクトリ
bases:
- ./../base

# 2. デプロイするネームスペース
namespace: dev
# 3. リソース名の前に付与するプレフィックス
#namePrefix: dev-
# 4. リソース名の前に付与するプレフィックス
#nameSuffix: -v1.0
# 5. リソースに付与するラベル
commonLabels:
  app: myapp
  env: dev


# 6. ConfigMapを置換または上書き
configMapGenerator:
- name: demo-cm  # ConfigMapリソース名
  #  設定上書きの挙動merge（既存の設定とマージ）またはreplace（既存の設定を置換）
  #  新規作成の場合、behaviorフィールドは不要
  behavior: merge
  literals: # ConfigMapの値を直接指定
```

実践編 ▼ コマンド ▼ リソース管理

2

```
  - param_overwrite=from_kustomize_val1
  env: configmap.env # ファイルのリストから読み込み
  files: # 設定ファイルを読み込み
  - nginx.conf

# 7. Secretの作成
secretGenerator:
- name: mysecrets # Secretリソース名
    # 設定上書きの挙動merge（既存の設定とマージ）またはreplace（既存の設定を置換）
    # 新規作成の場合、behaviorフィールドは不要
    # behavior: replace
  literals: # Secretの値を直接指定
  - db_pass=passwd
  - admin_pass=passwd
  env: secret.env # ファイルのリストから読み込み
  files: # ファイルの内容をSecret化（TLS証明書などで利用）
  - key.pem

# 8. イメージの差し替え
images:
- name: gihyo/kustdemo      # 置換されるイメージ名
  newName: gihyo/devimg   # 置換するイメージ名
  newTag:  latest            # 置換するタグ

# 9. 追加するKubernetesマニフェストの記述
resources:
- resource.yaml

# 10. 変数の追加（kustomizeによりフィールド値が変更になった場合でも追従）
vars:
- name: ENVTEST # 変数名
  objref:        # 参照するリソースの指定
    kind: Service
    name: kustdemo
    apiVersion: v1
  fieldref:      # 参照するフィールドの指定（省略時metadata.name）
    fieldpath: metadata.name

# 11. 適用するパッチのリスト
patchesStrategicMerge:
- patch.yaml
```

1.では、basesでbaseマニフェストの場所を指定します。

2.～5.では、リソースをデプロイするネームスペースや、リソース名の前後に追加する文字列、リソースに追加するラベルなどを指定します。リソース名が変更になっても、他のリソースで参照している名前をkustomizeは自動的に書き換えてくれます。

6.では、ConfigMapの上書き定義を行います。既存のConfigMapを上書きする場合は、behaviorを定義し、ConfigMapを完全に置き換える（replace）か、baseのConfigMapとマージする（merge）かを指定します。新規にConfigMapを追加する場合は、behaviorは定義しないでください。

ConfigMapは、kustomizatino.yaml内で定義（literalsで設定）できます。また、以下のような「キー＝値」を列挙したファイルで定義（envで設定）したり、アプリケーションの設定ファイルを定義（fileで設定）することもできます。

▼ configmap.env

```
param_kustomize1=from_kustomize_val2
param_kustomize2=from_kustomize_val3
```

7.のSecretもConfigMapとほぼ同様ですが、値が暗号化され、リソース名にmysecrets-2c47b7hcc4のようにハッシュ値が付与されます。

8.では、イメージ名・タグを変更します。Pod定義の中でgihyo/kustdemoイメージを指定した場合、gihyo/devimg:latestに置き換えます。

9.では、追加するリソースを記述します。baseマニフェストの中のリソースを参照している場合、リソース名が変更になると、ここで読み込んだマニフェスト中の参照も自動で書き換えられます。

10.では、変数を定義します。指定したリソースの指定したフィールドの値を変数に代入します。この変数も、元の値が書き換わった場合でも、kustomizeにより自動的に書き換わります。

11.では、baseマニフェストに適用するパッチを記述します。たとえば次のようなファイルになります。

▼ patch.yaml

```
apiVersion: apps/v1beta2
kind: Deployment
metadata:
  name: kustdemo
spec:
  template:
    spec:
      containers:
      - name: kustdemo
        # 開発用の環境変数の追加
```

```
    env:
    - name: patched.env
      value: dev
    - name: envtest
      value: $(ENVTEST)
    # 開発用のリソース制限
    resources:
      limits:
        cpu: 0.5
        memory: 128Mi
```

▌kustomizeの実行

devディレクトリに移動して、以下のコマンドを実行すると、カスタマイズされたマニフェストを出力します。

```
$ kubectl kustomize .
```

生成されたマニフェストからリソースを作成するには、次のようにします（サンプルは、kustomizeの動作を見るために作成したものであり、実際には動作しません）。

```
$ kubectl kustomize . | kubectl apply -f -
```

kubectlコマンド実行時に-fオプションでマニフェストを指定する代わりに-kオプションを利用することで、kustomizeで生成したマニフェストに対し、コマンドを実行できます。たとえば、以下のコマンドは上記のコマンドと同じ動作をします。

```
$ kubectl apply -k .
```

次のコマンドでkustomizeで生成したリソースを削除できます。

```
$ kubectl delete -k .
```

▌kustomizeの出力例

kubectl kustomizeの出力結果のサンプルをいくつか見ていきます。コメント中の番号は、kustomization.yaml中の番号を示しています。

```
apiVersion: v1
data:
  nginx.conf: |
```

```
  # nginx.conf

  http {
    server {
      listen 80;
      location / {
        root /var/www/html;
      }
    }
  }
 param_base: from_base_val1
 param_kustomize1: from_kustomize_val2
 param_kustomize2: from_kustomize_val3
 param_overwrite: from_kustomize_val1
kind: ConfigMap
metadata:
  annotations: {}
  labels: # 5. ラベル設定より
    app: myapp
    env: dev
  name: demo-cm
  namespace: dev # 2. ネームスペース設定より
```

devのkustomization.yamlで定義されたnginx.confが設定され、baseで設定された パラメータ（param_overwrite）が上書きされますが、上書きされていないパラメータ（param_base）はbaseで定義した値を保持しています。config.envで追加したパラメータ（param_kustomize1、param_kustomize2）も追加されています。namespaceやlabelesも、metadataに追記されています。

```
apiVersion: apps/v1beta2
kind: Deployment
metadata:
  labels: # 5. ラベル設定より
    app: myapp
    env: dev
  name: kustdemo
  namespace: dev # 2. ネームスペース設定より
spec:
  selector:
    matchLabels: # 5. ラベル設定より
      app: myapp
      env: dev
```

```
template:
  metadata:
    labels:  # 5. ラベル設定より
      app: myapp
      env: dev
  spec:
    containers:
    - env:
        # 11. パッチより
      - name: patched.env
        value: dev
        # 11. パッチより
      - name: envtest
        value: kustdemo
      - name: MYSQL_ROOT_PASSWORD
        valueFrom:
          secretKeyRef:
            key: db_pass
            # 7. Secret設定より
            name: mysecrets-2c47b7hcc4

      image: gihyo/devimg:latest # 8. イメージ設定より
      name: kustdemo
      ports:
      - containerPort: 8080
      # 11. パッチ設定により追加
      resources:
        limits:
          cpu: 0.5
          memory: 128Mi
      volumeMounts:
      - mountPath: /config
        name: demo-config
    volumes:
    - configMap:
        name: demo-cm
      name: demo-config
```

　ラベル、ネームスペースが追加され、patch.yamlからenvとresourcesが追加
されています。イメージも変更されているのがわかります。

　kustomizeは、Kubernetesのリソースを作成・デプロイを支援するという意味で、Helmと比較されることがありますが、次のような違いがあります。

Helm

- aptやyumのようなツールでtgzでパッケージングされたテンプレート（Chart）を、パラメータファイルでカスタマイズして、Kubernetesリソース群をデプロイする
- 他のパッケージへの依存関係も簡単に管理できる
- デプロイされたリソース群はリリースと呼ばれるHelmの管理単位でまとめられ、ステータス・バージョンが管理される
- テンプレートの文法やパッケージングの作法を覚える必要があるため、パッケージ（Chart）を作成するための学習コストは高い
- 多くの環境で、helmコマンドのインストールやHelmの初期化処理が必要になる
- 多数のユーザーに簡単に使ってもらいたいパッケージとして利用する場合に向く

kustomize

- リソースの記述はあくまでも素のKubernetesのマニフェストを利用し、kustomize用のYAML形式のビルドファイル（Makefile、Rakefileのようなもの）からマニフェストを作成する
- 他のkustomizeへの依存関係の記述は、他のkustomizeマニフェストのパスを直接参照する形式で行う
- ステータス・バージョンを管理する機能はなく、あくまでもマニフェストを作成するジェネレータである
- 素のマニフェストがベースで、ビルドファイルの記法を覚えるだけでよいため、学習コストは低い
- kubectlに統合されたので手軽に使える
- 開発におけるステージング環境やリリース環境のリソースをカスタマイズして提供したい場合に向く

　Helm・kustomizeはどちらが優れているというものではなく、使い分けて利用するものです。上記をふまえて、どちらを利用すればよいか検討してください。

リソースのフィールドを更新する
kubectl patch

関連コマンド apply, create, replace

リソースにパッチ（リソースの変更差分）を適用します。

書式

```
kubectl patch (-f <ファイル名> | <リソース種別> <リソース名>) -p <パ
ッチ内容> [options]
```

説明

Strategic Merge Patch、JSON Merge Patch、あるいは JSON Patch を用いて、リソースのフィールドを更新します。JSON 形式と YAML 形式が利用可能です。

オプション

-p (--patch='')	適用する patch の内容です。
--type='<patchタイプ>' (デフォルト値：strategic)	patch タイプ（json、merge、strategic のいずれか）を指定します。

頻出オプション（P.70参照）

--filename (-f), --dry-run, --kustomize (-k)

使い方

リソースのフィールドを更新します。kubectl patch は、稼働中のリソースの一部の設定を更新したい場合に利用します。

kubectl patch の挙動は --type オプションによって決定され、Strategic Merge Patch、JSON Merge Patch、JSON Patch の3つから選択できます。

● Strategic Merge Patch

--type='strategic' を指定すると、Strategic Merge Patch が適用されます。この場合、変更対象のリストが置き換えられるかマージされるかは、変更対象となるフィールドの patchStrategy によって決定されます。この patchStrategy は、Kubernetes のソースコード・OpenApi spec・Kubernetes API ドキュメントから確認できます。

- **JSON Merge Patch**

  --type='merge'を指定すると、JSON Merge Patchが適用されます。
  JSON Merge Patchを利用する場合、リストを更新するには新しいリスト全体
  を指定する必要があります。

- **JSON Patch**

  --type='json'を指定すると、JSON Patchが適用されます。

以下では、特定のパスの値をJSON形式で指定し、Podのイメージを更新しま
す。

```
$ kubectl patch pod web -p '{"spec":{"containers":[{"name":"web","image":↩
"nginx:1.9.1"}]}}'
pod/web patched
```

同様の内容を、YAML形式で指定することも可能です。

```
$ echo """
spec:
  containers:
  - name: web
    image: nginx:1.9.1
""" > patch.yaml

$ kubectl patch pod web -p "$(cat patch.yaml)"
pod/web patched
```

2

実践編 ▼ コマンド ▼ リソース管理

リソースを置換する
kubectl replace

関連コマンド apply, create, patch

ファイル名または標準入力を使って、リソースを置換します。

書式

```
kubectl replace -f <ファイル名> [options]
```

オプション

--cascade   trueの場合、削除対象のリソースによって管理され
（デフォルト値：true）   るリソースも、同様に削除されます。

--validate   trueの場合、送信前に入力を検証します。
（デフォルト値：true）

頻出オプション（P.70参照）

--filename (-f)、--output (-o)、--recursive (-R)、--force、--grace-period、
--template、--kustomize (-k)

使い方

ファイル名または標準入力を使って、リソースを置換します。なお、既存のリソースを更新する場合は、すべてのspecを指定する必要があります。

kubectl replaceコマンドを使って、Podのイメージを更新してみましょう。

```
# Podを作成
$ kubectl run nginx --image=nginx:1.7.1 --generator=run-pod/v1
pod/nginx created

# YAMLファイルを取得
$ kubectl get pod nginx -o yaml --export > pod_replace.yaml

# 出力したYAMLファイルで、imageを書き換え
$ sed -i -e 's/1.7.1/1.9.1/g' ./pod_replace.yaml

# 設定変更を反映
```

```
$ kubectl replace -f ./pod_replace.yaml
pod/nginx replaced
```

```
# 結果を確認
$ kubectl get po nginx -o=jsonpath='{.spec.containers[0].image}'
nginx:1.9.1
```

　また、--forceオプションを利用することで、強制的にリソースを削除・再作成することも可能です。

```
$ kubectl replace --force -f ./pod_replace.yaml
pod "nginx" deleted
pod/nginx replaced
```

🔧 エラーと対処法

Podの設定変更の際、変更できないフィールドが指定されている

エラーメッセージ

```
The Pod "nginx" is invalid: spec: Forbidden: pod updates may not change fi⤸
elds other than `spec.containers[*].image`, `spec.initContainers[*].image`⤸
, `spec.activeDeadlineSeconds` or `spec.tolerations` (only additions to ex⤸
isting tolerations)

{"Volumes":[{"Name":"default-token-nsjmk", ...
```

原因

　設定変更できないフィールドを指定しています。

対処法

　エラーメッセージに記載されているとおり、「spec.containers[*].image」「spec.initContainers[*].image」「spec.activeDeadlineSeconds」「spec.tolerations（ただし、既存のTolerationに対する追加のみ）」のいずれかを指定し、kubectl replaceコマンドを実行してください。

リソース管理

Delpoyment・Job・Podを作成する

kubectl run

関連コマンド create

指定したImageからDeploymentやJobを作成します。

🔵 書式

```
kubectl run NAME --image=<実行するイメージ> [--env="key=value"] [--po
rt=<ポート番号>] [--replicas=<replica数>] [--overrides=inline-json]
[--command] -- [COMMAND] [args...]
```

説明

Deployment・Job・Podを作成します。Podのレプリカ数を指定したり、起動時にコマンドを実行させられます。

オプション

--image	実行するコンテナイメージを指定します。
--env	コンテナに指定する環境変数です。
--port	コンテナが通信するためにポートを公開する場合、指定します。
--replicas	コンテナのreplicaの数を指定します。指定しない場合は1つのreplicaができます。
--overrides	インラインのJSONを記述すると、オブジェクトを上書きできます。
--command	コンテナのcommandフィールドに値を指定します。
--labels	Podに指定するラベルを値に指定します。
--tty (-t)	Podに端末を割り当てます。
--stdin (-i)	Podに標準入力を割り当てます。

2 実践編 ▼ コマンド ▼ リソース管理

135

--restart （デフォルト値：Always）	Podのリスタートポリシーを指定します。Always、 OnFailure、Neverの3つのいずれかを指定します。 Alwaysを指定するとDeploymentが生成されます。 OnFailureを指定するとjobが生成されます。Never を指定すると通常のPodが生成されます。
--schedule	Cronフォーマットで記載すると、定期的にJobとし てPodを実行します。

頻出オプション（P.70参照）

--template, --output (-o), --grace-period, --recursive (-R), --filename
(-f), --dry-run, --record, --kustomize (-k)

使い方

runコマンドはオプションも多いため、いくつかのサンプルを解説します。nginx
イメージを使って、nginxという名称のDeploymentを作成します。他に引数を指
定していないので、1つのPodでDeploymentが作成されます。

なお、2019年10月時点の最新バージョンである1.15では、runコマンドで
Deploymentを作る機能は廃止予定になっています。そのため、Deploymentを作
る場合は、将来的にはkubectl createコマンドを使うとよいでしょう。

```
$ kubectl run nginx --image nginx
kubectl run --generator=deployment/apps.v1 is DEPRECATED and will be remov↵
ed in a future version. Use kubectl run --generator=run-pod/v1 or kubectl ↵
create instead.
deployment.apps/nginx created
$ kubectl get deployments
NAME    DESIRED   CURRENT   UP-TO-DATE   AVAILABLE   AGE
nginx   1         1         1            1           48s
```

labelを指定して、かつreplicaを5つ作成します。同じ名前のdeploymentをrun
コマンドでは上書きして作成できないため、必要に応じてkubectl delete deploy
ment nginxコマンドで削除してから実行してください。

```
$ kubectl run nginx --image nginx --labels="app_name=nginx,env=dev" --rep↵
licas=5
kubectl run --generator=deployment/apps.v1 is DEPRECATED and will be remov↵
ed in a future version. Use kubectl run --generator=run-pod/v1 or kubectl ↵
create instead.
deployment.apps "nginx" created
$ kubectl get deployments
```

```
NAME     DESIRED   CURRENT   UP-TO-DATE   AVAILABLE   AGE
nginx    5         5         5            5           1m
$ kubectl get deployment nginx -o yaml
apiVersion: extensions/v1beta1
kind: Deployment
metadata:
  annotations:
    deployment.kubernetes.io/revision: "1"
  creationTimestamp: 2019-02-11T12:28:11Z
  generation: 1
  labels:
    app_name: nginx
    env: dev
……（以下略）……
```

busyboxイメージを使ってbusybox Podを作成し、コマンドを実行します。Pod を作成するときは、--generator=run-pod/v1 をオプションに指定します。

```
$ kubectl run busybox --image=busybox --generator=run-pod/v1 --command -- ↵
 echo hello k8s
pod/busybox created
$ kubectl get pods
NAME        READY     STATUS      RESTARTS    AGE
busybox     0/1       Completed   0           36s
$ kubectl logs busybox
hello k8s
```

busyboxイメージを使ってフォアグラウンドでPodを実行し、ttyを接続します。 終了する場合はexitで抜けてください。

```
$ kubectl run -i -t busybox --image=busybox --generator=run-pod/v1
If you don't see a command prompt, try pressing enter.
/ # echo busybox
busybox
/ # exit
```

busyboxイメージで、ジョブを一度だけ実行します。タイムスタンプとHelloメッ セージを出力します。Jobを作成する機能もDeploymentと同様に廃止予定なので、 これから作る場合はkubectl createコマンドを使うとよいでしょう。

```
$ kubectl run busybox --image=busybox --restart=OnFailure -- /bin/sh -c "↵
date; echo Hello k8s"
```

```
kubectl run --generator=job/v1 is DEPRECATED and will be removed in a futu⤸
re version. Use kubectl run --generator=run-pod/v1 or kubectl create instead.
job.batch/busybox created
$ kubectl get jobs
NAME       DESIRED     SUCCESSFUL     AGE
busybox    1           1              25s
$ kubectl get pods
NAME                     READY     STATUS        RESTARTS     AGE
busybox-b5g56            0/1       Completed     0            53s
$ kubectl logs busybox-b5g56
Mon Feb 11 13:30:17 UTC 2019
Hello k8s
```

　busyboxイメージでジョブを1分に1度、定期実行します。タイムスタンプと Helloメッセージを出力します。get jobsに --watchオプションを付けると、Jobが 実行されるたびに結果が出力されます。

```
$ kubectl run busybox --schedule="*/1 * * * *" --restart=OnFailure --imag⤸
e=busybox -- /bin/sh -c "date; echo Hello k8s"
kubectl run --generator=cronjob/v1beta1 is DEPRECATED and will be removed ⤸
in a future version. Use kubectl run --generator=run-pod/v1 or kubectl cre⤸
ate instead.
cronjob.batch/busybox created
$ kubectl get cronjob busybox
NAME       SCHEDULE         SUSPEND     ACTIVE     LAST SCHEDULE     AGE
busybox    */1 * * * *      False       1          4s                29s
$ kubectl get jobs --watch
NAME                     DESIRED     SUCCESSFUL     AGE
busybox-1549892100       1           1              50s
busybox-1549892160       1           0          0s
busybox-1549892160       1           0          0s
busybox-1549892160       1           1          3s
```

🛟 エラーと対処法

▌rootユーザーでの実行が許可されていない場合にrootユーザーで起動しようとした

`エラーメッセージ`

　Pod起動時に、「container has runAsNonRoot and image will run as root」と いうメッセージが表示されます。

```
$ kubectl run nginx --image nginx --generator=run-pod/v1
```

```
$ kubectl get pods
NAME                         READY    STATUS                          RESTARTS   AGE
nginx-7cdbd8cdc9-bspdq       0/1      CreateContainerConfigError      0          22s
$ kubectl describe pods/nginx-7cdbd8cdc9-bspdq
…… (中略) ……
Events:
  Type     Reason      Age                 From                     Message
  ----     ------      ----                ----                     -------
  Normal   Scheduled   44s                 default-scheduler        Successf↵
ully assigned myns/nginx-7cdbd8cdc9-bspdq to node1.internal
  Normal   Pulled      16s (x3 over 39s)   kubelet, node1.internal  Successf↵
ully pulled image "nginx"
  Warning  Failed      16s (x3 over 39s)   kubelet, node1.internal  Error: c↵
ontainer has runAsNonRoot and image will run as root
  Normal   Pulling     4s (x4 over 43s)    kubelet, node1.internal  pulling ↵
image "nginx"
```

　PodSecurityPolicyでrootユーザーによる実行が許可されていないのに、root
ユーザーでプロセスを起動しようとしました。

対処法

　PodSecurityPolicyを利用し、rootユーザーによる実行を許可する必要がありま
す。詳細は、P.345を参照してください。

すでに存在するアプリケーション リソースを変更する

kubectl set

関連コマンド edit, patch, apply

リソースの設定を変更します。イメージ・環境変数・リソース・Selector・ServiceAccount・ClusterRoleBinding/RoleBinding を変更できます。扱うリソースにより、それぞれ書式が異なります。

🛟 書式（環境変数設定）

```
kubectl set env <リソース>/<リソース名> <環境変数>=<値>
```

説明

リソースに設定された環境変数の値を設定・変更します。

🛟 書式（イメージ設定）

```
kubectl set image <リソース>/<リソース名> <コンテナ名>=<イメージ>
```

説明

コンテナで利用されているイメージを変更します。

頻出オプション（P.70参照）

--selector (-l), --template, --output (-o), --recursive (-R), --filename (-f), --dry-run

🛟 書式（ClusterRoleBinding設定）

```
kubectl set subject clusterrolebinding <ClusterRoleBinding名> [--user↵
=<ユーザー名>] [--group=<グループ名>] [--serviceaccount=<ネームスペ↵
ース>:<ServiceAccount名>]
```

説明

ユーザー・グループ・ServiceAccount を、既存のClusterRoleBindingに追加します。

`--selector (-l), --template, --output (-o), --recursive (-R), --filename (-f), --dry-run, --record`

🔵 書式（RoleBinding設定）

```
kubectl set subject rolebinding <RoleBinding名> [--user=<ユーザー名>]↵
  [--group=<グループ名>] [--serviceaccount=<ネームスペース>:<ServiceAc↵
count名>]
```

説明

ユーザー・グループ・ServiceAccountを、既存のRoleBindingに追加します。

🔵 書式（resources）

```
kubectl set resources <recource名> [--limits=<対象>=<値>,<対象>=<値>]↵
  [--requests=<対象>=<値>,<対象>=<値>]
```

説明

リソースのCPUやメモリの制限や要求を変更します。

オプション

limits	resourcesで使えるオプションです。Podが使用するリソースに制限を設定します。
requests	resourcesで使えるオプションです。Podが使用するリソースを指定します。

頻出オプション（P.70参照）

`--selector (-l), --template, --output (-o), --recursive (-R), --filename (-f), --dry-run, --record`

🔵 使い方

サブコマンドenvの使い方から説明します。サブコマンドenvは、リソースの環境変数を更新します。nginxという名称のdeploymentの環境変数に、STORAGE_DIR=/localを設定してみましょう。設定した環境変数は--listオプションで確認できます。キーを同一で指定すると上書きできます。

```
$ kubectl set env deployment/nginx STORAGE_DIR=/local
deployment.apps "nginx" env updated
$ kubectl set env deployment/nginx --list
```

```
# deployments nginx, container nginx
STORAGE_DIR=/local
$ kubectl set env deployment/nginx STORAGE_DIR=/foo
deployment.apps "nginx" env updated
$ kubectl set env deployment/nginx --list
# deployments nginx, container nginx
STORAGE_DIR=/foo
```

　--fromオプションを使うと、secretやconfigmapなどのリソースから環境変数を設定できます。

```
$ kubectl set env --from secret/pocket-secret deployment/nginx
deployment.apps "nginx" env updated
$ kubectl set env deployment/nginx --list
# deployments nginx, container nginx
STORAGE_DIR=/foo
# ADMIN from secret pocket-secret, key admin
# USERPOCKET from secret pocket-secret, key userpocket
```

　次に、サブコマンドimageを説明します。サブコマンドimageは、リソースを作成するときのコンテナイメージを更新できます。Deploymentを更新すると、実際にPodにあるコンテナイメージもアップデートされます。

　nginxという名称のDeploymentのコンテナイメージに、nginx version 1.9.1バージョンを指定して、変更してみましょう。Deploymentのイメージや実際にデプロイされたコンテナがnginx 1.9.1にアップデートされたことがわかります。このコマンドを使って、Kubernetesにデプロイしているアプリケーションを展開できます。

```
$ kubectl set image deployment/nginx nginx=nginx:1.9.1
deployment.apps "nginx" image updated
$ kubectl get deployment,replicaset,pod -o wide
NAME                          DESIRED   CURRENT   UP-TO-DATE   AVAILABLE  ⏎
  AGE       CONTAINERS   IMAGES        SELECTOR
deployment.extensions/nginx   1         1         1            1          ⏎
  33m       nginx        nginx:1.9.1   run=nginx


NAME                                        DESIRED   CURRENT   READY    AGE⏎
        CONTAINERS   IMAGES        SELECTOR
replicaset.extensions/nginx-579745c5c6      0         0         0        25m⏎
        nginx        nginx         pod-template-hash=1353017172,run=nginx
replicaset.extensions/nginx-58dd4dd875      1         1         1        1m ⏎
        nginx        nginx:1.9.1   pod-template-hash=1488088431,run=nginx
```

```
NAME                        READY    STATUS    RESTARTS   AGE       IP  ⮑
        NODE
pod/nginx-58dd4dd875-rvj4n  1/1      Running   0          1m        10.4⮑
.1.154  gke-your-first-clust-nap-n1-highcpu-2-601c3953-lnsn
```

　次のサブコマンドはresourcesです。このコマンドで、Deploymentなどで指定しているCPU等のリソースの制限値や要求値を更新できます。上限値limitをCPU 200m・メモリ512Miに、要求値requestをCPU 100m・メモリ256Miに更新してみましょう。

```
$ kubectl set resources deployment nginx --limits=cpu=200m,memory=512Mi -⮑
-requests=cpu=100m,memory=256Mi
deployment.apps "nginx" resource requirements updated
$ kubectl describe deployment/nginx
Name:               nginx
Namespace:          default
CreationTimestamp:  Thu, 14 Feb 2019 22:30:30 +0900
…… (中略) ……
  Containers:
   nginx:
    Image:      nginx:1.9.1
    Port:       <none>
    Host Port:  <none>
    Limits:
      cpu:      200m
      memory:   512Mi
    Requests:
      cpu:      100m
      memory:   256Mi
```

　次に、サブコマンドsubjectを利用して、ClusterRoleBindingにユーザーとサービスアカウントを追加してみます。まず、cluster-adminに所属するユーザー・グループ・ServiceAccountを確認します。

```
$ kubectl get clusterrolebinding cluster-admin -oyaml
apiVersion: rbac.authorization.k8s.io/v1
kind: ClusterRoleBinding
…… (中略) ……
subjects:
- apiGroup: rbac.authorization.k8s.io
  kind: Group
  name: system:masters
```

system:masters グループのみ、cluster-admin に所属します。ここに、ユーザー yamada と ServiceAccount myns:default を追加してみます。

```
$ kubectl set subject clusterrolebinding cluster-admin --user=yamada --se↵
rviceaccount=myns:default
clusterrolebinding.rbac.authorization.k8s.io/cluster-admin subjects updated
```

yamada ユーザーと ServiceAccount myns:default が追加されたか確認します。

```
$ kubectl get clusterrolebinding cluster-admin -oyaml
apiVersion: rbac.authorization.k8s.io/v1
kind: ClusterRoleBinding
……（中略）……
subjects:
- apiGroup: rbac.authorization.k8s.io
  kind: Group
  name: system:masters
- apiGroup: rbac.authorization.k8s.io
  kind: User
  name: yamada
- kind: ServiceAccount
  name: default
  namespace: myns
```

無事追加されていることが確認できました。

実践編 ▼ コマンド ▼ リソース管理

2

特定の条件を満たすまで待機する
kubectl wait

あるリソースの特定の条件を指定し、条件を満たすまで待機します。

 書式

```
kubectl wait resource.group/name [--for=delete|--for condition=availa⤵
ble] [options]
```

説明

あるリソースの特定の条件を指定し、条件を満たすまで待機します。

オプション

--for=''	待機する条件を指定します。 deleteあるいはcondition=condition-nameの形式で指定します。
--timeout=<文字列> （デフォルト値：30s）	タイムアウト時間です。0の場合は1度だけ確認し、待機しません。マイナスの場合は、応答を1週間待ちます。

頻出オプション（P.70参照）

--filename (-f), --selector (-l), --recursive (-R)

 使い方

あるリソースの特定の条件を指定し、条件を満たすまで待機します。複数のリソースを指定する場合は、対象となるすべてのリソースが条件を満たすまで待機します。

CIジョブの中で、あるPodが応答可能になってから次のPodを起動したり、スケールアウトが成功した後に処理を続けたりする場合などに用いられます。

まず、ステータスに「Ready」が含まれることを条件に、kubectl waitコマンドを実行してみます。

```
$ kubectl wait --for=condition=Ready pod/nginx
```

```
pod/nginx condition met
```

次は、Podの削除を条件に変更してみましょう。

以下では、deleteコマンドが発行された後、タイムアウト時間を60秒として、nginx Podが削除されるまで待機します。kubectl waitコマンドを実行した後、kubectl delete pod/nginxを実行してください。

タイムアウト時間までにPodが削除された場合は、ステータスコード0が返されます。

```
$ kubectl wait --for=delete pod/nginx --timeout=60s
pod/nginx condition met

$ echo $?
0
```

タイムアウト時間までにPodが削除されなかった場合は、ステータスコード1が返されます。

```
$ kubectl wait --for=delete pod/nginx --timeout=60s
error: timed out waiting for the condition

$ echo $?
1
```

このように、条件を満たしたかどうかによってステータスコードが変わるため、CIジョブの中で後続の処理を分岐させられます。

最後に、複数のリソースを条件に指定してみましょう。以下は、「hoge=fuga」のラベルを持つPodが削除されるまで待機する例です。

```
# "hoge=fuga"のラベルを持つPodを作成
$ kubectl run nginx1 --image=nginx --generator=run-pod/v1 --labels=hoge=fuga
$ kubectl run nginx2 --image=nginx --generator=run-pod/v1 --labels=hoge=fuga

# 待機を実行
$ kubectl wait --for=delete po -l hoge=fuga
pod/nginx1 condition met   # pod/nginx1を削除したタイミングでは、結果が返らない
pod/nginx2 condition met   # pod/nginx2を削除したタイミングで、結果が返る
```

対象となるリソースすべてが条件を満たすタイミングで、結果が返されることがわかります。

Serviceを作成して、外部からの アクセスを受け付ける

kubectl expose

関連コマンド create service

PodやDeploymentに対し、Podの外からアクセスを行うためのServiceを作成します。

🔵 書式

```
kubectl expose (-f <ファイル名> | <リソースのタイプ> <リソース名>) ↵
[--port=<ポート番号>] [--protocol=TCP|UDP|SCTP] [--target-port=<番号↵
または名称>] [--name=<サービス名>] [--external-ip=<外部IPアドレス>] ↵
[--type=<タイプ>]
```

説明

Deployment・Servcie・Pod名に対して、外部からアクセスを受け付けるためのServicesを作成します。

オプション

--name	Serviceの名前を指定します。
--port	Serviceが公開するポートです。指定したポートでリクエストを受け付けます。
--protocol （デフォルト値：TCP）	Serviceが扱うプロトコルです。TCP、UDP、SCTPのいずれかを指定します。
--target-port	コンテナ側が受け付けるポート番号、または名称を指定します。オプションです。
--session- affinity=(None|ClientIP)	クライアントのIPアドレスをもとにユーザーがアクセスするPodを固定し、Stickyセッションを有効化します。
--type=(ClusterIP| NodePort|LoadBalancer| ExternalName) （デフォルト値：ClusterIP）	Serviceのタイプです。

```
--selector (-l), --template, --output (-o), --recursive (-R), --filename
(-f), --dry-run, --record, --kustomize (-k)
```

🔵 使い方

Serviceがリクエストを割り振るDeploymentを作成します。ここではrunコマンドでnginxのイメージを使ってdeploymentを作成しました。

```
$ kubectl create deployment nginx --image=nginx
deployment.apps/nginx created
$ kubectl get deployments nginx
NAME    DESIRED   CURRENT   UP-TO-DATE   AVAILABLE   AGE
nginx   1         1         1            1           61s
```

ここでは動作を確認しやすいように、exposeコマンドでnginx deploymentをserviceとして公開します。外部からアクセスできるように、typeにLoadBalancerを、ポートに80番を指定しています。typeにLoadBalancerを指定するにはクラウドサービスを使うと便利です。それ以外の場合は準備が必要です。

```
$ kubectl expose deployment nginx --type=LoadBalancer --port=80
service "nginx" exposed
$ kubectl get services
NAME         TYPE           CLUSTER-IP     EXTERNAL-IP    PORT(S)        AGE
kubernetes   ClusterIP      10.7.240.1     <none>         443/TCP        36d
nginx        LoadBalancer   10.7.245.100   xx.224.56.99   80:30453/TCP   2m
```

このように、nginxという名称のserviceが、外部IPアドレスxx.224.56.99・ポート80番で作成されたことがわかります。さっそく確認してみましょう。

```
$ curl xx.224.56.99
<!DOCTYPE html>
<html>
<head>
<title>Welcome to nginx!</title>
<style>
…… (以下略) ……
```

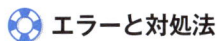 エラーと対処法

存在しないリソースを対象にserviceを作成しようとした

```
$ kubectl expose deployment ginx --type=LoadBalance --port=80
Error from server (NotFound): deployments.extensions "ginx" not found
```

原因

delploymentに存在しない「ginx」という名称のリソースを指定しました。

対処法

該当のリソースを作成するか、正しい名称を指定してください。getコマンドを
使うとわかりやすいでしょう。

```
$ kubectl get deployment
NAME            DESIRED    CURRENT    UP-TO-DATE    AVAILABLE    AGE
hello-server    1          1          1             0            6h
nginx           3          3          3             2            28m
```

コンテナへの接続
kubectl port-forward

 proxy

リソースのポートをkubectlを実行している端末にフォワードします。

🛟 書式

```
kubectl port-forward <リソース種別>/<リソース名> [<オプション>] [<ロ
ーカルポート>:]<リモートポート> [...[<ローカルポートN>:]<リモートポー
トN>]
```

説明

kubectlを実行しているサーバーにおける1つ以上のローカルポートへのアクセスを、SeriveやDeploymentやPodなどのリソースへフォワードします。

運用管理に利用するPodに接続したり、障害発生時や試験時にPodにアクセスして動作を確認したりするのに利用します。

deployment/<Deployment名>のような形で、<リソース種別>/<リソース名>を指定します。デフォルトのリソース種別はPodです。

条件にマッチするPodが複数ある場合、1つのPodが自動的に選択されます。選択されたPodが終了したり、コマンドの再実行がフォワードの再構築を必要としたりする場合に、フォワードするセッションは終了します。

オプション

--address <アドレス> （デフォルト値： <localhost>）	リスンするアドレスを指定します（カンマ区切り）。デフォルトでは、ローカルアドレス（127.0.0.1）のみアクセスを受け付けるため、他のPCやホストからフォワードするポートにアクセスできません。このオプションで0.0.0.0などを指定することで、他のPCからアクセスできるようになります。 このオプションを利用する場合は、セキュリティに注意してください。
--pod-running-timeout < 時間> （デフォルト値：1m0s）	少なくとも1つのPodが実行状態になるまで指定した時間だけ待ちます。5s、2m、3hのような形式で指定します。

2

実践編 ▼ コマンド ▼ ネットワーク管理

🔧 使い方

nginxのPodに対してポートフォワードの設定を行います。

```
$ kubectl port-forward nginx-app-85c7f8ddf-ghqnj 8080:80
Forwarding from 127.0.0.1:8080 -> 80
Forwarding from [::1]:8080 -> 80
Handling connection for 8080
```

別ターミナルからアクセスしてみます。

```
$ curl http://localhost:8080/
<!DOCTYPE html>
<html>
……（以下略）……
```

🔧 エラーと対処法

フォワードするポートを設定できず、コンテナにアクセスもできない

`エラーメッセージ`

```
$ kubectl port-forward nginx-app-85c7f8ddf-ghqnj 8080:81
Forwarding from 127.0.0.1:8080 -> 81
Forwarding from [::1]:8080 -> 81
Handling connection for 8080
E0210 01:42:14.913573    9643 portforward.go:391] an error occurred forwar↵
ding 8080 -> 81: error forwarding port 81 to pod 0460b1025444610685c24c324↵
2a3bfa0ef6350c965b82d8848cb439717a80c70, uid : exit status 1: 2019/02/09 1↵
6:42:14 socat[15594] E connect(5, AF=2 127.0.0.1:81, 16): Connection refused
```

フォワードするポートに設定に失敗しています。この状態でアクセスすると、以下のとおりエラーが返ってきます。

```
$ curl http://localhost:8080/
curl: (52) Empty reply from server
```

`原因`

コンテナがリスンしているポートの指定が誤っています。

`対処法`

正しいポート番号を指定してください。

プロキシを介したREST APIアクセス

kubectl proxy

関連コマンド port-foward

プロキシを介してAPIサーバーにREST APIでアクセスします。

書式

```
kubectl proxy [--port=<ポート番号>] [--www=<アクセスするコンテンツの
パス>] [--www-prefix=<アクセスするコンテンツのパスのプレフィクス>]
[--api-prefix=<アクセスするURLのプレフィクス>]
```

説明

　KubernetesにはREST APIにてアクセス可能なAPIサーバーが動作しています。kuberctlコマンドを実行するとAPIサーバーへREST APIでアクセスされますが、通常はAPIサーバーの存在を意識する必要はありません。

　一方で、サーバー間において、REST APIによるKubernetes管理を行いたい場合があります。kubectl proxyにより、REST APIリクエストをプロキシでき、特定のAPIのみにアクセス可能にしたり、静的コンテンツにアクセスを行います。

オプション

--accept-hosts <ホストのアドレス> （デフォルト値：^localhost$,^127.0.0.1$,^[::1]$）	プロキシが受け付けるホストのアドレスを正規表現で指定します。
--accept-paths <ホストのパス> （デフォルト値：^.*）	プロキシが受け付けるパスの正規表現を指定します。
--address <IPアドレス>	受け付けするIPアドレスを指定します。
--api-prefix <APIのアクセスパス> （デフォルト値：/）	プロキシされたAPIのアクセスパスを指定します。指定したアクセスパス配下のAPIのみアクセス可能となります。

`--disable-filter`	`true`を指定した場合、リクエストフィルタリングがオフになります。しかし、`true`を指定するのは XSRF 攻撃に対する脆弱性につながるので危険です。
`--keepalive <時間>` (デフォルト値：0s)	アクティブなネットワーク接続の`keepalive`時間を指定します。0を指定すると、`keepalive`がオフになります。
`--port <ポート番号> (-p)` (デフォルト値：8001)	プロキシが受け付けるポート番号を指定します。0を指定すると、ランダムでポート番号が割り振られます。
`--reject-methods <HTTP メソッド名>` (デフォルト値：^$)	プロキシが拒否するHTTPメソッドを正規表現で指定します。たとえば、以下のように指定します。 `--reject-methods='POST,PUT,PATCH'`
`--reject-paths <拒否対象のパス>` (デフォルト値：^/api/./pods/./exec,^/api/./pods/./attach)	プロキシが拒否するパスを指定します。`--accept-paths`の指定よりも、`--reject-paths`の指定が優先されます。
`--unix-socket (-u)`	プロキシが動作するUnixソケットを指定します。
`--www <フォルダ名> (-w)`	アクセスする静的なコンテンツの格納フォルダを指定します。
`--www-prefix <プレフィクス> (-P)` (デフォルト値：/static/)	アクセスする静的なコンテンツのアクセスパスのプレフィクスを指定します。

🔵 使い方

すべてのKubernetes APIを利用する設定でプロキシを起動します。デフォルトでポート8001番で起動していることがわかります。

```
$ kubectl proxy --api-prefix=/
Starting to serve on 127.0.0.1:8001
```

別ターミナルからアクセスして確認してみます。

```
$ curl http://localhost:8001/
{
  "paths": [
    "/api",
…… (以下略) ……
```

次の例では、--api-prefixで、アクセスするAPIの種別を/api/のみに限定します。また、--wwwで、/home/配下の静的ファイルへのアクセスとします。この例では、事前にsample.htmlを用意しておきます。さらに、--www-prefixで静的ファイルへのアクセスパスを指定します。

```
$ kubectl proxy --www=/home/ --www-prefix=/static/ --api-prefix=/api/
```

別ターミナルからアクセスしてみます。api配下はアクセスできる一方で、それ以外のパスへアクセスすると404が返却されることがわかります。

```
$ curl http://localhost:8001/api/
{
  "kind": "APIVersions",
  "versions": [
    "v1"
  ],
  "serverAddressByClientCIDRs": [
    {
      "clientCIDR": "0.0.0.0/0",
      "serverAddress": "192.168.99.104:8443"
    }
  ]
}
$ curl http://localhost:8001/healtz/
404 page not found
```

先ほど--www-prefixで指定した/static/にアクセスすることで、静的コンテンツにアクセスできます。

```
$ curl http://localhost:8001/static/
<pre>
<a href="sample.html">sample.html</a>
</pre>
$ curl http://localhost:8001/static/sample.html
<p>test</p>
```

🔧 エラーと対処法

アクセスすると404が返却される

`エラーメッセージ`

```
$ kubectl proxy --www=/wrong/path/
Starting to serve on 127.0.0.1:8001
```

--wwwオプションを指定して起動しています。

この状態でアクセスすると、以下のとおり404エラーが返ります。

```
$ curl http://localhost:8001/static/sample.html
404 page not found
```

staticへアクセスしてみると、preタグの内容が空になっています。

```
$ curl http://localhost:8001/static/
<pre>
</pre>
```

原因

--wwwオプションで指定するパスが誤っています。

対処法

正しいパスを指定してください。

Pod管理

コンテナへの接続
kubectl attach

関連コマンド exec

コンテナ内で実行しているプロセスに接続します。

🛟 書式

```
kubectl attach[-f] [-p] (<Pod名> | <リソース種別>/<リソース名>) -c ↵
<コンテナ名>
```

説明

コンテナ内で実行中のプロセスに接続します。kubectl exec で起動時に接続していたケースで、通信が途中で切れて、Pod と接続したコンソールが切断されたときによく利用します。

オプション

--container <コンテナ名> (-c)	接続先のコンテナを指定します。指定しなかった場合は、Pod 内の1つ目のコンテナが選択されます。
--pod-running-timeout=< 時間> （デフォルト値：1m0s）	少なくとも1つのPodが実行状態になるまで指定した時間だけ待ちます。 例：5s, 2m, 3h
--stdin (-i)	標準入力をコンテナに渡します。
--tty (-t)	標準入力としてTTYを指定します。

🛟 使い方

Pod名とコンテナ名を指定してattachします。Podにコンテナが1つしかない場合は、コンテナ名を省略できます。

```
$ kubectl attach -it sample-pod -c sample-container
$ kubectl attach -it sample-pod
```

Pod実行時にTTYを有効にして、起動します。一度セッションを終了後、attachコマンドで再接続します。

実践編 ▼ コマンド ▼ Pod管理

```
$ kubectl run curl-test --generator=run-pod/v1 --image=radial/busyboxplus↵
:curl -it
If you don't see a command prompt, try pressing enter.
[ root@curl-test:/ ]$ ls
bin/      dev/      etc/      home/      lib/      lib64      linuxrc  media/   mnt/
opt/      proc/     root/     run        sbin/     sys/       tmp/     usr/     var/
[ root@curl-test:/ ]$ exit
 Session ended, resume using 'kubectl attach curl-test -c curl-test -i -t'↵
 command when the pod is running
$ kubectl attach curl-test -c curl-test -i -t
If you don't see a command prompt, try pressing enter.
[ root@curl-test:/ ]$ ls
bin/      dev/      etc/      home/      lib/      lib64      linuxrc  media/   mnt/
opt/      proc/     root/     run        sbin/     sys/       tmp/     usr/     var/
```

🔧 エラーと対処法

TTYオプションが受け付けられない

エラーメッセージ

```
$ kubectl attach -it curl-test -c curl-test
Unable to use a TTY - container curl-test did not allocate one
If you don't see a command prompt, try pressing enter.
```

原因

　Pod起動時にTTYを有効にしていません。

対処法

　Pod起動時に、-t (--tty) オプションを付与してkubectl runを実行するか、containerのパラメータで「tty: true」を指定します。

```
$ kubectl run curl-test --generator=run-pod/v1 --image=radial/busyboxplus:curl -it
```

オートスケールを管理する
kubectl autoscale

関連コマンド scale, create, apply

負荷に応じてレプリカを増減させるオートスケールを管理します。

📋 書式

kubectl autoscale (-f <ファイル名> | <リソース種別> <リソース名> | ↵
<リソース種別>/<リソース名>) [--min=<レプリカ数>] --max=<レプリカ数> ↵
[--cpu-percent=<CPU使用率>] [options]

オプション

--cpu-percent=<CPU使用率> (デフォルト値：-1)	ターゲットとなる、全Podの平均CPU使用率です（リクエストされるCPUの割合で表されます）。 未指定またはマイナスの場合、デフォルトのオートスケーリングポリシーが使用されます。
--max=<レプリカ数> (デフォルト値：-1)	オートスケーラーが設定可能なポッド数の上限値です（必須項目）。
--min=<レプリカ数> (デフォルト値：-1)	オートスケーラーが設定可能なポッド数の下限値です。未指定またはマイナスの場合、サーバーはデフォルト値を適用します。
--name=<オブジェクト名>	新たに作成されるオブジェクトの名称です。指定しない場合、入力するリソース名が使用されます。
--save-config	trueに設定されている場合、現在のオブジェクトの設定がアノテーションに保存されます。

頻出オプション (P.70参照)

--filename (-f), --selector (-l), --output (-o), --recursive (-R), --dry-run, --record, --template, --kustomize (-k)

📋 使い方

Horizontal Pod Autoscaler（以下、HPA）は、CPU使用率（あるいはカスタムメトリック）に応じて、DeploymentおよびReplicaSetのレプリカ数を自動的にス

ケールします。DaemonSetsなどのスケールしないオブジェクトには適用されない
ことに注意してください。

　HPAは、KubernetesのAPIリソースとコントローラーとして実装されています。
リソースに従ってコントローラーの挙動が決定されます。コントローラーは、平均
CPU使用率がユーザーによって設定された目標値に一致するように、定期的にレ
プリカ数を調整します。

　deployment/fooに対して、オートスケールを設定してみます。

```
$ kubectl autoscale deployment/foo --max 5 --cpu-percent=40
horizontalpodautoscaler.autoscaling/foo autoscaled
$ kubectl get hpa
NAME   REFERENCE        TARGETS   MINPODS   MAXPODS   REPLICAS   AGE
foo    Deployment/foo   0%/40%    1         5         1          93s
```

　負荷を高くすると、負荷に応じてレプリカが増えることがわかります。

```
$ kubectl get hpa -w
NAME   REFERENCE        TARGETS    MINPODS   MAXPODS   REPLICAS   AGE
foo    Deployment/foo   0%/40%     1         5         1          93s
…… (中略) ……
foo    Deployment/foo   52%/40%    1         5         2          4m28s
foo    Deployment/foo   34%/40%    1         5         2          4m58s
foo    Deployment/foo   34%/40%    1         5         2          5m28s
```

🔧 エラーと対処法

HPA が作成できない

エラーメッセージ

```
$ kubectl autoscale deployment/foo --max 5 --cpu-percent=50 --record
Error from server (AlreadyExists): horizontalpodautoscalers.autoscaling "f↵
oo" already exists
```

原因

　同名のHPAがすでに存在します。

対処法

　kubectl autoscaleはHPAを作成するコマンドであるため、上書きできません。
設定を変更したい場合は、HPAを一度削除して再作成するか、kubectl edit hpa/
fooコマンドを利用します。

Pod管理

ファイルのコピー

kubectl cp

関連コマンド attach, exec

コンテナ内のファイルをローカルホストへコピーしたり、ローカルホスト上のファイルをコンテナへコピーします。

🛟 書式

kubectl cp <コピー元ファイル> <コピー先ファイル>

説明

ホストからコンテナへ、もしくはコンテナからホストへ、ファイルやフォルダをコピーします。コンテナ間のファイルやフォルダのコピーには使えません。

オプション

--container <コンテナ名> (-c)	コピー元もしくはコピー先のコンテナを指定します。指定しなかった場合は、Pod内の1つ目のコンテナが選択されます。
--no-preserve	コピーしたファイルやフォルダの所有者やパーミッションをコンテナ内に保存しない場合に指定します。

🛟 使い方

コンテナ上のsample.logファイルをホスト上にコピーします。

```
$ kubectl cp -c sample-container sample-pod:/var/log/sample.log .
$ ls
sample.log
```

ホスト上のsample.txtファイルをコンテナ上にコピーします。

```
$ kubectl cp sample.txt sample-pod:/home
$ kubectl attach sample-pod -i -t -c sample-container
If you don't see a command prompt, try pressing enter.
[ root@sample-pod:/ ]$ cd /home
[ root@sample-pod:/home ]$ ls
```

```
sample.txt
```

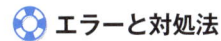 エラーと対処法

コピー元ファイルが存在しない旨のメッセージが返ってきた

```
$ kubectl cp sample-pod:/home/sample.txt sample-pod:/tmp
error: src doesn't exist in local filesystem
```

原因

コピー元、コピー先ともにコンテナを指定しています。

対処法

コピー元もしくはコピー先のいずれかに、ホストのフォルダもしくはファイルを指定します。以下の例は、コピー先にホストのカレントフォルダを指定しています。

```
$ kubectl cp sample-pod:/home/sample.txt .
```

指定したファイルが存在しない

エラーメッセージ

```
$ kubectl cp -c sample-container incorrect.txt sample-pod:/home
error: lstat incorrect.txt: no such file or directory
```

原因

引数に渡したファイルが存在しなかったため、エラーを返しました。

対処法

正しいファイル名を指定してください。

コマンドの実行

kubectl exec

関連コマンド attach

コンテナ内で指定したコマンドを実行します。

🛟 書式

kubectl exec (<Pod名> | <リソース種別>/<リソース名>) [-c <コンテナ⏎
名>] [flags] -- <コマンド名> [引数]

説明

コンテナ内でコマンドを実行します。

オプション

--container <コンテナ名> (-c)	接続先のコンテナを指定します。指定しなかった場合は、Pod内の1つ目のコンテナが選択されます。
--pod-running-timeout (デフォルト値：1m0s)	少なくとも1つのPodが実行状態になるまで指定した時間だけ待ちます。 例：5s, 2m, 3h
--stdin (-i)	標準入力をコンテナに渡します。
--tty (-t)	標準入出力にkubectlコマンドを実行したコンソールを利用し、キーの入力とコマンドの実行結果を出力します。

🛟 使い方

sample-podという名称のPodにshで接続します。接続後プロンプトが返ってくるので、lsコマンドを実行しています。

```
$ kubectl exec -it sample-pod -c nginx sh
root@sample-pod:/# ls
bin   dev  home  lib64  mnt  proc  run   srv  tmp  var
boot  etc  lib   media  opt  root  sbin  sys  usr
```

シェル起動する必要がなく、特定フォルダの中を確認したいだけという場合は、

以下のとおり実行します。

```
$ kubectl exec -it -c nginx sample-pod ls /var/log
sample.log
```

　次の例では、sample-deploymentという名称のDeploymentにbashで接続します。接続後プロンプトが返ってくるので、lsコマンドを実行しています。

```
$ kubectl -it exec deployment/sample-deployment -c nginx sh
root@sample-pod:/# ls
bin   dev  home  lib64 mnt proc run   srv tmp var
boot  etc  lib   media opt root sbin  sys usr
```

⚙ エラーと対処法

コマンドが存在しない

`エラーメッセージ`

```
$ kubectl exec -it -c nginx  sample-pod /bin/bash
OCI runtime exec failed: exec failed: container_linux.go:348: starting con↵
tainer process caused "exec: \"/bin/bash\": stat /bin/bash: no such file o↵
r directory": unknown
command terminated with exit code 126
```

`原因`

　引数に渡したシェルが存在しなかったため、エラーを返しました。

`対処法`

　正しい名称のリソースを確認し、実行します。

```
$ kubectl get pods
NAME        READY    STATUS    RESTARTS    AGE
sample-pod  2/2      Running   0           6d18h
```

リソースの情報を表示する

kubectl logs

関連コマンド exec, cp

コンテナのログを表示します。

🛟 書式

```
kubectl logs [-f] [-p] (<Pod名> | <リソース種別>/<リソース名>) [-c ↩
<コンテナ名>]
```

説明

Pod内のコンテナ、もしくは指定したリソースのログを表示します。Podに含まれるコンテナが1つのみの場合、コンテナ名の指定は省略できます。

オプション

--all-containers	Pod内のすべてのコンテナのログを表示します。
--container <コンテナ名>　(-c)	コンテナのログを表示します。
--follow（-f）	リアルタイムにログ表示したい場合に指定します。
--limit-bytes　（デフォルト値：0）	表示するログの最大サイズを指定します。デフォルトの最大サイズは上限なしです。
--pod-running-timeout　（デフォルト値：20s）	少なくとも1つのPodが実行状態になるまで指定した時間だけ待ちます。 例：5s, 2m, 3h
--previous（-p）	--previousを指定した場合、前回起動したコンテナのログを表示します。

```
$ kubectl logs -c echo sample-pod
2019/02/03 14:06:15 start server
$ kubectl logs -p -c echo sample-pod
2019/01/27 18:19:29 start server
```

--since <時間>　（デフォルト値：0s）	現在からさかのぼって、指定した期間分のログを表示します。5s、2m、3hのような形式となります。デフォルトでは全ログが表示対象になります。

`--since-time <時刻>`	指定した時刻以降のログを表示します。デフォルト では全ログが表示対象になります。
`--tail <行数>` (デフォルト値：-1)	指定した行数のログを表示します。デフォルトでは 全ログが表示対象になります。
`--timestamps`	ログにタイムスタンプを含めるためのオプションで す。

頻出オプション（P.70参照）
`--selector (-l)`

🌐 使い方①

コンテナの標準出力（stdout）と標準エラー出力（stdout）を表示できます。また、標準入出力に出されるログであれば親子プロセス関係なく出力されます。

```
$ kubectl logs sample-pod
```

🌐 使い方②

ログファイルにログを書き出している場合は、kubectl logsコマンドでは取得できません。ファイルに出力したログを見たい場合は、kubectl exec でコンテナにログインして cat や less で表示するか、kubectl cp でログファイルを PC にコピーして確認します。

kubectl exec や kubectl cp の使い方については、P.162 と P.160 を参照してください。

🌐 使い方③

Elasticsearch などを利用する場合は、sidecar コンテナで Fluentd/fluentbit を動かし、ログをロガーに送信するようにします。

Promtail を利用した例について、P.401 に記載しているので、参考にしてください。

🌐 エラーと対処法

▌誤ったリソース名を指定した

エラーメッセージ

```
$ kubectl logs pod/wrong_name
Error from server (NotFound): pods "wrong_name" not found
```

引数に渡したリソースが存在しなかったため、エラーを返しました。

正しい名称のリソースを確認・実行します。

```
$ kubectl get pods
NAME           READY   STATUS    RESTARTS   AGE
sample_pod     2/2     Running   0          6d18h
```

リソースのロールアウトを管理する

kubectl rollout

関連コマンド scale, apply, edit

リソースのロールアウトを管理します。対象リソースは、Deployment・DaemonSet・StatefulSetです。

🛟 書式

```
kubectl rollout history (<リソース種別> <リソース名> | <リソース種別>↵
/<リソース名>) [flags] [options]
```

説明

過去のロールアウトの履歴や設定を表示します。

オプション

--revision=<リビジョン番号>	podTemplateを含め、指定したリビジョンの詳細を表示します。

頻出オプション（P.70参照）

--filename (-f), --output (-o), --recursive (-R), --template

```
kubectl rollout pause <リソース種別>/<リソース名> [options]
```

説明

指定したリソースを中断としてマークします。中断としてマークされると、構成変更中のDeploymentの変更が中断されたり、editやapplyでDeploymentを変更できなくなります。

再開させたい場合は、kubectl rollout resumeを使います。なお、2019年9月時点では、Deploymentのみがサポートされています。

頻出オプション（P.70参照）

--filename (-f), --output (-o), --recursive (-R), --template

```
kubectl rollout resume <リソース種別>/<リソース名> [options]
```

中断されたリソースを再開します。中断されたリソースは、コントローラーによって調整されません。リソースを再開することで、再びコントローラーによって調整されるようになります。なお、2019年9月時点では、Deploymentのみがサポートされています。

kubectl rollout pauseと同様です。

```
kubectl rollout restart <リソース種別>/<リソース名> [options]
```

リソースを再起動します。DeploymentやStatefulSetで管理されるPodが再作成されます。Podが新規作成され、現在稼働中のPodが終了することにより、稼働中のPodを新しいPodに入れ替えます。

kubectl rollout pauseと同様です。

```
kubectl rollout status (<リソース種別> <リソース名> | <リソース種別>↵
/<リソース名>) [flags] [options]
```

ロールアウトのステータスを表示します。

デフォルトでは、kubectl rollout statusを実行すると、最新のロールアウトのステータスを、ロールアウトが完了するまで表示します。もしロールアウトの完了を待たない場合は、--watch=falseを指定してください。また、途中で新しいロールアウトが開始した場合は、最新リビジョンを表示し続けます。もし、特定のリビジョンを表示し続けたり、別リビジョンにロールオーバーされたら途中停止したい場合は、表示したいリビジョンを--revision=Nで指定してください。

--revision=<リビジョン番号>	ステータスを表示したい特定のリビジョンを指定します。デフォルトは0（最新のリビジョン）です。
--timeout=<タイムアウト時間> （デフォルト値：0s）	表示を終了するまでのタイムアウト時間です。0の場合は、タイムアウトしません。1s, 2m, 3hなど、単位を含む必要があります。

| -w (--watch=true) | trueの場合、ロールアウトが完了するまでステータスを表示し続けます。 |

頻出オプション（P.70参照）
```
--filename (-f), --recursive (-R)
```

書式

```
kubectl rollout undo (<リソース種別> <リソース名> | <リソース種別>/↩
<リソース名>) [flags] [options]
```

説明

過去のロールアウトをロールバックします。

オプション

| --to-revision=<ロールバックするリビジョン>（デフォルト値：0） | ロールバックするリビジョンを指定します。デフォルトは0（直前のリビジョン）です。 |

頻出オプション（P.70参照）
```
--filename (-f), --output (-o), --recursive (-R), --dry-run, --template
```

使い方

リソースのロールアウトを管理します。具体的には、ロールアウトのステータス確認・中断・再開・ロールバック・履歴表示が可能です。

Kubernetesには、アプリケーションを安全にロールアウトするためのさまざまな機能が備わっていますが、ロールアウトの管理もその1つと言えます。アプリケーションを継続的かつ高速にユーザーに届けるためには、高速にリリースできることだけではなく、いざというときに素早くロールバックできることも非常に重要な要素です。kubectl rolloutを活用することで、自前で仕組みを用意することなく、それらを実現することが可能です。

以下では、実際にアプリケーションをロールアウトするケースを想定し、どのようにロールアウトを管理するか説明します。

まず、ロールアウトの履歴を表示してみましょう。

```
# Deployment/fooをレプリカ数10で作成
$ kubectl create deployment foo --image=nginx:1.7.1
$ kubectl scale deployment foo --replicas=10
```

```
# Deploymentのロールアウト履歴を表示
$ kubectl rollout history deployment/foo
```

```
# リビジョンを指定してロールアウト履歴を表示
$ kubectl rollout history deployment/foo --revision=1
```

次に、ロールアウトを実行し、中断してみます。

```
# イメージを変更
$ kubectl set image deployment/foo nginx=nginx:1.9.1 --record
deployment.extensions/foo image updated
```

```
# ロールアウトを中断
$ kubectl rollout pause deployment/foo
deployment.extensions/foo paused
```

```
# ロールアウトのステータスを確認
$ kubectl rollout status deployment/foo
Waiting for deployment "foo" rollout to finish: 0 out of 10 new replicas h⮑
ave been updated...
(これ以降、表示されない)
```

今度は、ロールアウトを再開し、ロールアウトを完了させましょう。

```
# ロールアウトを再開
$ kubectl rollout resume deployment/foo
deployment.extensions/foo resumed
```

```
# ロールアウトのステータスを確認
$ kubectl rollout status deployment/foo
Waiting for deployment "foo" rollout to finish: 5 out of 10 new replicas h⮑
ave been updated...
...
Waiting for deployment "foo" rollout to finish: 9 out of 10 new replicas h⮑
ave been updated...
Waiting for deployment "foo" rollout to finish: 3 old replicas are pending⮑
 termination...
...
Waiting for deployment "foo" rollout to finish: 1 old replicas are pending⮑
 termination...
...
Waiting for deployment "foo" rollout to finish: 9 of 10 updated replicas a⮑
```

```
re available...
deployment "foo" successfully rolled out
```

　最後に、先ほど実行したロールアウトをロールバックしてみます。

```
# dry-runオプションを指定し、影響のあるオブジェクトを確認
$ kubectl rollout undo deployment/foo --dry-run

# 直前のDeploymentにロールバック
$ kubectl rollout undo deployment/foo

# ロールバックの確認
$ kubectl get deployment/foo -o=jsonpath={.spec.template.spec.containers[↵
0].image}
nginx:1.7.1
```

　最初の状態に戻っていることが確認できます。

　なお、Deploymentのロールアウトは、**Podテンプレート（.spec.template）が変更された場合**にトリガーされます。そのため、その他の変更（レプリカ数の変更など）はロールアウトをトリガーしない点に注意しましょう。

😵 エラーと対処法

kubectl rollout statusが進まない

エラーメッセージ

　以下はエラーメッセージではありませんが、実行結果が期待したものになっていない状態です。

```
$ kubectl rollout status deployment/foo
Waiting for deployment "foo" rollout to finish: 0 out of 10 new replicas h↵
ave been updated...
（これ以降、表示されない）
```

原因

　以下の2つの原因が考えられます。

1. 対象リソースがpausedになっている
2. Podをスケジュールするためのノードリソースが不足している

　上記を確認するコマンドの一例を次に示します。

```
# Deploymentの状態を確認
$ kubectl get deploy nginx -o=jsonpath={.spec.paused}
true

# Podがスケジュールされない理由を確認
$ kubectl describe pod nginx-5c7588df-z9rtc
Name:                     nginx-5c7588df-z9rtc
…… (中略) ……
Events:
  Type     Reason            Age              From               Message
  ----     ------            ----             ----               -------
  Warning  FailedScheduling  35s (x2 over 35s)  default-scheduler  0/3 nod↲
es are available: 3 Insufficient cpu.
```

対処法

それぞれに対して、以下のように対処します。

1. 対象リソースがpausedになっている

kubectl rollout resumeコマンドにより、ロールアウトを再開してください。

```
$ kubectl rollout resume deployment/foo
```

2. Podをスケジュールするためのノードリソースが不足している

以下のいずれかの方法を実施してください。

- 既存のリソースを削除する
- ノードを追加する

リソースのサイズを設定する

kubectl scale

リソースのサイズを設定します。

🔵 書式

```
kubectl scale [--resource-version=version] [--current-replicas=count]⏎
 --replicas=<レプリカ数> (-f <ファイル名> | <リソース種別> <リソース⏎
名>)
```

オプション

`--all`	trueの場合、指定したリソース種別のすべてのリソースを選択します。
`--current-replicas=<レプリカ数>` （デフォルト値：-1）	現在のレプリカ数をコマンド実施の条件として設定できます。この値とリソースの現在のレプリカ数が一致する場合のみコマンドが成功し、一致しない場合はエラーを返します。
`--replicas=<レプリカ数>`	新しいレプリカ数を指定します（必須項目）。
`--resource-version=<バージョン>`	リソースのバージョンを指定します。現在のリソースバージョンがこの値に一致する場合のみコマンドが成功し、一致しない場合はエラーを返します。
`--timeout=<タイムアウト時間>` （デフォルト値：0s）	scale操作のタイムアウト時間です。0の場合は、タイムアウトしません。1s, 2m, 3hなど、単位を含む必要があります。

頻出オプション（P.70参照）

```
--filename (-f), --selector (-l), --output (-o), --recursive (-R),
--record, --template, --kustomize (-k)
```

🔵 使い方

　リソースのサイズを設定します。対象リソースは、Deployment・ReplicaSet・Replication Controller・StatefulSetです。

以下のように、リソース種別・リソース名などを指定して、スケールさせること
が可能です。

```
# 'foo'というリソース名のレプリカセットを、レプリカ数3にスケール
$ kubectl scale --replicas=3 rs/foo

# "foo.yaml"内で指定したリソース種別、リソース名で指定したリソースをレプリカ数3にスケール
$ kubectl scale --replicas=3 -f foo.yaml

# 複数のレプリケーションコントローラーをスケール
$ kubectl scale --replicas=5 rc/foo rc/bar rc/baz

# 'web'というリソース名のステートフルセットを、レプリカ数3にスケール
$ kubectl scale --replicas=3 statefulset/web

# --allオプションを用いて、同一ネームスペースのデプロイメントをレプリカ数1にスケール
$ kubectl scale --replicas=10 deployment --all
deployment.extensions "foo" scaled
deployment.extensions "bar" scaled
```

　--current-replicas または --resource-version が指定されている場合は、スケー
ルを実施する前に検証を入れることが可能です。サーバーにスケール操作を送信す
るタイミングで、指定した条件を満たしていることを保証できます。

```
# コマンド実施前の状態を確認
$ kubectl get deployment

# --current-replicasを指定してスケールアウトを実施
$ kubectl scale --replicas=10 --current-replicas=3 deployment foo

# コマンド実施後の状態を確認
$ kubectl get deployment
```

🔵 エラーと対処法

--current-replicas 指定時にエラー

エラーメッセージ

```
$ kubectl scale --replicas=10 --current-replicas=1 deployment foo
error: Expected replicas to be 1, was 2
```

原因

　オプションに指定した値が正しくありません。

オプションに正しい値を設定します。

現在のレプリカ数は、以下のコマンドで取得可能です。また、現在のレプリカ数はエラーメッセージにも含まれます。

```
# -o=jsonpathを利用する場合
$ kubectl get deployment foo -o=jsonpath='{.spec.replicas}'
10
```

--resource-revision 指定時にエラー

```
$ kubectl scale --replicas=3 deployment foo --resource-version=10
error: Expected resource version to be 10, was 638094
```

オプションに指定した値が正しくありません。

オプションに正しい値を設定します。

revisionは、以下のコマンドで確認できます。また、現在のレプリカ数はエラーメッセージにも含まれます。なお、annotationsの値に含まれるrevisionではない点に注意してください。

```
# 正しい
$ kubectl get deployment foo --output=jsonpath='{.metadata.resourceVersion}'
638094
```

```
# 間違い
$ kubectl get deployment foo --output=jsonpath='{.metadata.annotations.dep⏎
loyment\.kubernetes\.io/revision}'
1
```

ノードのリソース不足によりスケールが失敗

```
Cannot schedule pods: Insufficient cpu.
```

Podをスケジュールするためのリソース（上記の場合はCPU）がノードに不足しています。

対処法

　クラスターオートスケーラーが有効の場合は、ノードの増加により時間が経つとスケールが完了します。

　クラスターオートスケーラーが無効の場合は、ノードの追加・スケールアップ・Podのlimits・requestsの見直しを検討してください。

Podまたはノードのリソース利用情報を確認する

kubectl top

Pod（コンテナ）またはノードのリソース利用情報を確認します。CPU使用率・使用時間やメモリ使用量を確認できます。Podが重くなったり、CPU・メモリのリソースが足りなくなりそうなときにPodやノードのリソースを確認できます。

書式

```
kubectl top pods <Pod名>
```

説明

Podもしくはコンテナのリソース利用情報を表示します。

オプション

--containers	Podの中の個々のコンテナ情報も出力します。
--sort-by=<項目>	指定した項目でソートして結果を表示します。Kubernetes 1.15では cpu と memory のみ利用できます。

```
kubectl top nodes <ノード名>
```

説明

ノードのリソース利用情報を表示します。

使い方

ノードのリソース利用情報を出力するには、次のようにします。

```
$ kubectl top nodes
NAME               CPU(cores)   CPU%   MEMORY(bytes)   MEMORY%
master1.internal   79m          4%     2291Mi          31%
master2.internal   118m         6%     2250Mi          30%
master3.internal   71m          3%     2325Mi          31%
node1.internal     118m         3%     1895Mi          12%
```

```
node2.internal      76m         1%        1744Mi          11%
node3.internal      4312m       98%       12968Mi         80%
```

上記の例では、ノードのnode3.internalだけ異常にリソースを消費していること
がわかります。

次に、Podの統計情報をみてみましょう。

```
$ kubectl top pod --sort-by=cpu --all-namespaces
NAMESPACE       NAME                                        CPU(cores)  MEMORY(bytes)
default         Zannenna-Pod                                3992m       11232Mi
gitlab          gitlab-gitlab-runner-7db7b9fb69-96v8q       23m         43Mi
gitlab          gitlab-postgresql-cb4c58788-gnzst           10m         23Mi
gitlab          gitlab-registry-76c8795845-wlf7n            1m          4Mi
ingress-nginx   ingress-nginx-controller-c5dwp              3m          110Mi
ingress-nginx   ingress-nginx-controller-l54kc              3m          112Mi
ingress-nginx   ingress-nginx-controller-xn6wb              3m          71Mi
…… (以下略) ……
```

他と比べてZannenna-Podが大量のリソースを消費していることがわかります。
念のため、Zannenna-Podが実行されているノードを確認してみましょう。

```
$ kubectl get pod/Zannenna-Pod -owide
NAME                      READY    STATUS     RESTARTS   AGE   IP            ↵
    NODE         NOMINATED NODE    READINESS GATES
Zannenna-Pod              1/1      Running    0          60m   10.233.74.17 ↵
    node3.internal   <none>                  <none>
```

node3.internalに配置されており、node3.internalのリソース不足の原因が
Zannenna-Podであることが確認できました。Podがリソースを消費している原因
を調べて対処してください。

🛟 エラーと対処法

kubectl top が表示されない

エラーメッセージ

minikubeでkubectl topを実行すると、以下のメッセージが表示されます。

```
$ kubectl top pod web-0
Error from server (NotFound): the server could not find the requested res↵
ource (get services http:heapster:)
```

　metrics-serverやheapsterなどのモニタリングが有効になっていないことが考えられます。Minikubeの場合は、次のコマンドで確認できます。

```
$ minikube addons list
…… (中略) ……
- heapster: disabled
…… (中略) ……
- metrics-server: disabled
```

　Minikube以外の場合は、「kubectl get pods --all-namespaces」でmetrics-server・heapsterが動作していないことを確認してください。

　metrics-serverをインストールします。使用しているKubernetes環境に応じて、次のコマンドを参考にしてください。

minikube

```
$ minikube addons enable metrics-server
```

microk8s

```
$ microk8s.enable metrics-server
```

自前で構築した場合

　kubeadmなどを利用して自前でKubernetesを構築した場合は、Helmでインストールします。

```
$ helm install stable/metrics-server --name metrics-server --namespace kub⤸
e-system --set args="{--logtostderr,--kubelet-preferred-address-types=Inte⤸
rnalIP,--kubelet-insecure-tls}"
```

2

実践編 ▼ コマンド ▼ クラスター管理

設定

アノテーションを設定する

kubectl annotate

関連コマンド describe

リソースへのアノテーションの追加・変更・削除を行います。

🔘 書式

```
kubectl annotate (-f <ファイル名> | <リソース種別> <リソース名>)↩
<アノテーション名>=<値>
```

説明

リソースにアノテーションを追加します。

オプション

--overwrite　　　　　　　すでに設定されているアノテーションの上書きを許可します。

--all　　　　　　　　　　ネームスペース内のすべてのリソースを指定します。

頻出オプション（P.70参照）

--filename (-f), --selector (-l), --output (-o), --recursive (-R), --dry-run, --record, --template, --kustomize (-k)

```
kubectl annotate (-f <ファイル名> | <リソース種別> <リソース名>)↩
<アノテーション名>-
```

説明

　アノテーション名の最後に - (マイナス) を付けると、リソースからアノテーションを削除します。

オプション・頻出オプション

　上記書式と同じです。

2

実践編 ▼ コマンド ▼ 設定

🔵 使い方

リソースにアノテーションを設定します。アノテーションとは、メタデータのようなもので、主に次の3つの役割があります。

┃1. リソースに対する情報のメモ・コメント的な使い方

リリースバージョン・イメージバージョン・コミットID・リリース者など、後でリソースを見れば確認できるメモ的な情報を付与できます。

┃2. Kubernetesのコンポーネントが自動的に付与し、リソースの管理に利用

Kubernetesのコンポーネントの中には、リソース作成後、自動的にアノテーションを設定するものがあります。たとえば、Deploymentリソースを作成した場合、以下のようなリビジョン情報が自動的に付与され、デプロイメントのバージョンが管理されます。

```
$ kubectl describe deploy mydeploy
Name:                       mydeploy
…… (中略) ……
Annotations:                deployment.kubernetes.io/revision: 1
```

また、kubectlコマンド実行時に --record オプションを付けてリソースを操作すると、直前の操作のコマンドをアノテーションに記録することもできます。

```
$ kubectl edit --record  deploy mydeploy
```

kubectl describeでリソースの詳細を確認すると、上記のコマンドがkubernetes.io/change-causeアノテーションに記録されていることがわかります。

```
$ kubectl describe deploy mydeploy
Name:                       mydeploy
Annotations:                kubernetes.io/change-cause: kubectl edit deploy de↵
ploy1 --record=true
```

┃3. 非公式の機能 (α版の機能やベンダー特有の機能など) を利用する際にパラメータとして指定

Kubernetesの正式な機能でないものに対して、アノテーションでパラメータを渡すものがあります。特に、Serviceリソースのロードバランサーを利用する場合や、Ingressを利用する場合は、ベンダーごとにロードバランサーやIngressの実装が異なるため、アノテーションがよく利用されます。詳細は、リソースリファレンスの各リソースのアノテーション欄を確認してください。

アノテーションを追加するには、次のようにします。ここでは、デプロイメントmydeployのアノテーションrelease-teamにMyTeamを設定します。

```
$ kubectl annotate deploy mydeploy release-team=MyTeam
deployment.extensions/mydeploy annotated
```

　アノテーションを確認するには、kubectl describeで表示されるリソースの詳細情報のAnnotation欄を確認します。

```
$ kubectl describe  deploy/mydeploy
Name:                   mydeploy
…… (中略) ……
Annotations:            deployment.kubernetes.io/revision: 2
                        release-team: MyTeam
…… (以下略) ……
```

　アノテーションを削除するには、次のように削除したいアノテーションの最後に-(マイナス)を付けて実行します。

```
$ kubectl annotate deploy mydeploy release-team-
deployment.extensions/mydeploy annotated
```

シェルの補完設定を出力する
kubectl completion

シェルの補完設定を出力します。出力された設定をシェルに設定することにより、kubectlコマンドの引数を補完できるようになります。

書式

```
kubectl completion <シェル名>
```

説明

シェルの補完設定を出力します。シェル名にはbashもしくはzshを指定できます。

使い方

bashやzshでは、コマンドの入力途中でTabキーを押すとコマンド候補を出力したり、途中まで入力したオプションを補完したりしてくれる機能があります。kubectl completionで出力したシェルの設定を利用することで、シェルの補完機能を利用できます。ここでは、bashを利用した例で説明します。

Linuxでbashを利用している場合、すべてのユーザーに対して補完を有効にしたい場合は、rootユーザーで次のようにbashの補完設定のディレクトリに設定ファイルを出力します。

```
$ sudo su -
# kubectl completion bash > /etc/bash_completion.d/kubectl
# exit
```

自身がrootユーザーになれない場合は、適当なディレクトリに補完設定のファイルを出力します。

```
$ kubectl completion bash > ~/.kube/completion.bash.inc
```

ホームディレクトリの下の.bashrcファイルの最後の行に以下の行を追加し、bash起動時に補完設定を読み込むようにします。

```
source '$HOME/.kube/completion.bash.inc'
```

これで、ログインし直すか新しいbashを起動すれば、補完設定が適用されます。たとえば、次のように「kubectl」と入力してTabキーを押すと、補完候補のコマンドが出力されます。

```
$ kubectl  Tabキーを押す
annotate       attach         cluster-info   cordon      describe        ↩
 exec          label          plugin         rollout     taint           ↩
 wait
api-resources  auth           completion     cp          diff            ↩
 explain       logs           port-forward   run         top
api-versions   autoscale      config         create      drain           ↩
 expose        options        proxy          scale       uncordon
apply          certificate    convert        delete      edit            ↩
 get           patch          replace        set         version
```

途中まで入力してTabキーを押せば、残りのコマンドやオプションを自動的に入力してくれます。

🔧 エラーと対処法

コマンドが補完できない

以下のようにTabキーを押しても何も表示できないことがあります。

```
$ kubectl    Tabキーを押す
（何も表示されない）
```

原因

1. 他のLinuxコマンドも補完されていない場合

シェルに補完機能を提供するbash-completionパッケージなどが導入されていません。

2. 他のコマンドが補完できている場合

設定を誤っている可能性があります。

対処法

1.の場合はbash-completionパッケージを導入してください。

2.の場合は、設定を見直してください。/etc/bash_completion.d/kubectlにコピーした場合は、一般ユーザーへの読み取りを許可しているかどうか、各ユーザーのホームディレクトリに設定した場合は、.bashrcファイルでsourceコマンドで正しく補完設定ファイルを読み込んでいるかどうかなどを確認してください。

クラスターの接続設定ファイルの作成・編集を行う

kubectl config

Kubernetes クラスターに接続するための設定ファイルを編集します。

📙 書式

```
kubectl config [--kubeconfig=<設定ファイル>] set-cluster <クラスター名> [(--certificate-authority=<クラスターのSSL証明書>|--insecure-skip-tls-verify)] --server=<マスターのURL> [--embed-cert]
```

説明

設定ファイルにKubernetesクラスターへ接続するための設定を行います。

オプション

--kubeconfig=<設定ファイル>	設定ファイルを指定します。省略すると、˜/.kube/configが利用されます。
--certificate-authority=<クラスターのSSL証明書>	マスターと通信時に、サーバーの正当性を検証するためのSSL証明書を指定します。
--insecure-skip-tls-verify	SSL証明書の検証をスキップします。
--server=<マスターのURL>	Kubernetesのマスターに接続するためのURLを指定します。「http(s)://<ホスト名>:<ポート番号>/」の形式で指定します。
--embed-cert	証明書を設定ファイルの中に埋め込みます。このオプションを指定しなかった場合、ファイルのパスが設定ファイル内に記述されるため、クラスターのSSL証明書ファイルと一緒に設定ファイルを利用する必要があります。

```
kubectl config [--kubeconfig=<設定ファイル>] set-credentials <ユーザー名>
  (クライアント証明書)  --client-certificate=<クライアント証明書> ↵
--client-key=<クライアント証明書の秘密鍵> [--embed-certs]
  (Basic認証) --username=<ユーザー名> --password=<パスワード>
  (トークン)  --token=<トークン>
  (OIDC)--auth-provider=oidc \
        --auth-provider-arg=idp-issuer-url=<issuer url> \
        --auth-provider-arg=client-id=<クライアントID> \
        --auth-provider-arg=client-secret=<クライアントシークレット> \
      (--auth-provider-arg=idp-certificate-authority=<OpenID Connect ↵
Provider CA証明書>|
        --auth-provider-arg=idp-certificate-authority-data=<OpenID Con↵
nect Provider CA証明書データ>) \
        --auth-provider-arg=id-token=<IDトークン> \
      [--auth-provider-arg=refresh-token=<リフレッシュトークン>] \
      [--auth-provider-arg=extra-scopes=<拡張スコープ,拡張スコープ,...>]
```

説明

　ユーザーの認証情報を設定します。認証に利用する方式によって、書式が異なります。

オプション

--kubeconfig=<設定ファイル>	設定ファイルを指定します。
--client-certificate=<クライアント証明書>	クライアント証明書を指定します。クライアント証明書は、Kubernetesクラスターの CAで署名されている必要があります。kubectl certificateを利用すると簡単に署名できます。
--client-key=<クライアント証明書の秘密鍵>>	クライアント証明書の秘密鍵を指定します。
--embed-cert	証明書と秘密鍵を設定ファイルの中に埋め込みます。このオプションを指定しなかった場合、ファイルのパスが設定ファイル内に記述されるため、証明書と秘密鍵のファイルと一緒に設定ファイルを利用する必要があります。

```
kubectl config [--kubeconfig=<設定ファイル>] set-context [<コンテキ⤶
スト名> |--current] --cluster=<クラスター名>  --user=<ユーザー名> ⤶
[--namespace=<ネームスペース>]
```

説明
コンテキストの設定を行います。

オプション

--kubeconfig=<設定ファイル>	設定ファイルを指定します。
--current	コンテキスト名の代わりに--currentを利用することにより、現在のコンテキストを指定できます。
--cluster=<クラスター名>	set-clusterで設定したクラスター名を指定します。
--user=<ユーザー名>	set-credentialsで設定したユーザー名を指定します。
--namespace=<ネームスペース>	コンテキストのネームスペースを指定します。省略すると、defaultが利用されます。

その他の書式

上記以外の書式については、以下のとおりです。

```
kubectl config [--kubeconfig=<設定ファイル>] use-context <コンテキスト名>
```

利用するコンテキストを設定します。

```
kubectl config [--kubeconfig=<設定ファイル>] current-context
```

現在のコンテキストを表示します。

```
kubectl config [--kubeconfig=<設定ファイル>] delete-cluster <クラスター名>
```

指定したクラスターを削除します。

```
kubectl config [--kubeconfig=<設定ファイル>] delete-context <コンテキスト名>
```

指定したコンテキストを削除します。

2
実践編 ▼ コマンド ▼ 設定

```
kubectl config [--kubeconfig=<設定ファイル>] get-clusters
```

設定されているクラスター一覧を取得します。

```
kubectl config [--kubeconfig=<設定ファイル>] get-contexts
```

設定されているコンテキスト一覧を取得します。

```
kubectl config [--kubeconfig=<設定ファイル>] rename-context <コンテキ↲
スト名> <変更後のコンテキスト名>
```

コンテキストの名前を変更します。

```
kubectl config [--kubeconfig=<設定ファイル>] view
```

設定ファイルの内容を確認します。

🛟 使い方

Kubernetes クラスターのマスターへ接続するための設定ファイルの作成・編集を行います。ここでは、kubectl configを利用するだけでなく、設定ファイルを直接編集してクラスターの設定を変更する方法も説明します。

▌クラスター接続設定の作成

ユーザーがKubernetesに接続するための設定ファイルを作成します。設定ファイルは、大きく分けて次の3つに分かれています。

1. クラスターの設定

クラスターの設定は、Kubernetesのマスターへ接続するための設定です。マスターのURLとSSLサーバー証明書を指定します。

```
$ kubectl config --kubeconfig=config set-cluster dev-cluster --certificat↲
e-authority=mycluster-ca.crt --server=https://apiserver.example.com:6443/↲
 --embed-certs
Cluster "dev-cluster" set.
```

サーバーの検証が必要ない場合、次のように設定することにより、SSLサーバー証明書の検証をスキップすることもできます。

```
$ kubectl config --kubeconfig=config set-cluster dev-cluster --insecure-s↲
```

```
kip-tls-verify --server=https://apiserver.example.com:6443/
Cluster "dev-cluster" set.
```

2. ユーザーの認証情報の設定

　次に、ユーザーの認証情報を指定します。認証方法は、クライアント証明書を利用する方法・Basic認証を利用する方法・トークンを利用する方法・OIDCを利用する方法などがありますが、それぞれ次のようにします。

2.1. クライアント証明書を利用する方法

　クライアント証明書（taro.crt）と秘密鍵（taro.key）を次のように指定します。

```
$ kubectl config --kubeconfig=config set-credentials taro --client-certif⤶
icate=taro.crt --client-key=taro.key --embed-certs
User "taro" set.
```

　ユーザーのクライアント証明書を作成する方法については、kubectl certificate（P.198）を参照してください。

2.2. Basic認証を利用する方法

　Basic認証を利用する場合は、次のようにユーザー／パスワードを設定します。

```
$ kubectl config set-credentials taro --username=taro --password=taro_passwd
```

　Basic認証を利用する場合は、API Server側で設定が必要になります。

2.3. トークンを利用する方法

```
$ kubectl config set-credentials taro --token=28bca5dc-2893-460c-8712-868a7d61b5821
```

　トークンには、ServiceAccountトークン・Bootstrapトークン・ファイルトークンを利用する方法があります。ServiceAccountトークンについてはServiceAccountリソースの説明（P.343）を、BootstrapトークンについてはSecretリソースの説明（P.306）を参照してください。

2.4. OIDCを利用する方法

　OIDC（Open ID Connect）を利用すると、LDAPやGitHub、Googleアカウントなどの外部認証サーバーと連携できます。dex・Keycloark・UAAなどがKubernetesとの接続をサポートしています。
　issuer url・クライアントID・クライアントシークレット・OIDC ProviderのCA証明書を取得しておき、IDトークンとリフレッシュトークンを取得します。以下に示すのは、dexとActive Directoryを連携したときの設定例です。

```
$ kubectl config set-credentials taro \
  --auth-provider=oidc \
  --auth-provider-arg=idp-issuer-url=https://dex.example.com:32000/dex \
  --auth-provider-arg=client-id=kubernetes \
  --auth-provider-arg=client-secret=ZXhhbXBsZS1hcHAtc2VjcmV0 \
  --auth-provider-arg=idp-certificate-authority-data=$(base64 -w 0 openid-ca.pem) \
  --auth-provider-arg=id-token=eyJhbGciOiJSUzI1CuU4dCcilDDWlw2lfr8mg... \
  --auth-provider-arg=refresh-token=ChlxY2EzeGhKEB4492EzecdKJOElECK...
```

3. コンテキストの作成

コンテキストとは、1.で設定したクラスターと2.で設定したユーザー認証情報を対応させたものです。マスターへの接続は、コンテキストを複数用意することにより、複数のKubernetes環境を切り替えられるようになります。

```
$ kubectl config --kubeconfig=config set-context dev-ctx --cluster=dev-cl⤶
uster --namespace=default --user=taro
Context "dev-ctx" created.
```

4. コンテキストの利用

上記の手順で作成したコンテキストをuse-contextで利用するように設定すると、設定したクラスターとユーザーでアクセスできるようになります。

```
$ kubectl config --kubeconfig=config use-context dev-ctx
Switched to context "dev-ctx".
```

最後に、接続を確認してみましょう。

```
$ kubectl --kubeconfig=config run --generator=run-pod/v1 mypod --image=nginx
pod/mypod created

$ kubectl --kubeconfig=config get pods
NAME       READY    STATUS     RESTARTS    AGE
mypod      1/1      Running    0           38s
```

正しく設定できていれば、Kubernetesの操作を行えます。作成された設定ファイルを確認すると、次のようになっています。これはクライアント証明書によって認証する例です。

▼ config
```
apiVersion: v1
clusters:
```

```
- cluster:  # クラスターの設定
    certificate-authority-data: LS0tL...
    server: https://apiserver.example.com:6443/
  name: dev-cluster
contexts:
- context:  # コンテキストの設定
    cluster: dev-cluster
    namespace: default
    user: taro
  name: dev-ctx
current-context: dev-ctx  # 現在利用しているコンテキスト
kind: Config
preferences: {}
users:  # ユーザーの設定
- name: taro
  user:
    client-certificate-data: LS0tL...
    client-key-data: LS0tL...
```

　証明書や秘密鍵は見慣れない文字列に変換されていますが、これはそれぞれの
ファイルがBase64に変換されて埋め込まれているためです。
　--kubeconfigオプションを毎回設定するのが面倒な場合は、~/.kube/configファ
イルにコピーすることで--kubeconfigオプションを省略できるので、~/.kube/
configにコピーしておきましょう。

ネームスペースの変更

　利用するネームスペースを変更したい場合は、set-contextコマンドで次のよう
にします。

```
$ kubectl create ns myns
$ kubectl config --kubeconfig=config set-context --current --namespace=myns
Context "dev-ctx" modified.
```

　複数のコンテキストを設定している場合は、次のように--currentの代わりにコン
テキスト名を指定することもできます。

```
$ kubectl config --kubeconfig=config set-context dev-ctx --namespace=myns
Context "dev-ctx" modified.
```

設定ファイルの編集によるクラスター設定の追加

　ここまでコマンドラインでconfigを作成していきましたが、マネージドサービス

などを利用した場合は、設定ファイルを取得して利用するのが普通です。取得した複数のクラスターの設定ファイルをマージすることにより、クラスターを切り替えて利用できるようになります。

　たとえば、次のような別のKubernetesクラスターの設定ファイルを、先ほど作成した設定ファイルにマージして利用できるようにしてみましょう。

```yaml
apiVersion: v1
clusters:
- cluster:
    certificate-authority-data: LS0tL...
    server: https://local-76042d4e.hcp.eastus.azmk8s.io:443
  name: aks
contexts:
- context:
    cluster: aks
    user: clusterUser_aks_aks
  name: aks
current-context: aks
kind: Config
preferences: {}
users:
- name: clusterUser_aks_aks
  user:
    client-certificate-data: LS0tL...
    client-key-data: LS0tL...
    token: 0689f490c31bddafbd0b843f08745828
```

　クラスター定義（clusters/cluster以下）・コンテキスト（contexts/context以下）・ユーザー（users/name以下）を次のようにマージします。

```yaml
apiVersion: v1
clusters:
- cluster: # 元のクラスターの設定
    certificate-authority-data: LS0tL...
    server: https://apiserver.example.com:6443/
  name: dev-cluster
- cluster: # 追加したクラスターの設定
    certificate-authority-data: LS0tL...
    server: https://local-76042d4e.hcp.eastus.azmk8s.io:443
  name: aks
contexts:
- context: # 元のコンテキストの設定
```

```
    cluster: dev-cluster
    namespace: default
    user: taro
  name: dev-ctx
- context: # 追加したコンテキストの設定
    cluster: aks
    user: clusterUser_aks_aks
  name: aks
current-context: dev-ctx # 現在利用しているコンテキスト
kind: Config
preferences: {}
users:
- name: taro # 元のユーザーの設定
  user:
    client-certificate-data: LS0tL...
    client-key-data: LS0tL...
- name: clusterUser_aks_aks # 追加したユーザーの設定
  user:
    client-certificate-data: LS0tL...
    client-key-data: LS0tL...
    token: 0689f490c31bddafbd0b843f08745828
```

正しくマージされているか、コンテキストの情報を確認してみます。

```
$ kubectl config --kubeconfig=config get-contexts
CURRENT   NAME      CLUSTER       AUTHINFO               NAMESPACE
          aks       aks           clusterUser_aks_aks
*         dev-ctx   dev-cluster   taro                   default
```

　マージした段階では、current-contextがdev-ctxなので、元のクラスターに接続されます。しかし、次のようにコンテキストを切り替えることにより、新しいクラスターに接続できるようになります。

```
$ kubectl config --kubeconfig=config use-context aks
Switched to context "aks".
$ kubectl config --kubeconfig=config get-contexts
CURRENT   NAME      CLUSTER       AUTHINFO               NAMESPACE
*         aks       aks           clusterUser_aks_aks
          dev-ctx   dev-cluster   taro                   default
```

> **Column** 証明書ファイルを設定ファイルから取り出す

　設定ファイルには証明書がBase64でエンコードされているため、証明書や秘密鍵
を取り出すのは、少し厄介です。yqコマンドとbase64コマンドを利用すると、証明
書ファイルを取り出せます。

```
$ cat .kube/config | yq read - users[0].user.client-certificate-data↵
 |base64 -d
-----BEGIN CERTIFICATE-----
MIIC8jCCAdqgAwIBAgIIeXO1p9qkJb0wDQYJKoZIhvcNAQELBQAwFTETMBEGA1UE
AxMKa3ViZXJuZXRlczAeFw0xODEyMzEwNjM0NTBaFw0xOTEyMzEwNjYyMDdaMDQx
...
DtUwozt72ZQ1Xrde/ABC0epw97LrdWuwqbHKJTwBfb0+QO7l42A=
-----END CERTIFICATE-----
```

ラベルを設定する
kubectl label

関連コマンド get, describe

リソースへのラベルの追加・変更・削除を行います。

書式

```
kubectl label (-f <ファイル名> | <リソース種別> <リソース名>) <ラベ
ル名>=<値>
```

説明

リソースにラベルを追加します。

オプション

-f <ファイル・ディレクト リ・URL>（--filename=<ファ イル・ディレクトリ・URL>）	指定されたマニフェスト内のリソースのラベルを編 集します。
--overwrite	すでに設定されているラベルの上書きを許可します。
--all	ネームスペース内のすべてのリソースを指定します。

頻出オプション（P.70参照）

--filename (-f)，--selector (-l)，--output (-o)，--recursive (-R) --dry-
run，--record，--template，--kustomize (-k)

```
kubectl label (-f <ファイル名> | <リソース種別> <リソース名>) <ラベル名>-
```

説明

ラベル名の最後に-（マイナス）を付けると、リソースからラベルを削除します。

オプション・頻出オプション

最初の書式と同じです。

 **使い方**

ラベルを利用すると、リソースをグループ化し、さまざまな処理でリソースをまとめて指定します。たとえば、ラベル付けされたPodにサービスで負荷分散したり、サービスを利用したノードにラベルを追加したりすれば、特定のノードにPodを配置できます。

ただし、Podなどのリソースへの設定は、マニフェストに設定を記述することが多く、コマンドを利用することはありません。ここでは、ノードへラベルを追加し、特定のノードにPodを配置する例で説明します。

まず、node3.infraのディスクがSSDであることを示すdiskラベルを付与してみます。

```
$ kubectl label node node3.infra disktype=ssd
```

リソースに設定されたラベルを確認するには、kubectl describeコマンドを利用するか、kubectl getコマンドのオプションに --show-labelsを指定します。

ここでは、kubectl getコマンドで確認します。

```
$ kubectl get node node3.infra --show-labels
NAME          STATUS   ROLES   AGE    VERSION   LABELS
node3.infra   Ready    node    7d18h  v1.13.1   ....,disktype=ssd,....
```

次に、以下のようなnodeSelectorの項目で、ノードのラベルを指定したマニフェストを用意します。

▼ deployment.yaml

```yaml
apiVersion: apps/v1
kind: Deployment
metadata:
  name: pod1
spec:
  selector:
    matchLabels:
      app: mysql
  template:
    metadata:
      labels:
        app: mysql
    spec:
      containers:
      - name: mysql
        image: library/mysql:latest
        ports:
```

```
      - containerPort: 3306
      env:
      - name: MYSQL_ROOT_PASSWORD
        value: "password"
    nodeSelector:
      disktype: ssd
```

　このマニフェストを利用し、PodのデプロイとデプロイされたPodの確認を行います。

```
$ kubectl apply -f deployment.yaml
deployment.apps/pod1 created
$ kubectl get pods -owide
NAME                            READY   STATUS    RESTARTS   AGE   ↵
    IP            NODE          NOMINATED NODE    READINESS GATES
pod1-75c6d59bd7-c2gts           1/1     Running   0          34s   ↵
   10.233.74.12   node3.infra   <none>            <none>
```

　disktypeにssdラベルを付与したnode3.infraにデプロイされたことが確認できました。
　ただし、ラベルだけではSSDを必要としないPodもnode3.infraにデプロイされることがあります。より厳格にPodのノード配置を制御するには、Taintと組み合わせる必要があります。詳細については、kubectl taintの説明（P.211）を参照してください。
　ラベルを削除するには、次のように削除したいラベル名を指定して、最後に-（マイナス）を付けます。

```
$ kubectl label node node3.infra disktype-
```

🛟 エラーと対処法

┃ラベルを設定できない

```
$ kubectl label node node3.infra disktype=hdd
error: 'disktype' already has a value (ssd), and --overwrite is false
```

原因

　すでに設定されているラベルの値を変更しようとしたため、エラーになりました。

対処法

　すでに設定されているラベルを変更するには、--overwriteオプションを利用します。

```
$ kubectl label node node3.infra disktype=hdd --overwrite
```

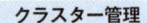

クラスター管理

TLS証明書を管理する

kubectl certificate

関連コマンド config

TLS証明書を管理します。証明書署名要求（CSR）に対して、承認と却下を行います。

🛟 書式

```
kubectl certificate approve <証明書署名要求名>
```

説明

証明書署名要求名で指定された署名・承認要求に対して承認を行い、証明書を作成します。

```
kubectl certificate deny <証明書署名要求名>
```

説明

証明書署名要求名で指定された署名・承認要求を却下します。

🛟 使い方

Kubernetesのユーザー認証として、KubernetesのCAで署名されたクライアント証明を利用する方法がありますが、kubectl certificateを使うと、ユーザー認証で利用する証明書の承認と却下を行えます。ここでは、ユーザーの秘密鍵の作成・証明書署名要求の作成・署名の承認・証明書の発行を行う手順を説明し、発行した証明書を利用して、kubeconfigファイルを作成してみます。

2

実践編 ▼ コマンド ▼ クラスター管理

198

▼ 新規ユーザー登録の流れ

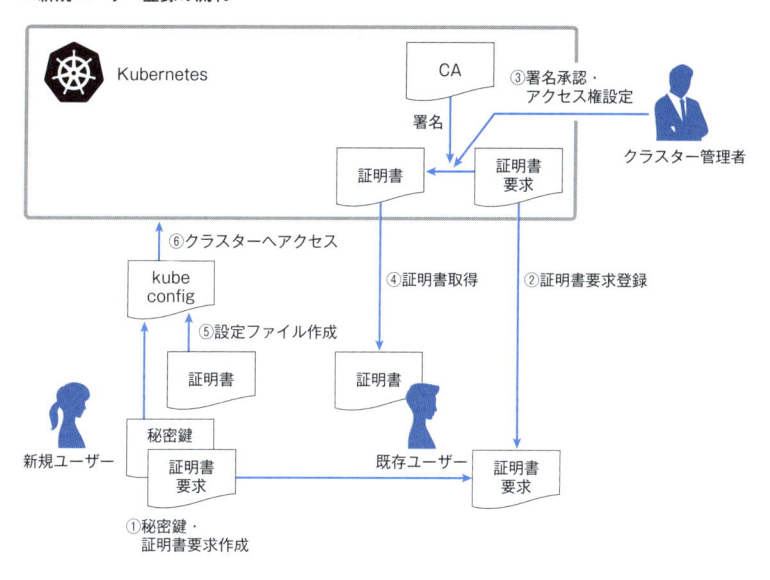

以下、それぞれの手順について紹介します。

1. 秘密鍵・証明書要求作成

新規ユーザーは秘密鍵と証明書署名要求を作成します。

```
# 秘密鍵の作成
$ openssl genrsa -out okamototk.pem 2048
Generating RSA private key, 2048 bit long modulus
......+++
...................+++
e is 65537 (0x010001)
# 証明書署名要求 (CSR) の作成
$ openssl req -new -key okamototk.pem -out okamototk.csr  -subj "/CN=okam⤶
ototk/O=mygroup"
```

ここで、「/CN=」に続いてユーザー名を、「/O=」に続いてグループ名をそれぞれ
入力してください。グループ名は複数指定することもできます。一般的なTLS証明
書と異なり、ホスト名ではないことに注意してください。

2. 証明書要求登録

証明書署名要求 (okamototk.csr) を利用して、証明書署名要求マニフェストを

作成します。証明書要求ファイルをマニフェストに記述するために、Base64でエンコードする必要があります。

次のコマンドで証明書署名要求マニフェストを作成します。

```
$ cat << EOF >> okamototk-csr.yaml
apiVersion: certificates.k8s.io/v1beta1
kind: CertificateSigningRequest
metadata:
  # 証明書要求名
  name: okamototk-csr
spec:
  groups:
  - system:authenticated
  # Base64エンコードされた証明書要求ファイル
  request: $(cat okamototk.csr | base64 | tr -d '\n')
  usages:
  - digital signature
  - key encipherment
  - client auth
EOF
```

次に、証明書署名要求を作成します。証明書要求は、既存のクラスターユーザーで実行します。

```
$ kubectr create -f okamototk-csr.yaml
```

証明書署名要求の状態を確認すると、以下のようにPending状態になっています。

```
$ kubectl get csr
NAME            AGE   REQUESTOR          CONDITION
okamototk-csr   10s   kubernetes-admin   Pending
```

3. 署名承認・権限付与

Kubernetesクラスター管理者は、証明書要求への署名の承認を行います。証明書要求の状態を確認すると、証明書が発行（Approved,Issued）されていることを確認できます。

```
$ kubectl certificate approve okamototk-csr
$ kubectl get csr
NAME            AGE   REQUESTOR          CONDITION
okamototk-csr   10s   kubernetes-admin   Approved,Issued
```

証明書を発行しただけでは、ユーザーはKubernetesに対して何も操作できません。そこで、アクセス権もここで付与しておきます。次に示すのは、編集 (edit) ロールを割り当てる例です。

```
$ kubectl create rolebinding okamototk-rb --user=okamototk --clusterrole=edit
```

　グループに割り当てたい場合は、次のようにします。

```
$ kubectl create rolebinding mygroup-rb --group=mygroup --clusterrole=edit
```

▌4. 証明書取得

　証明書が発行されたら、次のコマンドで証明書を取り出せます。

```
$ kubectl get csr okamototk-csr -o jsonpath='{.status.certificate}' | base
64 -d > okamototk.crt
```

▌5. 設定ファイル作成

　上記の証明書 (okamototk.csr) をユーザーに送付したら、ユーザーは次のコマンドで設定ファイルを作成します。

```
$ kubectl --kubeconfig=config config set-cluster mycluster --server=https
://192.168.0.1:6443/ --certificate-authority=/etc/kubernetes/ssl/ca.crt -
-embed-certs=true
$ kubectl --kubeconfig=config config set-credentials okamototk --client-c
ertificate=okamototk.crt --client-key=okamototk.pem --embed-certs
$ kubectl --kubeconfig=config config set-context okamototk@mycluster --cl
uster=mycluster --user=okamototk
$ kubectl --kubeconfig=config config use-context okamototk@mycluster
```

　上記の/etc/kubernetes/ssl/ca.crtは、KubernetesのAPI ServerのTLS証明書を利用してください。

▌6. クラスターへアクセス

　設定が完了したら、kubectlでKubernetesにアクセスできます。

```
$ kubectl --kubeconfig cluster-info
Kubernetes master is running at https://master-lb.example.com:6443
…… (以下略) ……
```

クラスター情報を表示する

kubectl cluster-info

 version, api-versions, api-resources

クラスター情報を表示します。

📖 書式

```
kubectl cluster-info
```

説明

クラスター情報を表示します。

```
kubectl cluster-info dump
```

説明

クラスター情報の詳細を表示します。

オプション

--namespaces	カンマで区切り、ネームスペースを指定します（例：--namespaces=kube-system,default）。
--output-directory=''	ファイルを出力する場所を指定します。空、もしくは '-' を指定すると、標準出力に出力します。それ以外の場合は、指定したディレクトリにディレクトリ階層を作成します。
--pod-running-timeout （デフォルト値：20s）	少なくとも1つのPodが実行状態になるまで指定した時間だけ待ちます。5s（5秒）、2m（2分）、3h（3時間）のような値を指定します。

頻出オプション（P.70参照）

--all-namespaces--output (-o) , --template

📖 使い方

次のように実行すると、クラスターのコンポーネント情報が表示されます。

```
$ kubectl cluster-info
Kubernetes master is running at https://192.168.31.193:6443
coredns is running at https://192.168.31.193:6443/api/v1/namespaces/kube-s⤶
ystem/services/coredns:dns/proxy
kubernetes-dashboard is running at https://192.168.31.193:6443/api/v1/name⤶
spaces/kube-system/services/https:kubernetes-dashboard:/proxy
metrics-server is running at https://192.168.31.193:6443/api/v1/namespaces⤶
/kube-system/services/https:metrics-server:/proxy
```

また、dumpオプションによって、より詳細なダンプ情報も取得できます。

```
$ kubectl cluster-info dump
```

go-templateを利用すると、ダンプ情報の出力をカスタマイズできます。たとえば、ノードごとの利用可能なCPU使用率・メモリ・Pod数・ディスク容量を確認するには、まず次のようなallocatable.tplファイルを作成します。

▼allocatable.tpl
```
{{- if (eq .kind "NodeList") -}}
  {{- range .items}}
    {{- .metadata.name }}
    CPU:    {{.status.allocatable.cpu}}
    Memory: {{.status.allocatable.memory}}
    Pods:   {{.status.allocatable.pods}}
    Disk:   {{index .status.allocatable "ephemeral-storage"}}
    {{"\n"}}
  {{- end}}
{{- end -}}
```

そして、次のコマンドでdumpを実行します。

```
$ kubectl cluster-info dump -o=go-template-file --template=allocatable.tpl
aks-agentpool-96671920-0
    CPU:    1931m
    Memory: 6179672Ki
    Pods:   110
    Disk:   28043041951
```

ノードへのPodの割り当てを停止・再開する

kubectl cordon/drain/uncordon

ノードへの新規Podの割り当ての停止、および再開を行います。

📗 書式

`kubectl cordon <ノード名>`

説明

ノードへのPodの割り当てを停止します。ノード上で動作しているPodはそのままですが、新規に作成したPodは指定したノードに割り当てられなくなります。

頻出オプション（P.70参照）

`--selector (-l) , --dry-run`

`kubectl drain <ノード名>`

説明

ノードへのPodの割り当てを停止し、ノード上で動作するPodを別のノードに退避します。ノードのメンテナンスを行うときに利用します。

オプション

`--delete-local-data`	Host上のローカルデータを利用しているPodのデータを削除します。
`--ignore-daemonsets`	指定したノードで動作しているDaemonSetを削除します。
`--pod-selector='<ラベルセレクター>'`	指定したラベルセレクターで、退避するPodを選択します。

頻出オプション（P.70参照）

`--selector (-l) , --dry-run, --force, --grace-period`

```
kubectl uncordon <ノード名>
```

説明

ノードへのPodの割り当てを再開します。

頻出オプション（P.70参照）

```
--selector (-l) , --dry-run
```

🔵 使い方

　ノードのバージョンアップやメンテナンスを行うときに、drain/uncordonを利用します。まずは、drainでノードを停止し、Podsを他のノードに退避してみます。
　最初にノードとnode3上のPodの状態を確認します。

```
$ kubectl get nodes
NAME                STATUS   ROLES    AGE    VERSION
master1.internal    Ready    master   47h    v1.13.3
master2.internal    Ready    master   47h    v1.13.3
master3.internal    Ready    master   47h    v1.13.3
node1.internal      Ready    node     47h    v1.13.3
node2.internal      Ready    node     47h    v1.13.3
node3.internal      Ready    node     47h    v1.13.3


$ kubectl get pods -owide --all-namespaces |grep node3
default          test-pod-5dfb554c8c-9dt8t                            ↵
 1/1     Running   0         47h    10.233.91.130    node3.internal    ↵
<none>           <none>
kube-system      calico-node-k946t                                    ↵
 1/1     Running   0         47h    172.31.29.72     node3.internal    ↵
<none>           <none>
kube-system      kube-proxy-z6cr2                                     ↵
 1/1     Running   0         47h    172.31.29.72     node3.internal    ↵
<none>           <none>
kube-system      kubernetes-dashboard-8457c55f89-w52qq                ↵
 1/1     Running   0         47h    10.233.91.129    node3.internal    ↵
<none>           <none>
monitoring       monitoring-kube-state-metrics-9cb8498d9-f8nj9        ↵
 1/1     Running   0         42h    10.233.91.183    node3.internal    ↵
<none>           <none>
monitoring       monitoring-prometheus-node-exporter-gmvgf            ↵
 1/1     Running   0         42h    172.31.29.72     node3.internal    ↵
<none>           <none>
```

drainを実行し、ノードを停止してPodを退避します。

```
$ kubectl drain node3.internal --delete-local-data --ignore-daemonsets
node/node3.internal cordoned
WARNING: Ignoring DaemonSet-managed pods: calico-node-k946t, kube-proxy-z6↵
cr2, monitoring-prometheus-node-exporter-gmvgf; Deleting pods with local s↵
torage: kubernetes-dashboard-8457c55f89-w52qq
pod/monitoring-kube-state-metrics-9cb8498d9-f8nj9 evicted
pod/test-pod-5dfb554c8c-9dt8t evicted
pod/kubernetes-dashboard-8457c55f89-w52qq evicted
node/node3.internal evicted
```

　ノードの状態を確認すると、SchedulingDisabledとなり、新規Podが割り当て
られなくなっていることがわかります。

```
$ kubectl get node
NAME                STATUS                      ROLES    AGE   VERSION
master1.internal    Ready                       master   29h   v1.13.1
master2.internal    Ready                       master   29h   v1.13.1
master3.internal    Ready                       master   29h   v1.13.1
node1.internal      Ready                       node     29h   v1.13.1
node2.internal      Ready                       node     29h   v1.13.1
node3.internal      Ready,SchedulingDisabled    node     29h   v1.13.1
```

　node3上のPodを確認すると、DaemonSet以外のPodが消えていることが確
認できます。

```
$ kubectl get pods -owide --all-namespaces |grep node3
kube-system        calico-node-k946t                                     ↵
 1/1    Running   0          47h    172.31.29.72     node3.internal       ↵
<none>             <none>
kube-system        kube-proxy-z6cr2                                       ↵
 1/1    Running   0          47h    172.31.29.72     node3.internal       ↵
<none>             <none>
monitoring         monitoring-prometheus-node-exporter-gmvgf             ↵
 1/1    Running   0          42h    172.31.29.72     node3.internal       ↵
<none>             <none>
```

　イベント履歴を確認すると、どのノードに移動したかがわかります。

```
$ kubectl get event --all-namespaces -owide
REASON             KIND        SOURCE                      NAME
```

NodeNotSchedulable 158242926a64d6a7	Node	kubelet, node3.internal	node3.internal.⤤
Killing 4c8c-9dt8t	Pod	kubelet, node3.internal	test-pod-5dfb55⤤
Scheduled 4c8c-b4dbs	Pod	default-scheduler	test-pod-5dfb55⤤
…… (中略) ……			
Started 4c8c-b4dbs	Pod	kubelet, node2.internal	test-pod-5dfb55⤤
SuccessfulCreate 4c8c	ReplicaSet	replicaset-controller	test-pod-5dfb55⤤
Scheduled board-8457c55f89-pssv4	Pod	default-scheduler	kubernetes-dash⤤
Created board-8457c55f89-pssv4	Pod	kubelet, node1.internal	kubernetes-dash⤤
…… (中略) ……			
Killing board-8457c55f89-w52qq	Pod	kubelet, node3.internal	kubernetes-dash⤤
SuccessfulCreate board-8457c55f89	ReplicaSet	replicaset-controller	kubernetes-dash⤤
Killing -state-metrics-9cb8498d9-f8nj9	Pod	kubelet, node3.internal	monitoring-kube⤤
Scheduled -state-metrics-9cb8498d9-w4vdv	Pod	default-scheduler	monitoring-kube⤤
…… (中略) ……			
Started -state-metrics-9cb8498d9-w4vdv	Pod	kubelet, node2.internal	monitoring-kube⤤
SuccessfulCreate -state-metrics-9cb8498d9	ReplicaSet	replicaset-controller	monitoring-kube⤤

　上記のイベント履歴から、test-podはnode2に、kubernetes-dashboardは
node1に、monitoring-kube-state-metricsはnode2に、それぞれ移動したことが
わかります。

　kubectl drainを実行すると、ノード上の各PodのPID 1を持つメインプロセス
は、SIGTERMシグナルを受け取ります。SIGTERMシグナルを受け取ったときの
処理に基づき、各プロセスは終了処理を行い、終了します。強制終了までの待ち時
間を経過すると、SIGKILLシグナルを送り、強制終了します。

　kubectl drainによりPodを別のノードに移行するとき、Podの最小動作数を
PodDisruptionBudgetで設定できます。これにより、アプリケーションを動作させ
たまま安全に他のノードに移行できます。詳細は、PodDisruptionBudget（P.266）
を参照してください。

　ノードを再開するには、次のようにします。

```
$ kubectl uncordon node3.internal
node/node3.internal uncordoned

$ kubectl get node
NAME                STATUS                      ROLES    AGE   VERSION
master1.internal    Ready                       master   29h   v1.13.1
…… (中略) ……
node3.internal      Ready                       node     29h   v1.13.1
```

　メンテナンスでは、基本的にはdrainを利用します。しかし、以前は正常に動作していたのに特定のノードに新しく廃止されたPodが正常に起動しなくなったという場合は、cordonを利用すれば、動作しているPodはそのままで新規Podの割り当てを止められます。

```
$ kubectl uncordon node3.internal
node/node3.internal cordoned

$ kubectl get node
NAME                STATUS                      ROLES    AGE   VERSION
…… (中略) ……
node3.internal      Ready,SchedulingDisabled    node     41h   v1.13.1
```

　Podの割り当てを再開するには、drainの場合と同じく、uncordonを利用します。

🛟 エラーと対処法

kubectl drainの実行が失敗する①

エラーメッセージ

```
$ kubectl drain node3.internal
node/node3.internal cordoned
error: unable to drain node "node3.internal", aborting command...

There are pending nodes to be draind:
 node3.internal
error: pods with local storage (use --delete-local-data to override): mysq⏎
l-675678dfbf-ghkcp;
```

原因

　Podがノード上のローカルストレージを利用しているため、kubectl drainが停止しました。

対処法

　Podがローカルストレージに書き込む内容が消えてもよい場合は、--delete-local-dataオプションを付けて実行してください。

```
$ kubectl drain node3.internal --delete-local-data
```

kubectl drainの実行が失敗する②

エラーメッセージ

　kubectl drain実行時に次のようなメッセージが表示され、失敗します。

```
$ kubectl drain node3.internal --delete-local-data
node/node3.internal already cordoned
error: unable to drain node "node3.internal", aborting command...

There are pending nodes to be drained:
 node3.internal
error: DaemonSet-managed pods (use --ignore-daemonsets to ignore): kube-pr
oxy-mfshd, registry-proxy-f4nxh
```

原因

　対象ノード上でDaemonSetが動作していますが、DaemonSetは別ノードへ退避できないので、drainの実行を中止しました。

対処法

　--ignore-daemonsetsオプションを利用し、DaemonSetの退避を無視してください。

```
$ kubectl drain node3.internal --ignore-daemonsets
```

kubectl drainの実行が失敗する③

エラーメッセージ

```
$ kubectl drain node3.internal --delete-local-data --ignore-daemonsets
……（中略）……

error when evicting pod "gitlab-nginx-ingress-controller-78fb4c686b-25lcc"
 (will retry after 5s): Cannot evict pod as it would violate the pod's dis
ruption budget.
（以降、上記のようなエラーが繰り返される）
```

原因

　Podを別ノードに退避しようとしたときに、ノードを停止するとPodDisruption

Budgetで指定した最低Pod数を満たさなくなるため、停止しました。

　ノードを増設し、PodDisruptionBudgetで指定したPodが動作できるようにするか、PodDisruptionBudgetの最低必要Pod数を減らして対処します。
　PodDisruptionBudgetの最低必要Pod数を減らす場合は、システムへの影響（処理が遅くなる、処理をさばききれずエラーとなる、システムが一時停止する）が許容できることを確認してから実施してください（アクセスが少ない時間帯に実行するなど）。

kubectl uncordon でノードが再開できない

　ノードをuncordonで再開してもNotReadyとなり、再開できません。

```
$ kubectl uncordon node3.internal
node/node3.internal uncordoned
ubuntu@master1:~$ kubectl get node
NAME               STATUS     ROLES    AGE    VERSION
master1.internal   Ready      master   32h    v1.13.1
master2.internal   Ready      master   32h    v1.13.1
master3.internal   Ready      master   32h    v1.13.1
node1.internal     Ready      node     32h    v1.13.1
node2.internal     Ready      node     32h    v1.13.1
node3.internal     NotReady   node     32h    v1.13.1
```

　マスターがノードと通信できていません。ホストがダウンしている、kubeletサービスが起動していない、ネットワーク障害が発生して通信できていないなどの理由が考えられます。

　ノードが起動しているか、ノード上でkubeletサービスが実行されているか、ネットワークにつながっているかなどの確認を行い、対処します。

実践編 ▼ コマンド ▼ クラスター管理

ノードへのPodの割り当てを制御する
kubectl taint

ノードへのPodの割り当てを制御するTaintの追加・削除を行います。

書式

```
kubectl taint <ノード名> <キー名>=<値>:<効果>
```

説明

Taintを追加します。

オプション

--all	クラスター内のすべてのノードを指定します。
--overwrite	すでにTaintに指定したキーの値が設定されている場合、このオプションで値の上書きを許可します。

頻出オプション（P.70参照）

```
--selector (-l) , --output (-o) , --template
```

```
kubectl taint <ノード名> <キー名>[:<効果>]-
```

説明

最後に-（マイナス）を付けると、Taintを削除します。

オプション・頻出オプション

最初の書式と同じです。

使い方

Taintを利用すると、特定のPodにTaintを設定したノードを占有させられます。

たとえば、非常に高いレスポンスを要求されるアプリケーションに専用のノードを占有させたい場合や、Deep Learningを利用したPodをGPUを搭載したノードに割り当てたい場合、ARMやAMDなど特定のアーキテクチャのノードに明示的にPodを配置したい場合などに利用します。

通常、Taintはノードのラベルと組み合わせて利用するため、最初にノードにラベルを付与します。

```
$ kubectl label node amd-node1.internal amd.com/cpu=
node/gpu-node1.internal labeled
$ kubectl label node amd-node2.internal amd.com/cpu=
node/gpu-node2.internal labeled
```

　次に、追加したラベルをSelectorに指定し、Taintをノードに追加します。

```
$ kubectl taint nodes -l amd.com/cpu= amd.com/cpu=:NoSchedule
node/amd-node1.internal tainted
node/amd-node2.internal tainted
```

　ノードに追加されたラベルとTaintを確認してみましょう。

```
$ kubectl describe node
Name:              amd-node1.internal
Labels:            beta.kubernetes.io/arch=amd64
                   beta.kubernetes.io/os=linux
                   kubernetes.io/hostname=node3.internal
                   node-role.kubernetes.io/node=
                   amd.com/cpu=
…… （中略） ……
Taints:            amd.com/cpu:NoSchedule
…… （中略） ……
Name:              amd-node2.internal
Labels:            beta.kubernetes.io/arch=amd64
                   beta.kubernetes.io/os=linux
                   kubernetes.io/hostname=node3.internal
                   node-role.kubernetes.io/node=
                   amd.com/cpu=
…… （中略） ……
Taints:            amd.com/cpu:NoSchedule
```

　Taintを追加することにより、デフォルトではamd-node1およびamd-node2にPodは割り当てられなくなりました。
　amd.com/cpu Taintとamd.com/cpuラベルが付与されたamd-node1・amd-node2でPodを起動するには、次のようにtolerationsとnodeSelectorを設定したマニフェストを実行します。

```
apiVersion: apps/v1
kind: Deployment
metadata:
  name: amd-nginx
spec:
  replicas: 2
  selector:
    matchLabels:
      app: amd-nginx
  template:
    metadata:
      labels:
        app: amd-nginx
    spec:
      containers:
      - name: amd-nginx
        image: nginx
      # Taint amd.com/cpuにNoSchedule効果が設定されたノードへの割り当てを許可する
      # (tolerationsの設定だけではamd.com/cpuのtaintを持つノードにも割り当てを許可する
      # だけで、他のノードにも割り当てられる)
      tolerations:
      - key: "amd.com/cpu"
        operator: "Equal"
        effect: "NoSchedule"
      # ラベルamd.com/cpuが設定されているノードのみへ割り当てる
      nodeSelector:
        amd.com/cpu: ""
```

このマニフェストをデプロイして、Podが動作するノードを確認しましょう。

```
$ kubectl apply -f deploy.yaml
$ kubectl get pods -owide | grep -e NAME -e amd-node
NAME                           READY  STATUS     ...  NODE                  ...
amd-nginx-fd479fd7f-sszps      1/1    Running    ...  amd-node1.internal    ...
amd-nginx-fd479fd7f-wxfdh      1/1    Running    ...  amd-node2.internal    ...
```

Taintを設定したノードでPodが動作していることがわかります。
Taintを削除するには、キーの最後に-(マイナス)を付けて次のようにします。

```
$ kubectl taint node  nodes -l amd.com/cpu= amd.com/cpu-
node/cpu-node1.internal untainted
node/cpu-node2.internal untainted
```

> **Column** **Podのスケジューリングを制御する**
>
> Kubernetesでは、Podのスケジューリングを制御するために、大別して2種類の仕組みが用意されています。
>
> 1つは、Podが特定のノードにスケジューリングされるように仕向ける「Affinity」という仕組みです。
>
> もう1つは、Podが特定のノードにスケジューリングされることを防ぐ「Taint/Toleration」という仕組みです。
>
> これらを活用することで、役割や負荷特性の異なるそれぞれのPodを、その処理に適したノードへスケジューリングすることが可能になります。以下で、Affinity, Taint/Tolerationとその組み合わせについて紹介します。
>
> **Affinity**
>
> Affinityはさらに2種類に分類でき、条件にノードを指定するNode Affinity、条件にPodを指定するInter-pod Affinity/Anti-Affinityがあります。
>
> ● **Node Affinity (nodeSelector)**
> ノードが持つ特定のラベルを条件にPodをスケジューリングできます。SSDやGPUを搭載したノードを他のノードと使い分けたい場合、あるいは高負荷なPodを専用のノードへデプロイしたい場合など、Podを特定のノードにデプロイするために利用します。また、Node Affinityの簡易版の機能も用意されており、こちらはnodeSelectorと呼ばれます。
>
> ● **Inter-pod Affinity/Anti-Affinity**
> 特定のラベルを持つ既存のPodが配置されているドメイン (ノード・ラックなど) と同じドメイン、または異なるドメインにPodをスケジューリングできます。クラスター構成のアプリケーションがノードの障害を考慮してPodを分散配置したい場合、あるいは同じノードに配置してPod間のレイテンシを抑えたい場合などに利用します。
>
> なお、設定したAffinityは、いずれもスケジューリングを行うときにのみ加味されます。そのため、PodがAffinityの条件を満たすノードにスケジューリングされて実行を開始した後に、そのノードがラベルの変更などでAffinityの条件を満たさなくなったとしても、スケジューリング済みのPodはそのノードで継続して実行されます。
>
> **Taint/Toleration**
>
> Taint/Tolerationでは、ノードにTaintという属性を付加し、Taintを許容できるという属性 (Toleration) を持つPodだけを受け入れるという仕組みで、Podが特定のノードにスケジューリングされることを防いでいます。たとえば、何も指定せずにデプロイしたPodがGPUノードなどの特殊ノードにデプロイされることを防いだり、メンテナンス中のノードでPodが稼働しないよう制限したりできます。
>
> Taintは3種類から指定でき、Podのスケジューリングを禁止する「NoSchedule」、可能な限りPodのスケジューリングを禁止する「PreferNoSchedule」、Podの実行を

実践編 ▼ コマンド ▼ クラスター管理

2

禁止する「NoExecute」が選択できます。

　NoExecuteはそのノードですでに実行中のPodにも影響を与えるため、NoExecute がノードに追加されると、実行中のPodはこのノードから退去させられることになります。なお、退去させられたPodは再度スケジューリングされ、引き受け可能な他のノードがあればデプロイされます。

AffinityとTaint/Tolerationの組み合わせ

　AffinityとTaint/Tolerationの仕組みは組み合わせて利用されます。

　特定のハードウェア構成を持つノードへPodをスケジューリングする例で説明しましょう。以下の図は、PodのAffinityとTolerationの有無がノードへのスケジューリングにどのような影響を与えるかを示しています。

▼ AffinityとTaint/Tolerationを組み合わせたスケジューリング

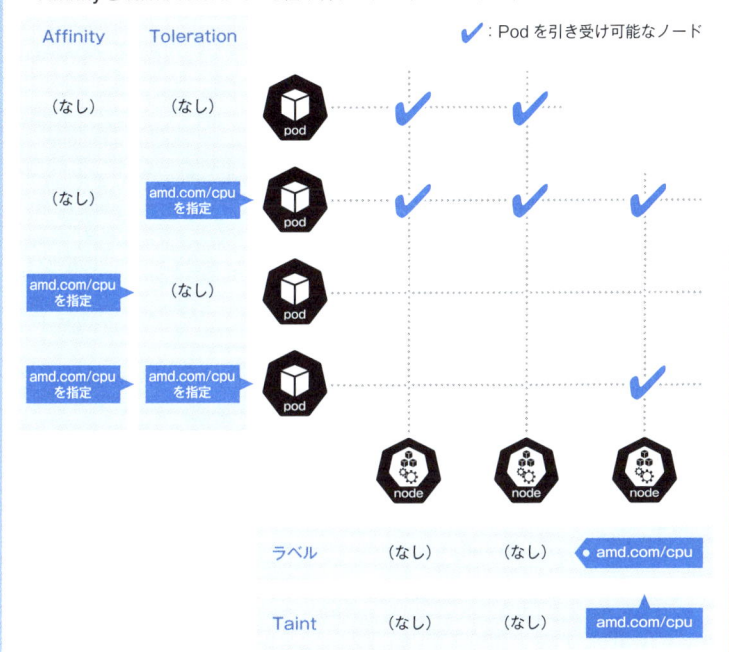

　上から順に、最初のPodの例では、AffinityやTaint/Tolerationの設定がない状態のスケジューリングを示しています。この場合はスケジューリングに何も制約条件がないため、いずれのノードもPodを引き受けられます。

　次に、特定のハードウェア構成（AMDのCPU）を持つノードを、ラベルとTaintを付与してクラスターに追加します。このとき、PodにTolerationのみを設定すると、追加したノードへのスケジューリングが可能となる一方で、Taintを持たないノードへのスケジューリングに制限を受けないため、いずれのノードもPodを引き受けられま

す。

　反対に、PodにAffinityのみを設定した場合は、ラベルを持つ（追加した）ノードへのPodのスケジューリングが試みられますが、ノードが持つTaintを許容するためのTolerationをPodが持っていないためにスケジューリングが成立せず、いずれのノードもPodを引き受けられないという状態になります。

　最後に、PodにAffinityとTolerationの両方を設定した場合は、Affinityの仕組みによってラベルを持つノードへのスケジューリングが試みられ、指定したTolerationによってノードのTaintも許容可能となるため、このPodは追加したノードにのみスケジューリングされる状態となります。

　このように、スケジューリングの仕組みを組み合わせることで、ワークロードやノードの性質に応じた柔軟なスケジューリングが実現できます。ただし、条件が複雑になりすぎると、スケジューリング不可能なPodが生まれてしまったり、予期せぬPodの退去を発生させてしまう可能性があります。Podのスケジューリングを制御する際は、できるだけシンプルな条件で目的を達成できるように検討しましょう。

▶Column◀　占有ノードの扱いを簡単にする

　Taintを利用したノード割り当ては、ラベルも併用する必要があって面倒です。そこで、もう少し簡単に定義するために、ExtendedResourceTolerationを利用します。

　AMDのCPUを持つノードにPodを配置する例を考えてみましょう。Pod作成時に、ここではamd.com/cpuリソースの制限を設定することで、自動的にAMDのCPUを持つノードに配置してみます。

　Podのマニフェストは、以下のようになります。

```
apiVersion: v1
kind: Pod
metadata:
  name: amd-cpu-pod
spec:
  containers:
  - name: amd-cpu-container
    image: library/nginx
    resources:
      limits:
        amd.com/cpu: 1
```

　上記のように、リソース制限にカスタムリソース（amd.com/cpu）を利用することで、特定のノードにPodを配置できます。

　ExtendedResourceTolerationを利用するには、kube-apiserverのオプションで指定します。kubeadm/kubesprayでインストールされたKubernetesであれば、すべてのMasterのapiserverの引数の--enable-admission-pluginsに、ExtendedResourceTolerationを追加します。

kubeadmもしくはKubesprayを利用している場合、次のファイルに追加すれば、自動的に変更を検出し、設定を変更してくれます。

▼ /etc/kubernetes/manifests/kube-apiserver.yaml

```
    - --enable-admission-plugins=NodeRestriction,ExtendedResourceToleration
```

次に、Masterにログインし、次のコマンドでamd.com/cpuリソースに対するノードのキャパシティを設定します。

```
$ curl -k \
    --cert /etc/kubernetes/ssl/apiserver-kubelet-client.crt \
    --key /etc/kubernetes/ssl/apiserver-kubelet-client.key \
    --header "Content-Type: application/json-patch+json" \
    --request PATCH \
    --data '[{"op": "add", "path": "/status/capacity/amd.com~1cpu", ⤵
"value": "16"}]' \
    https://localhost:6443/api/v1/nodes/amd-node1.internal/status
```

定義したカスタムリソース名は「amd.com/cpu」ですが、/をそのまま利用するとパス区切りとなるため、amd.com~1cpuと~1を利用して/をエスケープしています。--certと--keyで指定している証明書と秘密鍵は、使っている環境に応じて設定してください。

この例では、Node amd-node1.internalにamd.com/cpuリソースのキャパシティを16に設定しています。よって、amd-node1.internalには16までamd.com/cpuリソースを割り当てられます。

他のPodを割り当てないようにTaintを追加します。

```
$ kubectl taint nodes amd-node1.internal amd.com/cpu=:NoSchedule
```

エラーと対処法

Taint設定時にすでにTaintが付与されている

エラーメッセージ

```
$ kubectl taint node node3.internal nvidia.com/gpu=k80:NoSchedule
error: Node node3.internal already has nvidia.com/gpu taint(s) with same e⤵
ffect(s) and --overwrite is false
```

原因

すでにノードに指定したキーのTaintが付与されており、値を上書きしようとしたのでエラーとなりました。

--overwiteオプションを利用し、すでに設定されている値の上書きを許可します。

```
$ kubectl taint node node3.internal nvidia.com/gpu=k80:NoSchedule --overwrite
node/node3.internal modified
```

不正な効果を指定した

```
$ kubectl taint node node3.internalynvidia.com/gpu=k80:Schedule
error: invalid taint effect: Schedule, unsupported taint effect
See 'kubectl taint -h' for help and examples.
```

上記の例では効果に「Schedule」を設定していますが、これは不正な値です。

効果には、NoSchedule・PreferNoSchedule・NoExecuteのうちのどれかを設定してください。効果の詳細についてはP.214のコラムを参照してください。

実践編 ▼ コマンド ▼ クラスター管理

権限の確認

kubectl auth can-i

 rolebinding, clusterrolebinding

現在のユーザーが権限を持つかどうか確認する。

📙 書式

```
kubectl auth can-i <アクション名> [<リソース種別> | <リソース種別>/↵
<リソース名> | <URL>]
```

<アクション名>は get, list, watch, delete, use などです。

説明

指定したアクションが許可されているかどうかを確認します。

オプション

| --quiet (-q) | trueを指定した場合、返却値を省略し、exit コードのみ返します。 |
| --subresource <サブリソース名> | pod/logやdeployment/scaleといったサブリソース名を指定します。 |

頻出オプション（P.70参照）

--all-namespaces, --namespace (-n)

📙 使い方

現在のユーザーが podsに対する getアクションを実行可能か確認します。

```
$ kubectl auth can-i get pods
yes
```

他のユーザーや ServiceAccount が指定した権限を持っているかどうか確認するには、--asオプションでユーザーを指定します。

```
$ kubectl config set-credentials shono --username=shono --password=password
User "shono" set.
$ kubectl --as=shono auth can-i get pods
no
…… (中略。Role/RoleBindingの設定) ……
$ kubectl --as=shono auth can-i get pods
yes
```

　PodSecurityPolicyが設定されているかどうか確認するには、次のようにuseを利用します。

```
$ kubectl auth can-i use podsecuritypolicies/privileged
yes
```

　--quietを指定すると「yes」と返却されず、exitコードのみの返却となります。

```
$ kubectl auth can-i get pods --quiet
$
```

エラーと対処法

リソースタイプが存在しない

```
$ kubectl auth can-i get p
Warning: the server doesn't have a resource type 'p'
yes
```

原因

　引数に渡したリソースタイプが存在しなかったため、ワーニングを返しました。

対処法

　正しい名称のリソースタイプを指定してください。

プラグインを管理する
kubectl plugin

kubectlに追加したプラグインを管理します。

書式

```
kubectl plugin list
```

説明

kubectlには、プラグインの仕組みが用意されており、コマンドやサブコマンドを簡単に拡張できるようになっています。現在利用できるプラグインは、以下のコマンドで確認できます。

```
$ kuubectl plugin list
The following kubectl-compatible plugins are available:

/usr/local/bin/kubectl-user-create
```

プラグインの作成

kubectlのプラグインの作成は簡単で、「kubectl-<コマンド名>[-<サブコマンド名>-<サブサブコマンド名>...]」という名前で実行ファイルを用意し、パスに追加するだけです。実行ファイルは、実行バイナリ、スクリプトなど種類を問いません。

以下に、ユーザー作成を行うプラグインの例を示します。adminユーザーで実行すると、ユーザー用の秘密鍵・証明書を作成し、それらを組み込んだkubeconfigファイルを作成します。このプラグインを利用することにより、次のコマンドで証明書を用いたユーザーを簡単に作成できるようになります。

```
$ kubectl user create yamada dev
```

▼/usr/local/bin/kubectl-user-create

```
#!/bin/bash

# Create user credential for Kubernetes such as private key, client certif⮑
icate and kube config.
```

```
USER=$1
GROUP=$2
API_SERVER=$(kubectl config view -o jsonpath='{.clusters[0].cluster.server↵
}')
CLUSTER=$(kubectl config view -o jsonpath='{.clusters[0].name}')
CONTEXT=${USER}@${CLUSTER}
CONFIG=${USER}-config

# エラー処理をここに記述（省略）

openssl genrsa -out "${USER}.pem" 2048
openssl req -new -key "${USER}.pem" -out "${USER}.csr"  -subj "/CN=${USER}↵
/O=${GROUP}"

cat <<EOF > "/tmp/${USER}-csr.yaml"
apiVersion: certificates.k8s.io/v1beta1
kind: CertificateSigningRequest
metadata:
  name: "${USER}-csr"
spec:
  groups:
  - system:authenticated
  request: $(cat "${USER}.csr"|base64|tr -d '\n')
  usages:
  - digital signature
  - key encipherment
  - client auth
EOF

kubectl config view --flatten=true -o jsonpath='{.clusters[0].cluster.cert↵
ificate-authority-data}' | base64 -d >/tmp/ca.crt
kubectl create -f "/tmp/${USER}-csr.yaml"
kubectl certificate approve "${USER}-csr"
kubectl get csr "${USER}-csr" -o jsonpath='{.status.certificate}' | base64↵
 -d > "${USER}.crt"

kubectl --kubeconfig=${CONFIG} config set-cluster ${CLUSTER} --server=${AP↵
I_SERVER} --certificate-authority=/tmp/ca.crt --embed-certs=true
kubectl --kubeconfig=${CONFIG} config set-credentials ${USER} --client-cer↵
tificate="${USER}.crt" --client-key="${USER}.pem" --embed-certs=true
kubectl --kubeconfig=${CONFIG} config set-context "${CONTEXT}" --cluster="↵
${CLUSTER}" --user="${USER}"
kubectl --kubeconfig=${CONFIG} config use-context "${CONTEXT}"
```

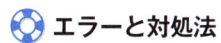 エラーと対処法

パスが存在しない

```
$ kubectl plugin list
The following kubectl-compatible plugins are available:

/usr/local/bin/kubectl-user-create

error: unable to read directory "/snap/bin" in your PATH: open /snap/bin: ↵
no such file or directory
```

原因

環境変数PATHに含まれるディレクトリが存在しません。

```
$ echo $PATH
/usr/local/sbin:/usr/local/bin:/usr/sbin:/usr/bin:/sbin:/bin:/usr/games:/u↵
sr/local/games:/snap/bin
```

上記のようにPATHに/snap/binが含まれますが、/snapディレクトリを調べても binディレクトリがありません。

```
$ ls /snap
README
```

対処法

このエラーは無視しても構いません。エラーを無視したくない場合は、ディレクトリを作成すれば解決できます。

```
$ sudo mkdir -p /snap/bin
```

Column kubectlのその他のコマンド

kubectlには、その他に次のようなコマンドがあります。

コマンド	説明
kubectl api-resources	APIのリソースを表示します。
kubectl api-versions	APIのバージョンを表示します。
kubectl plugin	プラグインを管理します。プラグインは、パス上に配置された kubectl-<プラグイン名> スクリプトおよび実行ファイルで実装されます。
kubectl version	kubectlコマンドのバージョンとクラスターのバージョンを表示します。
kubectl options	コマンド共有オプションを表示します。
kubectl alpha	α版の機能を利用します。Kubernetes 1.13時点では提供機能はありませんが、1.12までは kubectl alpha diff が提供されていました。

2

実践編 ▼ コマンド ▼ その他

Podを作成する

Pod

関連リソース ReplicaSet, Deployment, Service, StatefulSet, Job, CronJob, DaemonSet

Podは、複数のコンテナをまとめたコンピューティングリソースの管理単位です。コンテナ起動のほか、ネットワーク・ボリューム・死活管理・初期化・ノードへの配置制御などの機能を提供します。

🔵 書式例

```
apiVersion: v1
kind: Pod
metadata:
  name: myapp-pod
  labels:
    app: myapp
spec:
  # 1. コンテナの情報を指定
  containers:
  - name: nginx
    image: nginx
    ports:
    - containerPort: 80
    # 2. マウントするボリューム。後述のvolumesのnameと一致させる
    volumeMounts:
    - name: workdir
      mountPath: /usr/share/nginx/html
    # 3. 監視設定（詳細はLivenessProbe/ReadinessProbeリソースを参照）
    livenessProbe:
      exec:
        command:
        - cat
        - /usr/share/nginx/html/index.html
      initialDelaySeconds: 10
      periodSeconds: 10
```

```yaml
      readinessProbe:
        exec:
          command:
          - cat
          - /usr/share/nginx/html/index.html
        initialDelaySeconds: 5
        periodSeconds: 5
      # resourcesについては、LimitRangeリソースを参照
      resources:
        # 4. コンテナをデプロイするときのリソースの要求量
        requests:
          cpu: 200m
          memory: 100Mi
        # 5. リソースの上限
        limits:
          cpu: 800m
          memory: 400Mi
  # 6. 再起動ポリシー
  restartPolicy: Never
  # 7. ノードに紐付ける条件設定
  readinessGates:
    - conditionType: "www.example.com/feature-1"
  # 8. 起動時の処理
  initContainers:
  - name: install
    image: busybox
    command:
    - wget
    - "-O"
    - "/work-dir/index.html"
    - http://kubernetes.io
    volumeMounts:
    - name: workdir
      mountPath: "/work-dir"
  dnsPolicy: Default
  volumes:
  - name: workdir
    emptyDir: {}
  # 9. Podの配置ルールを記述
```

```yaml
    affinity:
      # ラベルapp=myappを持つPodを同じノードに配置する
      #podAffinity:
      #  requiredDuringSchedulingIgnoredDuringExecution:
      #  - labelSelector:
      #      matchExpressions:
      #      - key: app
      #        operator: In
      #        values:
      #        - myapp
      #    topologyKey: failure-domain.beta.kubernetes.io/zone
      # ラベルapp=myappを持つPodを同じノードに配置しない
      podAntiAffinity:
        requiredDuringSchedulingIgnoredDuringExecution:
        - labelSelector:
            matchExpressions:
            - key: app
              operator: In
              values:
              - myapp
          topologyKey: kubernetes.io/hostname
# 10. ステータスの設定（ReadinessGatesとセットで指定）
status:
  conditions:
  - type: Ready    # ベースのPodコンディション
    status: "True"
    lastProbeTime: null
    lastTransitionTime: 2019-01-01T00:00:00Z
  - type: "www.example.com/feature-1"    # 付随的なPodコンディション
    status: "False"
    lastProbeTime: null
    lastTransitionTime: 2019-01-01T00:00:00Z
  containerStatuses:
  - containerID: docker://abcd...
    ready: true
    restartCount: 1
    image: nginx
    name: master
    imageID: docker-pullable://nginx@sha256:abcd...
```

restartPolicyとしては、以下を指定可能です。

- Always：コンテナが終了した際、リスタートします。
- OnFailure：以上終了の場合のみリスタートします。
- Never：コンテナはリスタートしません。

Podは、Readinessがtrueの場合にトラフィックを受け付け可能です。
readinessGatesを用いることで、Podのステータスを切り替えられます。

参考1：https://kubernetes.io/docs/concepts/workloads/pods/pod-lifecycle/
参考2：https://github.com/kubernetes/enhancements/blob/master/keps/sig-network/0007-
　　　　pod-ready%2B%2B.md

なお、status.conditions.type属性は、Podのステータスに応じて次の値が表示
されます。

- **Ready**：リクエストを受け付け可能
- **Initialized**：すべての初期構築コンテナ（init containers）が正常に起動
- **PodScheduled**：Podがノードに紐付け（スケジュール）られた
- **Unschedulable**：リソース不足などで、Podを紐付け（スケジュール）不能
- **ContainersReady**：すべてのコンテナが利用可能

アノテーション

なし

アノテーションのプレフィクス

なし

説明

Podは1つ以上のコンテナで構成されます。たとえば、以下のようなケースで、
複数のコンテナを格納したPodを利用します。

- **デプロイ単位**：nginxを使ったリバースプロキシのコンテナと、バックエンド
のアプリケーションのコンテナなど、複数のコンテナが1:1の関係で協調して
動作するケース
- **ローカルアクセス**：ローカルホストを介したコンテナ間のネットワークアクセ
スや共有ボリュームへのアクセスが必要なケース

裏を返せば、すべてのケースでPod内にすべてのコンテナをまとめておけばよい
というわけではありません。
なお、「メインのコンテナに対し、プロキシやローカルキャッシュなど補助的なコ

ンテナを同一Podに配置することで責務の分離を行う」というプラクティスのこと
を、「サイドカー」と呼びます。

Podの初期化など（initContainers/lifecycle）

DBや設定ファイルの初期化など、Podの起動前に実行される処理をinit
Containersに定義できます。複数の処理を定義した場合、通常のコンテナは並行
実行されるのに対し、initContainersは上から順番に実行されます。

原則として、処理が成功するまでPodがリスタートし、再実行されるので、べき
等性を考慮する必要があります。たとえば、DBの初期化であれば、途中でエラー
になって再実行されるたびに、DBデータの行数が増えていってしまう、といった
ことがないようにする必要があります。なお、restartPolicyがNeverの場合は、再
実行されません。

lifecycleを利用すると、次のように個別のコンテナに対し起動時（containers.
lifecycle.postStart）・停止時（containers.lifecycle.preStop）に処理を定義するこ
ともできます。

```
apiVersion: v1
kind: Pod
metadata:
  name: lifecycle-demo
spec:
  containers:
  - name: lifecycle-demo-container
    image: nginx
    lifecycle:
      postStart:
        exec:
          command: ["/bin/sh", "-c", "echo Hello from the postStart handle↵
r > /usr/share/message"]
      preStop:
        exec:
          command: ["/bin/sh","-c","nginx -s quit; while killall -0 nginx;↵
 do sleep 1; done"]
```

コンテナのヘルスチェック（LivenessProbe/ReadinessProbe）

Kubernetesには、死活監視の仕組みが2つあります。

- **Liveness Probe**：デッドロックなど、アプリケーションを監視し、失敗した
  場合には該当Podを再起動する
- **Readiness Probe**：コンテナがトラフィックを受け入れられる状態かを監視
  し、失敗した場合には該当Podをリクエストをさばく対象から外す

参考 : https://kubernetes.io/docs/tasks/configure-pod-container/configure-liveness-
readiness-probes/

　Liveness Probeの例は以下のとおりです。spec.livenessProbe.exec が成功す
るかどうかを監視します。

```
apiVersion: v1
kind: Pod
metadata:
  labels:
    test: liveness
  name: liveness-exec
spec:
  containers:
  - name: liveness
    image: k8s.gcr.io/busybox
    args:
    - /bin/sh
    - -c
    - touch /tmp/healthy; sleep 30; rm -rf /tmp/healthy; sleep 600
    livenessProbe:
      exec:
        command:
        - cat
        - /tmp/healthy
      initialDelaySeconds: 5
      periodSeconds: 5
```

　監視用APを用いて死活管理することもできます。以下では、HTTPリクエスト
を用いたヘルスチェックアプリケーションを利用しています。

```
livenessProbe:
  httpGet:
    path: /healthz
    port: 8080
    httpHeaders:
    - name: Custom-Header
      value: Awesome
  initialDelaySeconds: 3
  periodSeconds: 3
```

　Liveness Probeの次に、Readiness Probeの例も見てみましょう。指定方法は、

LivenessProbeの部分をReadinessProbeに置換するだけです。

```
readinessProbe:
  exec:
    command:
    - cat
    - /tmp/healthy
  initialDelaySeconds: 5
  periodSeconds: 5
```

Podの配置の制御（nodeSelector/tolerations）
特定ノードにのみPodを紐付けたいケースにおいて設定するオプションです。

- nodeSelector
- Taint/Toleration

nodeSelectorで指定したラベルを持つノードにPodが配置されます。
以下の例では、node1にdisktypeがssdのlabelが設定されています。

```
$ kubectl label nodes node1 disktype=ssd
```

Podに同名のnodeSelectorを設定することで、ノードへ紐付けられます。

```
$ cat nodeSelector.yaml
apiVersion: v1
kind: Pod
metadata:
  name: nginx
  labels:
    env: test
spec:
  containers:
  - name: nginx
    image: nginx
    imagePullPolicy: IfNotPresent
  nodeSelector:
    disktype: ssd
```

tolerationsで指定したTaintを持つノードにPodの配置を許可します。tolerations
のみでは、Taintを持たないノードにも配置されるので、ノードを制限できません。
TaintとTolerationについては、P.211を参照してください。

以下の例では、3つのTaintがnode1に設定されています。

```
$ kubectl taint nodes node1 key1=value1:NoSchedule
$ kubectl taint nodes node1 key1=value1:NoExecute
$ kubectl taint nodes node1 key2=value2:NoSchedule
```

　一方で、Podに設定されたtolerationsには上記のkey2が欠けているため、ノードに紐付けられません。

```
tolerations:
- key: "key1"
  operator: "Equal"
  value: "value1"
  effect: "NoSchedule"
- key: "key1"
  operator: "Equal"
  value: "value1"
  effect: "NoExecute"
```

参考：https://kubernetes.io/docs/concepts/configuration/taint-and-toleration/

　Taint/Tolerationに関しての詳細な記述は、kubectl taint（P.211）を参照してください。

その他の利用例（セキュリティ）

　securityContextを設定することにより、Podやコンテナのセキュリティの設定を行えます。詳細は、PodSecurityPolicy（P.345）を参照してください。

🔄 エラーと対処法

ステータスが ErrImagePull となる

エラーメッセージ

```
$ kubectl get pods
NAME                    READY    STATUS          RESTARTS    AGE
incorrect-pod           0/1      ErrImagePull    0           10s
```

原因

以下のようなさまざまな理由が考えられます。

- Imageで指定したコンテナイメージ（Dockerイメージ）がレジストリに存在しない
- Dockerイメージが存在するが、イメージ取得にはログインが必要であるのに

imagePullSecrets が設定されていない
- インターネットアクセスにプロキシが必要で、イメージを取得しに行けない

```
$ cat incorrect.yaml
apiVersion: v1
kind: Pod
metadata:
  name: myapp-pod
  labels:
    app: myapp
spec:
  containers:
  - name: myapp-container
    image: incorrect_image # 存在しないイメージ名
    command: ['sh', '-c', 'echo Hello Kubernetes! && sleep 3600']
  imagePullSecrets:
  - name: myrepository # ここの記載が誤っている・もしくは欠けている
```

対処法

存在するイメージファイルを指定するなど、原因に応じた対処を実施してください。

> **Column** ローカルイメージをKubernetesで利用

Minikubeなどのお試し環境として構築する際、Docker Hubにイメージを登録するのではなく、ローカルのdockerイメージを見にいきたい場合もあるでしょう。以下のように、docker imagesには表示されているのに、前述のようにErrImagePullとなることがあります。

```
$ docker image ls
REPOSITORY                              TAG              IMAG⧉
E ID           CREATED          SIZE
your-local-image                        v1               c39d⧉
11c86bcb       About an hour ago    674MB

$ cat local-image-pod.yaml
apiVersion: v1
kind: Pod
metadata:
  name: myapp-pod
  labels:
    app: myapp
```

```
spec:
  containers:
  - name: myapp-container
    image: your-local-image:v1 # ローカルのイメージ名
```

　次のように、ローカルのdockerイメージを見にいくよう設定することで、ローカルのイメージを参照できます (Minikubeの場合)。
　まず、以下の環境変数を設定します。

- DOCKER_TLS_VERIFY
- DOCKER_HOST
- DOCKER_CERT_PATH
- DOCKER_API_VERSION

```
$ eval $(minikube docker-env)
```

　イメージをビルドし直します。

```
$ docker build -t your-local-image ./
```

　imagePullPolicyにIfNotPresentを設定します。

```
$ vi local-image-pod.yaml
apiVersion: v1
kind: Pod
metadata:
  name: myapp-pod
  labels:
    app: myapp
spec:
  containers:
  - name: myapp-container
    image: your-local-image:v1     # ローカルのイメージ名
    imagePullPolicy: IfNotPresent # 追記する
```

　Podを作成します。ステータスがRunningになっていることがわかります。

```
$ kubectl apply -f local-image-pod.yaml
pod/myapp-pod configured
$ kubectl get pods
NAME                         READY   STATUS     RESTARTS   AGE
myapp-pod                    1/1     Running    0          18m
```

ただし、AlwaysPullImages admission controllerが有効(Kubernetesのドキュメントでは有効にすることを推奨しています)な場合、コンテナを起動するたびに毎回pullするので、imagePullPolicyとしてIfNotPresentを指定するのは、あくまでもお試し環境とするのがよいでしょう。

Podの構築に失敗する

```
$ kubectl apply -f restartpolicy.yaml
The Pod "myapp-pod" is invalid: spec: Forbidden: pod updates may not chang
e fields other than `spec.containers[*].image`, `spec.initContainers[*].im
age`, `spec.activeDeadlineSeconds` or `spec.tolerations` (only additions t
o existing tolerations)
{"Volumes":[{"Name":"default-token-6l9p9","HostPath":null,"EmptyDir":null,
"GCEPersistentDisk":null,"AWSElasticBlockStore":null,"GitRepo":null,"Secre
t":{"SecretName":"default-token-6l9p9","Items":null,"DefaultMode":420,"Opt
ional":null},"NFS":null,"ISCSI":null,"Glusterfs":null,"PersistentVolumeCla
im":null,"RBD":null,"Quobyte":null,"FlexVolume":null,"Cinder":null,"CephFS
":null,"Flocker":null,"DownwardAPI":null,"FC":null,"AzureFile":null,"Confi
gMap":null,"VsphereVolume":null,"AzureDisk":null,"PhotonPersistentDisk":nu
ll,"Projected":null,"PortworxVolume":null,"ScaleIO":null,"StorageOS":null}
],"InitContainers":null,"Containers":[{"Name":"myapp-container","Image":"b
usybox","Command":["sh","-c","echo Hello Kubernetes! \u0026\u0026 sleep 36
00"],"Args":null,"WorkingDir":"","Ports":null,"EnvFrom":null,"Env":null,"R
esources":{"Limits":null,"Requests":null},"VolumeMounts":[{"Name":"default
-token-6l9p9","ReadOnly":true,"MountPath":"/var/run/secrets/kubernetes.io/
serviceaccount","SubPath":"","MountPropagation":null}],"VolumeDevices":nul
l,"LivenessProbe":null,"ReadinessProbe":null,"Lifecycle":null,"Termination
MessagePath":"/dev/termination-log","TerminationMessagePolicy":"File","Ima
gePullPolicy":"Always","SecurityContext":null,"Stdin":false,"StdinOnce":fa
lse,"TTY":false}],"RestartPolicy":"

A: Never","TerminationGracePeriodSeconds":30,"ActiveDeadlineSeconds":null,
…… (中略) ……
B: Always","TerminationGracePeriodSeconds":30,"ActiveDeadlineSeconds":null
…… (以下略) ……
```

　既存のPodが存在し、かつ編集できない項目(restartPolicy)を設定しようとしました。

```
$ cat restartpolicy.yaml
apiVersion: v1
kind: Pod
metadata:
  name: myapp-pod
  labels:
    app: myapp
spec:
  containers:
  - name: myapp-container
    image: busybox
    command: ['sh', '-c', 'echo Hello Kubernetes! && sleep 3600']
  restartPolicy: Never
```

Podを再作成します。

```
$ kubectl delete -f restartpolicy.yaml
pod "myapp-pod" deleted
$ kubectl apply -f restartpolicy.yaml
pod/myapp-pod created
```

Podの実行数を管理する
ReplicaSet

別名 rs　関連リソース Pod, Deployment, Service

　1つ以上のPodのレプリカ（複製）を管理します。複数のPodに負荷分散するほか、Podに障害が発生したときに、新たにPodを作成し、指定したPod数を維持するセルフヒーリング機能を持ちます。

書式例

```yaml
apiVersion: apps/v1
kind: ReplicaSet
metadata:
  name: myapp-replicaset
spec:
  # 1. Podのレプリカ数
  replicas: 3

  # 2. Podが起動してから利用可能とみなされるまでの時間（秒）
  minReadySeconds: 0

  # 3. 管理するPodのラベルセレクター
  #    ここで指定したラベルのPodを管理する
  selector:
    matchLabels:
      app: myapp
  # 4. 起動するPodの仕様。詳細はPodリソースを参照
  template:
    metadata:
      # 5. 作成されるPodに付与するラベル。上記の3.で指定したラベルを指定
      labels:
        app: myapp
    spec:
      containers:
        - name: myapp-container
          image: busybox
```

```
command: ['sh', '-c', 'echo Hello Kubernetes! && sleep 3600']
```

参考：https://kubernetes.io/docs/concepts/workloads/pods/pod-overview/

参考：https://kubernetes.io/docs/concepts/workloads/controllers/replicaset/

アノテーション

なし

アノテーションのプレフィクス

なし

説明

replicasで指定した数だけPodのコピーを起動できます。これにより、以下の機能を実現します。

- **負荷分散**

  Podのレプリカ（複製）に処理を負荷分散することができます。

- **スケールアウト**

  Podのレプリカ数を変更することにより、自動的に指定したレプリカ数になるようにPodの数を調整し、スケールアウトを実現できます。HorizontalPod Autoscaler（P.256）を利用すると、Podの負荷に応じて自動的にPodを増減させることもできます。

- **冗長化による信頼性の向上**

  Podで障害が発生しても、他のPodで処理を継続できるので、信頼性を向上できます。また、新たにPodを作成し、replicasで指定されたPod数を常にキープするセルフヒーリングの機能も持ちます。

ReplicaSet自身はロードバランサーの機能を持たないので、上記の機能はServiceリソースと組み合わせて実現されます。

Podの仕様はspec.templateに記載しますが、記載内容はPodリソースに記載する値と同じです。詳細はPodリソース（P.225）を参照してください。

Deploymentは、ReplicaSetのバージョンを管理する機能を持ち、基本的にはReplicaSetではなく、Deploymentが利用されます。

🔧 エラーと対処法

ReplicaSet生成に失敗する

エラーメッセージ

```
$ kubectl apply -f incorrect.yaml
```

```
The ReplicaSet "myapp-replicaset" is invalid: spec.template.metadata.label↵
s: Invalid value: map[string]string{"app":"myapp2"}: `selector` does not m↵
atch template `labels`
```

　セレクターで指定したラベルと、templateで指定したPodのラベルが異なります。この2つのラベルは同じ値を利用する必要があります。

```
$ cat incorrect.yaml
apiVersion: apps/v1
kind: ReplicaSet
metadata:
  name: myapp-replicaset
spec:
…… (中略) ……
  selector:
    matchLabels:
      # セレクターのラベル
      app: myapp
  template:
    metadata:
      labels:
        # Podに付与されるラベル
        app: myapp2
    spec:
      …… (以下略) ……
```

　上記のセレクターのラベルと、templateのラベルに同じ値を利用してください。

ReplicaSetのバージョンを管理する
Deployment

別名 deploy　**関連リソース** Pod, ReplicaSet, Service

　Deploymentは、Podやコンテナのバージョンを管理でき、ローリングアップデートによる無停止のバージョン変更を実現します。

🔧 書式例

```
apiVersion: apps/v1
kind: Deployment
metadata:
  name: hello-deployment
  labels:
    app: hello-pod
spec:
# 1. Podのレプリカ数
  replicas: 3

# 2. Podが起動してから利用可能とみなされるまでの時間（秒）
  minReadySeconds: 0

# 3. Deploymentの試行時間（秒）
#    設定した時間を超えてもPodが作成されない場合、
#    エラー（ステータスが ProgressDeadlineExceeded）となる
  progressDeadlineSeconds: 600

# 4. ロールバックのために保持するReplicaSetのバージョン数
  revisionHistoryLimit: 2

# 5. DeploymentによるReplicaSet（Pod）の変更・更新の停止
#    更新を停止・禁止したい場合trueに設定
  paused: false

# ローリングアップデートの条件
  strategy:
```

実践編　リソース　Pod実行管理

2

```
# 6. ReCreate（再作成）かRollingUpdateを指定
  type: RollingUpdate
  rollingUpdate:
    # 7. レプリカ数を超えて一時的に増加するPodの割合
    #   25%のときレプリカ数が100とすると、Pod数が最大125個まで一時的に増加する
    maxSurge: 25%

    # 8. 利用不可能になるPodの最大割合
    #   レプリカ数100のとき、最大25個のPodが利用不可能になる
    maxUnavailable: 25%

# 9. 管理するPodのラベルセレクター
#   ここで指定したラベルのPodを管理する
selector:
  matchLabels:
    app: hello-pod
# 10. 起動するPodの仕様。詳細はPodリソースを参照
template:
  metadata:
    # 11. 作成されるPodに付与するラベル。上記9.で指定したラベルを指定
    labels:
      app: hello-pod
  spec:
    containers:
    - name: hello
      image: nginx:1.14.2
      imagePullPolicy: IfNotPresent
      ports:
      - containerPort: 8080
```

参考：https://kubernetes.io/docs/concepts/workloads/controllers/deployment/

アノテーション

リビジョンや変更理由が記載されます。

```
deployment.kubernetes.io/revision=2
kubernetes.io/change-cause=kubectl set image deployment.v1.apps/nginx-deployment
nginx=nginx:1.9.1 --record=true
```

また、最大レプリカ数が記載されます。

```
deployment.kubernetes.io/max-replicas="3"
```

なし

説明

10.のtemplate以下で定義されたPodのバージョン変更を管理します。Deploy mentを作成すると、自動的にReplicaSetが作成され、実際にはReplicaSetに対して、バージョンの変更の管理を行います。バージョン変更時の挙動をspec.strategyで設定できます。

RollingUpdateを利用した場合、バージョン変更時（アップ・ダウン含む）に、maxUnavailableで指定される割合（デフォルトでは25%）ずつPodを入れ替えていきます。たとえば、100個のPodのレプリカが動作していたとすると、最初に25個のPodを起動しつつ（このとき起動の完了は待ちません）、25個のPodの削除を実行します。この場合、最低75個のPodの動作が保証されることになります。

また、maxSurge（デフォルトでは25%）で指定したPod数までPodの増加を一時的に許可します。たとえば、100個のPodのレプリカが動作していたとすると、最大125個のPodの起動まで許可します。

バージョンの変更では、kubectl set imageコマンド（P.140）でイメージのバージョンを変更したり、kubectl applyコマンド（P.74）およびkubectl editコマンド（P.110）でDeploymentリソースのマニフェストを変更することで、Podを更新できます。

これらの変更は、kubectl rollout undoコマンド（P.167）で直前の変更をいつでも取り消し、元に戻せます。

Podの仕様はspec.templateに記載しますが、ここに記載する内容は、Podリソースに記載する値と同じです。詳細はPodリソース（P.225）を参照してください。ただし、Podに設定するラベルは、DeploymentのnodeSelectorで設定したラベルと同じ値を設定する必要があるので注意してください。

🌀 利用例

▍Deploymentの作成

書式例のマニフェストをdeploy.yamlファイルとして、Deploymentを作成します。このとき、リリースの理由がわかるように --recordオプションを付けておきます（以降、すべてのリソース変更において --recordを記述します）。

```
$ kubectl apply -f deploy.yaml --record
deployment.apps/hello-deployment created
```

以下のコマンドでリリース状況を確認します。

```
$ kubectl rollout history deploy
deployment.extensions/hello-deployment
REVISION   CHANGE-CAUSE
1          kubectl apply --filename=deploy.yaml --record=true
```

次のようなリソースが作成されました。

```
$ kubectl get pods,replicasets,deployments
NAME                                            READY   STATUS    RESTARTS   AGE
pod/hello-deployment-857cf74f9-2bdk4            1/1     Running   0          4m58s
pod/hello-deployment-857cf74f9-7bwvf            1/1     Running   0          4m58s
pod/hello-deployment-857cf74f9-jzcj7            1/1     Running   0          4m58s

NAME                                                    DESIRED   CURRENT   RE⤶
ADY   AGE
replicaset.extensions/hello-deployment-857cf74f9        3         3         3 ⤶
      4m58s

NAME                                          DESIRED   CURRENT   UP-TO-DATE ⤶
 AVAILABLE   AGE
deployment.extensions/hello-deployment        3         3         3          ⤶
 3          4m58s
```

念のため、Podのイメージのバージョンも確認します。

```
$ kubectl get pods -o=jsonpath='{range .items[*]}{.metadata.name}{"\t"}{.⤶
spec.containers[*].image}{"\n"}{end}'
hello-deployment-857cf74f9-2bdk4        nginx:1.14.2
hello-deployment-857cf74f9-7bwvf        nginx:1.14.2
hello-deployment-857cf74f9-jzcj7        nginx:1.14.2
```

Podのバージョンは「<Deploymentリソース名>-<ReplicaSetの識別ID>-<Pod
の識別ID>」となっています。

バージョンの変更

以下のコマンドでイメージのバージョン変更を行います（kubectl applyやkubectl
editでマニフェストを変更しても構いません）。

```
$ kubectl set image deploy/hello-deployment hello=nginx:1.15.0 --record
```

リリース履歴を確認すると、新たにset imageが増えています。

```
$ kubectl rollout history deploy
deployment.extensions/hello-deployment
REVISION  CHANGE-CAUSE
1         kubectl apply --filename=deploy.yaml --record=true
2         kubectl set image deploy/hello-deployment hello=nginx:1.15.0 --r⤸
ecord=true
```

▌バージョンの変更の様子

　Podの様子を観察すると、起動中（Running）のPodを残しながら古いバージョ
ンから新しいバージョンに徐々にアップグレードしている様子を見ることができま
す。hello-deployment-857cf74f9-XXXXXが古いバージョン、hello-deployment-
c48f99f44-XXXXXが新しいバージョンのPodです。

```
$ while true; do kubectl get pods; done
deployment.extensions/hello-deployment rolled back
NAME                               READY  STATUS
hello-deployment-c48f99f44-qvgtf   0/1    ContainerCreating
hello-deployment-857cf74f9-h9jgm   1/1    Running
hello-deployment-857cf74f9-tcfm7   1/1    Running
hello-deployment-857cf74f9-xth8h   1/1    Running

NAME                               READY  STATUS
hello-deployment-c48f99f44-m9qwb   0/1    ContainerCreating
hello-deployment-c48f99f44-qvgtf   1/1    Running
hello-deployment-857cf74f9-h9jgm   1/1    Running
hello-deployment-857cf74f9-tcfm7   1/1    Running
hello-deployment-857cf74f9-xth8h   1/1    Terminating

NAME                               READY  STATUS
hello-deployment-c48f99f44-d7fvc   1/1    Running
hello-deployment-c48f99f44-m9qwb   1/1    Running
hello-deployment-c48f99f44-qvgtf   1/1    Running
hello-deployment-857cf74f9-tcfm7   0/1    Terminating

NAME                               READY  STATUS
hello-deployment-c48f99f44-d7fvc   1/1    Running
hello-deployment-c48f99f44-m9qwb   1/1    Running
hello-deployment-c48f99f44-qvgtf   1/1    Running
```

　ReplicaSetリソースを確認すると、古いReplicaSetは0となり、新しく作成さ
れたReplicaSetのレプリカ数が3になっています。

```
$ kubectl get rs
NAME                          DESIRED  CURRENT  ...
hello-deployment-857cf74f9    0        0        # 古いReplicaSet
hello-deployment-c48f99f44    3        3        # 新しいReplicaSet
```

　イメージのバージョンを確認すると、イメージのバージョンが変更されています。また、Pod名に付与されているReplicaSetのIDも変更されていることがわかります。

```
$ kubectl get pods -o=jsonpath='{range .items[*]}{.metadata.name}{"\t"}{.↵
spec.containers[*].image}{"\n"}{end}'
hello-deployment-c48f99f44-d7fvc        nginx:1.15.0
hello-deployment-c48f99f44-m9qwb        nginx:1.15.0
hello-deployment-c48f99f44-qvgtf        nginx:1.15.0
```

▌ロールバック

　直前のバージョンにロールバックするには、次のようにします。

```
$ kubectl rollout  undo deploy/hello-deployment
```

エラーと対処法

▌ローリングアップデートされていない

`エラーメッセージ`

　バージョン変更時にRunningの状態のPod数が0になり、ローリングアップデートされません。

```
$ kubectl set image deploy/hello-deployment hello=nginx:1.15.0 --record

$ kubectl.exe get pods,rs
NAME READY STATUS RESTARTS AGE
pod/hello-deployment-857cf74f9-52brv 0/1 ContainerCreating
pod/hello-deployment-857cf74f9-hdn6k 0/1 ContainerCreating
pod/hello-deployment-857cf74f9-w5s5r 0/1 ContainerCreating
pod/hello-deployment-c48f99f44-nnd9n 1/1 Terminating
pod/hello-deployment-c48f99f44-stb2l 1/1 Terminating
pod/hello-deployment-c48f99f44-tgms9 1/1 Terminating
```

`原因`

　ローリングアップデートの設定が正しくされていません。typeがRecreateになっているか、maxSurgeとmaxUnavailableが正しく設定されていません。

特に、maxSurgeとmaxUnavailableは、Pod個数と割合（%）の２つの値をとれますが、割合を指定したつもりでも%を記述していないと、個数と判断されてしまいます。

　以下のように、strategyのタイプにRollingUpdateを指定し、maxSurgeとmaxUnavailableを正しく設定します。個数（例：25）を指定したいのか、割合（例：25%）を指定したいのか、意識して記述するようにしてください。

```
strategy:
  type: RollingUpdate
  rollingUpdate:
    maxSurge: 25%
    maxUnavailable: 25%
```

状態を持つPodを作成する
StatefulSet

別名 sts 関連リソース Pod, Service

データベースなど、Podに状態を持たせたいとき、Deploymentの代わりに利用します。

🔵 書式例

Webサーバー（nginx）を立て静的コンテンツを返すケースにおいて、複数のPodを立てることで負荷分散したいことがあります。以下の例では、StatefultSetに2つのPodを立て、データを/usr/share/nginx/htmlに格納します。2つのPodには別々のボリュームがアタッチされます。

```
apiVersion: apps/v1
kind: StatefulSet
metadata:
  name: web
spec:
  serviceName: "nginx"
  # 1. 構築するPod数を2とする
  replicas: 2

  # 2. Podの管理ポリシー
  podManagementPolicy: OrderedReady

  # 3. StatefulSetの変更履歴を保持する数（ロールバックに利用）
  revisionHistoryLimit: 10

  updateStrategy:
    # 4. ローリングアップデートの方法
    #     RollingUpdate：ローリングアップデートを自動で行う。Pod番号が大きいものから順にアップデート
    #     OnDelete：StatefulSetリソース変更後、ユーザーがPodを削除すると削除されたPodがアップデート
    type: RollingUpdate
    rollingUpdate:
      # 5. アップデートを実施するPod番号。この値以上のPod番号を持つPodのみアップデート
```

```
#    ここで指定した値より小さいPod番号を持つPodはアップデートしない
    partition: 4


# 6. 管理するPodのラベルセレクター
#    ここで指定したラベルのPodを管理する
selector:
  matchLabels:
    app: nginx


# 7. 起動するPodの仕様。詳細はPodリソースを参照
template:
  metadata:
      # 8. 作成されるPodに付与するラベル。基本的に上記6.で指定したラベルを指定
    labels:
        app: nginx
  spec:
    containers:
    - name: nginx
      image: k8s.gcr.io/nginx-slim:0.8
      ports:
      - containerPort: 80
        name: web
      # 9. /usr/share/nginx/htmlにボリュームをマウント
      volumeMounts:
      - name: www
        mountPath: /usr/share/nginx/html
# 10. ボリュームの定義。詳細は、PersistentVolumeClaimリソースを参照
volumeClaimTemplates:
- metadata:
    name: www
  spec:
    accessModes: [ "ReadWriteOnce" ]
    resources:
      requests:
        storage: 1Gi
```

アノテーション

なし

2

実践編 ▼ リソース ▼ Pod実行管理

なし

説明

ReplicaSet/Deploymentでは、Podは状態を持たないように作成されます。たとえばPodが再作成されると、Podの名前が変わったりコンテナ上のファイルを変更したりしても削除されてしまいます。データベースのような状態を持つPodを利用したい場合、障害が発生したりバージョンアップしたりしてPodが再作成されたとき、データが消えてしまうので困ります。

StatefulSetを利用すると、Podのレプリカを作成したときに、各Podの名前を保持し（ReplicaSet/Deploymentでは再作成されると名前が変わります）、各Podごとにボリュームを割り当てて状態を保持することで、データベースなどのステートフルなPodを実現します。

StatefulSetには、次のような特徴があります。

- ReplicaSet/DeploymentのようにハッシュIDではなく、Pod名にはインデックスが付けられます（例：pod-0、pod-1）。ReplicaSet/DeploymentのPodは削除されるとPod名が変更になって再起動されますが、StatefulSetでは同じPod名で起動します。「Pod-0」はマスターノードであるというような形で、DNS定義と連動させられます。
- StatefulSetを削除しても、volumeClaimTemplatesにて作成したボリュームは削除されません。
- StatefulSetに対応するPodごとにボリュームが作成され、紐付けられます（ReplicaSet/Deploymentでは、ボリュームがレプリカ間で共有されます）。Podはインデックスの小さいものから作成され、削除はインデックスが大きいものから行われます。
- Deploymentのように、StatefulSet自身のバージョン管理が可能です。

他の利用例

MySQLを構築する例を示します。詳細はKubernetesのWebサイト（https://kubernetes.io/docs/tasks/run-application/run-replicated-stateful-application/）を参照してください。

`# 1. マスターとスレーブで適用する設定ファイルを変更`
```
apiVersion: v1
kind: ConfigMap
metadata:
  name: mysql
  labels:
    app: mysql
```

```
data:
  master.cnf: |
    [mysqld]
    log-bin
  slave.cnf: |
    [mysqld]
    super-read-only
---
# 2. Headlessサービスの定義
apiVersion: v1
kind: Service
metadata:
  name: mysql
  labels:
    app: mysql
spec:
  ports:
  - name: mysql
    port: 3306
  clusterIP: None
  selector:
    app: mysql
---
# 3. MySQLアクセス用のサービス
apiVersion: v1
kind: Service
metadata:
  name: mysql-read
  labels:
    app: mysql
spec:
  ports:
  - name: mysql
    port: 3306
  selector:
    app: mysql
---

apiVersion: apps/v1
kind: StatefulSet
metadata:
  name: mysql
spec:
```

```
selector:
  matchLabels:
    app: mysql
serviceName: mysql
replicas: 3
template:
  metadata:
    labels:
      app: mysql
  spec:
    initContainers:
    - name: init-mysql
      image: mysql:5.7
      command:
      - bash
      - "-c"
      - |
        set -ex

        # 4. Podのインデックスを取得（Pod名のmysql-0、mysql-1の数字を取得）
        [[ `hostname` =~ -([0-9]+)$ ]] || exit 1
        ordinal=${BASH_REMATCH[1]}
        echo [mysqld] > /mnt/conf.d/server-id.cnf
        echo server-id=$((100 + $ordinal)) >> /mnt/conf.d/server-id.cnf

        # 5. IDが0の場合はmasterノードの設定。0以外のときはSlaveノードの設定
        if [[ $ordinal -eq 0 ]]; then
          cp /mnt/config-map/master.cnf /mnt/conf.d/
        else
          cp /mnt/config-map/slave.cnf /mnt/conf.d/
        fi
      volumeMounts:
      - name: conf
        mountPath: /mnt/conf.d
      - name: config-map
        mountPath: /mnt/config-map
    - name: clone-mysql
      image: gcr.io/google-samples/xtrabackup:1.0
      command:
      - bash
      - "-c"
      - |
        set -ex
```

実践編 ▼ リソース ▼ Pod実行管理

2

```
          [[ -d /var/lib/mysql/mysql ]] && exit 0
          [[ `hostname` =~ -([0-9]+)$ ]] || exit 1
          ordinal=${BASH_REMATCH[1]}

          # 6. Pod IDが0以外 (slave) のとき、n-1のPODのmysqlのデータをコピーし、
          # スレーブを初期化
          [[ $ordinal -eq 0 ]] && exit 0
          ncat --recv-only mysql-$(($ordinal-1)).mysql 3307 | xbstream -x ↵
-C /var/lib/mysql
          xtrabackup --prepare --target-dir=/var/lib/mysql
        volumeMounts:
        - name: data
          mountPath: /var/lib/mysql
          subPath: mysql
        - name: conf
          mountPath: /etc/mysql/conf.d
      containers:
      - name: mysql
        image: mysql:5.7
        env:
        - name: MYSQL_ALLOW_EMPTY_PASSWORD
          value: "1"
        ports:
        - name: mysql
          containerPort: 3306
        volumeMounts:
        - name: data
          mountPath: /var/lib/mysql
          subPath: mysql
        - name: conf
          mountPath: /etc/mysql/conf.d
        resources:
          requests:
            cpu: 500m
            memory: 1Gi
        livenessProbe:
          exec:
            command: ["mysqladmin", "ping"]
          initialDelaySeconds: 30
          periodSeconds: 10
          timeoutSeconds: 5
        readinessProbe:
          exec:
```

```
      command: ["mysql", "-h", "127.0.0.1", "-e", "SELECT 1"]
    initialDelaySeconds: 5
    periodSeconds: 2
    timeoutSeconds: 1
- name: xtrabackup
  image: gcr.io/google-samples/xtrabackup:1.0
  ports:
  - name: xtrabackup
    containerPort: 3307
  command:
  - bash
  - "-c"
  - |
    set -ex
    cd /var/lib/mysql

    # 7. バイナリログの場所を決定する
    if [[ -f xtrabackup_slave_info ]]; then
      mv xtrabackup_slave_info change_master_to.sql.in
      rm -f xtrabackup_binlog_info
    elif [[ -f xtrabackup_binlog_info ]]; then
      [[ `cat xtrabackup_binlog_info` =~ ^(.*?)[[:space:]]+(.*?)$ ]] \
|| exit 1
      rm xtrabackup_binlog_info
      echo "CHANGE MASTER TO MASTER_LOG_FILE='${BASH_REMATCH[1]}',\
            MASTER_LOG_POS=${BASH_REMATCH[2]}" > change_master_to.sq\
l.in
    fi

    # 8. クローンの完了確認
    if [[ -f change_master_to.sql.in ]]; then
      echo "Waiting for mysqld to be ready (accepting connections)"
      until mysql -h 127.0.0.1 -e "SELECT 1"; do sleep 1; done

      echo "Initializing replication from clone position"
      mv change_master_to.sql.in change_master_to.sql.orig
      mysql -h 127.0.0.1 <<EOF
$(<change_master_to.sql.orig),
  MASTER_HOST='mysql-0.mysql',
  MASTER_USER='root',
  MASTER_PASSWORD='',
  MASTER_CONNECT_RETRY=10;
START SLAVE;
```

```
        EOF
        fi

        # 9. バックアップ処理
        exec ncat --listen --keep-open --send-only --max-conns=1 3307 -c \
            "xtrabackup --backup --slave-info --stream=xbstream --host=127↩
.0.0.1 --user=root"
        volumeMounts:
        - name: data
          mountPath: /var/lib/mysql
          subPath: mysql
        - name: conf
          mountPath: /etc/mysql/conf.d
        resources:
          requests:
            cpu: 100m
            memory: 100Mi
    volumes:
    - name: conf
      emptyDir: {}
    - name: config-map
      configMap:
        name: mysql
  volumeClaimTemplates:
  - metadata:
      name: data
    spec:
      accessModes: ["ReadWriteOnce"]
      resources:
        requests:
          storage: 10Gi
```

🔵 エラーと対処法

StatefulSet が Ready にならない

エラーメッセージ

```
$ kubectl get statefulset
NAME    READY    AGE
web     0/2      30s
```

原因

spec.containers[0].volumeMounts[0].name に指定したボリューム www が見つ

かりません。

```
$ kubectl describe statefulset
…… (中略) ……
Events:
  Type     Reason          Age               From                        Message
  ----     ------          ----              ----                        -------
  Normal   SuccessfulCreate  18s                  statefulset-controller  create ↗
Claim www2-web-0 Pod web-0 in StatefulSet web success
  Warning  FailedCreate      8s (x12 over 18s)  statefulset-controller  create ↗
Pod web-0 in StatefulSet web failed error: Pod "web-0" is invalid: spec.contain↗
ers[0].volumeMounts[0].name: Not found: "www"
```

　volumeClaimTemplatesに指定した値が、上記ボリュームwwwに一致指定して
いません。

```
  volumeClaimTemplates:
  - metadata:
      name: www2 # ここが誤っている
    spec:
      accessModes: [ "ReadWriteOnce" ]
      resources:
        requests:
          storage: 1Gi
```

対処法

volumeClaimTemplatesに指定する値をwwwにします。

Podをオートスケールする

HorizontalPodAutoscaler

別名 hpa　　関連リソース ReplicaSet, Deployment, StatefulSet

HorizontalPodAutoscalerは、CPUリソースの使用状況に応じてPod数を増減させるリソースです。

🔵 書式例

```yaml
apiVersion: autoscaling/v2beta2
kind: HorizontalPodAutoscaler
metadata:
  name: sample-hpa
  namespace: default
spec:
  scaleTargetRef:
    # 1. スケールを変更するターゲット
    #    リソース種別・リソース名・APIバージョンを指定
    apiVersion: extensions/v1beta1
    kind: Deployment
    name: sample-deploy
  # 2. 最小レプリカ数
  minReplicas: 1
  # 3. 最大レプリカ数
  maxReplicas: 3
  metrics:
  # 4. メトリックスのソース種別
  # Resource, Pod, Objectから指定
  - type: Resource
    resource:
      # 5. リソース名（cpu or memory）
      name: cpu
      target:
        # 6. スケールアウト条件
        # 利用率（%）
        type: Utilization
```

```
      averageUtilization: 60

      # 取得した値を直接利用する場合
      # type: Value
      # averageValue: 200

      # 値の平均値を利用する場合
      # type: AverageValue
      # averageValue: 200
```

なし

なし

説明

HorizontalPodAutoscaler は、Deployment・ReplicaSet・Replication Controller・StatefulSetを対象とします。スケールアウトするリソースは、以下のDeployment定義のようにrequestsを定義しておく必要があります。一方で、DaemonSetのようなスケールしない（ノードに1つのみ）ようなリソースには適用できません。

たとえば、前述のHorizontalPodAutoscalerのサンプルの場合、以下のようにDeploymentを定義する必要があります。

```
apiVersion: apps/v1
kind: Deployment
metadata:
  name: sample-deploy
spec:
  template:
    spec:
      containers:
      - name: nginx
        image: nginx
        resources:
          requests:
            cpu: 200m
```

この例では、CPUの平均使用率がaverageUtilizationを超えるとスケールアウト

します。Podの台数は「レプリカの全PodのCPU平均使用率の和÷average Utilizationの値」で、小数点以下を切り上げた数で決定されます。たとえば、Podが3つ動作している状況で、CPU平均使用率が50%・140%・70%、averageUtilizationが60のとき、(50＋140＋70)÷60＝4.33...になるので、切り上げて5個のPodが起動します。

　HorizontalPodAutoscalerリソースは、APIのバージョンが異なると記述内容は大きく変わります。ここではv2beta2のバージョンについて記載しますが、βバージョンのため、今後変わる可能性があります。最新の情報は、以下のサイトを確認してください。

- **Horizontal Pod Autoscaler**
  https://kubernetes.io/docs/tasks/run-application/horizontal-pod-autoscale/

◎ エラーと対処法

TARGETSの分子がunknownとなりスケールアウトしない

`エラーメッセージ`

```
$ kubectl get hpa
NAME          REFERENCE             TARGETS        MINPODS   MAXPODS   REPLICAS   AGE
sample-hpa    Deployment/nginx-app  <unknown>/60%  1         3         1          6m48s
```

`原因`

　次の2つの原因が考えられます。

原因1. 該当のリソースが存在しない

　HorizontalPodAutoscalerリソースの詳細を確認し、以下のメッセージが出力される場合は、該当リソースが存在しないか、該当リソースを作成する前にスケールアウト対象のリソースを作成してしまっています。

```
$ kubectl describe hpa
…… (中略) ……
Conditions:
  Type         Status   Reason           Message
  ────         ──────   ──────           ───────
  AbleToScale  False    FailedGetScale   the HPA controller was unable to ge↵
t the target's current scale: deployments/scale.apps "nginx-app" not found
```

原因2. 該当のresources requestsを設定していない

　以下のメッセージが出力される場合は、requestsが正しく設定されていません。

```
$ kubectl describe hpa
…… (中略) ……
Conditions:
  Type            Status  Reason          Message
  ----            ------  ------          -------
  …… (中略) ……
  Warning  FailedGetResourceMetric        7s (x2 over 22s)  horizontal-pod-↵
autoscaler  missing request for cpu
  Warning  FailedComputeMetricsReplicas  7s (x2 over 22s)  horizontal-pod-↵
autoscaler  failed to get cpu utilization: missing request for cpu
```

なお、HorizontalPodAutoscalerを作成した直後は、メトリクスを取得する前であることから、TARGETSの分子がunknownとなる場合があります。一定時間経過後にアクセスしてください。

対処法

原因1の場合、リソースが正しく作成されているかどうか（running状態になっているか）、リソース名が正しいかどうかを確認してください。リソースがすでに存在してrunning状態の場合は、HorizontalPodAutoscalerをリソースを作成する前にスケール対象のリソースを作成したことが考えられるので、HorizontalPodAutoscalerを1度削除し、再作成してください。

原因2の場合、該当するrequests（この例ではCPU）が正しく設定されているかどうか確認してください。requestsの設定方法については、Podリソース（P.225）を参照してください。

リソースの内容を確認すると、apiVersionがautoscaling/v1となる

エラーメッセージ

apiVersionをautoscaling/v2beta2で作成したのに、kubectl get -oyamlオプションでリソースの内容を確認すると、以下のようにapiVersionがautoscaling/v1となります。

```
$ cat sample-hpa.yaml
apiVersion: autoscaling/v2beta2
kind: HorizontalPodAutoscaler
metadata:
  name: sample-hpa
…… (中略) ……


$ kubectl apply sample-hpa.yaml
$ kubectl get hpa/sample-hpa -oyaml
apiVersion: autoscaling/v1
```

```
kind: HorizontalPodAutoscaler
metadata:
  annotations:
…… （以下略） ……
```

原因

デフォルトでは、apiVersion が autoscaling/v1 の形式に変換されて出力されます。

対処法

次のように、明示的に API バージョンを autoscaling/v2beta2 に指定して、リソース名を記載します。

```
$ kubectl get  HorizontalPodAutoscaler.v2beta2.autoscaling  sample-hpa -oyaml
apiVersion: autoscaling/v2beta2
kind: HorizontalPodAutoscaler
metadata:
…… （以下略） ……
```

Podを自動的にスケールアップする

VerticalPodAutoscaler

別名 vpa　　**関連リソース** Deployment, ReplicaSet, DaemonSet, StatefulSet, Job

VerticalPodAutoscalerは、リソースの使用状況に応じてノードに割り当てるCPUやメモリを増減させるリソースです。

📋 書式例

```yaml
apiVersion: autoscaling.k8s.io/v1beta2
kind: VerticalPodAutoscaler
metadata:
  name: sample-vpa
spec:
  targetRef:
    # 1. リソースを変更するターゲット
    #    リソース種別・リソース名・APIバージョンを指定
    apiVersion: apps/v1
    kind: Deployment
    name: sample-deploy
  # 2. 更新ポリシー
  updatePolicy:
    updateMode: "Auto"
```

アノテーション

なし

アノテーションのプレフィクス

なし

説明

通常、Podに設定できるCPUやメモリの要求値（Podのresources.requestsで設定する値）は固定です。この値がコンテナの利用量に対して大きすぎると、ノードで確保したリソースに余りが生じ、ノードのリソースを十分活用できなくなってしまいます。

反対にコンテナの利用量に対して小さすぎると、ノードのリソースが不足し、リ

ソース不足によりコンテナの動作が遅くなったり、コンテナのクラッシュを引き起こします。

VerticalPodAutoscalerを用いると、コンテナの実際のリソース利用量からCPUやメモリの要求値を自動的に設定し、ノードに対するコンテナのリソース要求を最適化できます。

コンテナのリソースの上限を設定するresources.limitsでCPUやメモリ上限が設定されている場合、resources.requestsの最大値はresources.limitsを超えないように調整されます。

VerticalPodAutoscalerの有効化

VerticalPodAutoscalerは、Kubernetes 1.15の時点では標準では利用できません。マネージドKubernetesの場合は、マネージドKubernetesの設定でVerticalPodAutoscalerを有効にしてください。Minikubeなどで自前で構築したKubernetesを利用している場合や、マネージドKubernetesがVerticalPodAutoscalerに対応していない場合は、kubectlがcluster-admin権限でクラスターに対して実行できる状況にして、bash上で以下のコマンドを実行してください。

```
$ git clone https://github.com/kubernetes/autoscaler
$ cd autoscaler/vertical-pod-autoscaler/hack
$ ./vpa-up.sh
```

VerticalPodAutoscalerの設定が完了すると、次のようなカスタムリソース定義が作成されていることを確認できます。

```
$ kubectl get crds
NAME                                              CREATED AT
verticalpodautoscalercheckpoints.autoscaling.k8s.io   2019-06-23T15:18:37Z
verticalpodautoscalers.autoscaling.k8s.io             2019-06-23T15:18:37Z
```

VerticalPodAutoscalerの利用例

例として、次のようなDeploymentリソースを利用してみます。

▼ sample-deploy.yaml

```
apiVersion: apps/v1
kind: Deployment
metadata:
  name: sample-deploy
  labels:
    app: sample-deploy
spec:
  replicas: 2
```

```
    selector:
      matchLabels:
        app: sample-deploy
    template:
      metadata:
        labels:
          app: sample-deploy
      spec:
        containers:
        - name: my-container
          image: k8s.gcr.io/ubuntu-slim:0.1
          resources:
            limits:
              cpu: 100m
              memory: 500Mi
          command: ["/bin/sh"]
          args: ["-c", "while true; do timeout 0.5s yes >/dev/null; sleep 0.↩
5s; done"]
```

上記の sample-deploy.yaml をデプロイします。

```
$ kubectl apply -f sample-deploy.yaml
```

書式例の VerticalPodAutoscaler のマニフェストを sample-deploy.yaml として、デプロイします。

```
$ kubectl apply -f sample-vpa.yaml
```

1分ほど経過してから VerticalPodAutoscaler リソースを確認すると、推奨値（Target）が設定されていることがわかります。

```
$ kubectl describe vpa
API Version:  autoscaling.k8s.io/v1beta2
Kind:         VerticalPodAutoscaler
…… (中略) ……

Spec:
  Target Ref:
    API Version:  apps/v1
    Kind:         Deployment
    Name:         sample-deploy
  Update Policy:
```

```
      Update Mode:  Auto
  Recommendation:
    Container Recommendations:
      Container Name:  my-container
      Lower Bound:
        Cpu:      101m
        Memory:  262144k
      Target:
        Cpu:      271m
        Memory:  262144k
      Uncapped Target:
        Cpu:      271m
        Memory:  262144k
      Upper Bound:
        Cpu:      10027m
        Memory:  425500k
```

　リソースの消費量がLower Boundを下回った場合とUpper Boundを上回った場合にPodが再作成され、Podのresources.requestsがTargetで指定された値に再設定されます。
　Podのリソース定義を確認すると、resources.requestsが設定されていることがわかります。

```
$ kubectl get pods -oyaml
…… (中略) ……
  containers:
…… (中略) ……
      name: my-container
      resources:
        limits:
          cpu: 100m
          memory: 500Mi
        requests:
          cpu: 100m
          memory: 262144k
```

　requests.memoryの値は、VerticalPodAutoscalerによって提示されたTargetの値が利用されていますが、cpuはresources.limits (100m) で定義した上限値よりもVerticalPodAutoscalerのTargetの値 (271m) のほうが大きいため、指定した上限を超えないようにresources.limitsの値がそのまま利用されています。
　VerticalPodAutoscalerリソースは、APIのバージョンが異なると記述内容は大きく変わります。ここではv1beta2のバージョンについて記載しますが、βバージョ

ンのため、今後変わる可能性があります。

　VerticalPodAutoscalerリソースの弱点は、通常Podに設定したCPUやメモリの要求値を変更する際に、Podの再起動が必要になることです。2019年9月時点で、Kubernetesコミュニティにて、再起動を伴わないCPUやメモリの要求値の変更が可能になる仕様がin-place updateとして検討されています。https://github.com/kubernetes/enhancements/pull/686/で活発な議論がなされており、今後はPodの再起動が不要になると思われます。

❇ エラーと対処法

▌参照先のリソースが間違っている

`エラーメッセージ`

```
$ kubectl apply -f incorrect_vpa.yaml
verticalpodautoscaler.autoscaling.k8s.io/incorrect-vpa created
$ kubectl get vpa
NAME          AGE
incorrect-vpa 11s
$ kubectl describe vpa incorrect-vpa |grep Message
    Message:              Cannot read targetRef. Reason: Deployment defau↩
lt/incorrect-deployment does not exist
```

`原因`

　targetRefで参照するリソース名が誤っています。kubectl applyで作成した際、およびkubectl getで確認した際には異常は認められません。kubectl describeで確認するようにしましょう。

`対処法`

　targetRefで参照するリソース名を正しい名称にします。

Podの最小動作数を定義する
PodDisruptionBudget

別名 pdb **関連リソース** Pod, Deployment, ReplicaSet, StatefulSet

PodDisruptionBudgetは、Podの最小動作数を定義し、ノードへのPod割り当て停止時に、安全にアプリケーションを他のノードへ移動するのを補助します。

📘 書式例

```
apiVersion: policy/v1beta1
kind: PodDisruptionBudget
metadata:
  name: my-pdb
spec:
# 1. 最小Pod数を制御するPodのラベルを指定
  selector:
    matchLabels:
      run: hello-pod
# 2. Podの最小稼働数を定義。数字（個数）か割合（%）を指定
  minAvailable: 75%
# 3. 起動・停止中のPodの割合を指定。数字（個数）か割合（%）を指定
  maxUnavailable: 25%
```

アノテーション

なし

アノテーションのプレフィクス

なし

説明

Podの最小動作数を定義し、kubectl drain実行時（ノードへのPod割り当て停止時）に、安全にアプリケーションを他のノードへ移動するのを補助します。

kubectl drainを実行すると、実行されたノード上のPodから他のノードへの退避を開始しますが、ラベルで指定した動作中のPodがminAvailableで設定した個数・割合を下回らないように、かつ停止・起動中のPodの個数がmaxUnavailableで指定した個数・割合を上回らないように、Podを移行します。

Deployment・ReplicaSet・StatefulSetに対して、PodDisruptionBudgetを利用できます。
　書式のサンプルをpdb.yamlとすると、以下のように定義できます。

```
$ kubectl apply -f pdb.yaml
```

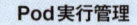
Jobを実行する

Job

関連リソース CronJob, Pod

Jobは、有限の時間で処理を完了するバッチ処理（バックアップやデータの集計処理など）をPodで実行するためのリソースです。複数のPodを同時に起動してJobを並列処理することもできます。

📖 書式例

以下は、円周率を2000桁まで計算し出力するJobです。

```
apiVersion: batch/v1
kind: Job
metadata:
  name: pi
spec:
  # 1. Jobを失敗とみなすまでのリトライ回数
  backoffLimit: 4
  # 2. 指定した秒数が経過するまでJobが実行可能
  activeDeadlineSeconds: 100
  # 3. Podの実行数
  completions: 1
  # 4. 同時実行されるPod数
  parallelism: 1
  # 5. 起動するPodの仕様。詳細はPodリソースを参照
  template:
    spec:
      containers:
      - name: pi
        image: perl
        command: ["perl",  "-Mbignum=bpi", "-wle", "print bpi(2000)"]
      restartPolicy: Never
```

参考：https://kubernetes.io/docs/concepts/workloads/controllers/jobs-run-to-completion/

なし

なし

Jobは、バックアップやデータの集計処理など、有限時間で実行する処理をPod
で行います。上記の書式例の内容をsample.yamlに記載し、Jobを作成してみま
しょう。

```
$ kubectl apply -f sample.yaml
job.batch/pi created
```

Jobの実行状況は、STATUSから確認できます。また、実行数および完了数につ
いては、COMPLETIONSから確認できます。

```
$ kubectl get jobs
NAME    COMPLETIONS    DURATION    AGE
pi      0/1            2s          2s
$ kubectl get pods
NAME                     READY    STATUS     RESTARTS    AGE
pi-85blg                 1/1      Running    0           8s
```

しばらくすると、Jobが完了します。

```
$ kubectl get jobs
NAME    COMPLETIONS    DURATION    AGE
pi      1/1            15s         15s
$ kubectl get pods
NAME                     READY    STATUS       RESTARTS    AGE
pi-85blg                 0/1      Completed    0           19s
```

COMPLETIONSが1/1となり、実行時間(DURATION)は15秒でした。また、
PodのステータスもCompletedになっていることがわかります。

Jobの実行結果を確認するには、Podのログを確認します。describeでPod名
を確認します。

```
$ kubectl describe job pi
Events:
  Type    Reason          Age    From            Message
```

```
----      -------              ----  ----           --------
Normal   SuccessfulCreate  23s   job-controller  Created pod: pi-l8bnx
```

確認したPodのログを確認します。

```
$ kubectl logs -f pi-85blg
3.14159265358979323846264338....
```

Jobの実行状況は、-wオプションで確認できます。Job作成直後に、以下のように状況を確認します。なお、ここではPodの実行数（completions）は3として実行しています。

```
$ kubectl get jobs pi -w
NAME   COMPLETIONS   DURATION   AGE
pi     0/3           9s         9s
```

しばらくすると、以下のように処理が完了します。

```
$ kubectl get jobs pi -w
NAME   COMPLETIONS   DURATION   AGE
pi     0/3           9s         9s
pi     1/3           14s        14s
pi     2/3           26s        26s
pi     3/3           39s        39s
```

completionsを利用すると複数のPodで処理を分割処理できますが、Jobリソースにはタスク分割の機能がないので、Podに処理を割り振るWebサービスなどを実装し、Pod起動時にWebサービスから各Podに割り当てられた処理を受け取るような仕組みを作る必要があります。

また、parallelismを設定すると並列実行数を指定でき、Podを複数同時に実行することにより、より早く処理を終わらせられます。

エラーと対処法

Jobの実行が終わらない

エラーメッセージ

以下のとおり4分以上経過しても終わっていません。

```
$ kubectl get jobs
NAME   COMPLETIONS   DURATION   AGE
```

```
pi      0/1              4m12s      4m12s
```

Podを見ると、4つ生成され、エラーとなっています。

```
$ kubectl get pods
NAME                          READY    STATUS    RESTARTS    AGE
pi-8qh4k                      0/1      Error     0           3m31s
pi-9lcgn                      0/1      Error     0           3m24s
pi-ls56v                      0/1      Error     0           3m14s
pi-lvprt                      0/1      Error     0           2m53s
```

describeで状況を確認してみると、backoff limit値に到達し、処理に失敗していることがわかります。

```
$ kubectl describe jobs
…… (中略) ……
Events:
  Type      Reason               Age     From             Message
  ----      ------               ----    ----             -------
  Normal    SuccessfulCreate     2m16s   job-controller   Created pod: pi-8qh4k
  Normal    SuccessfulCreate     2m9s    job-controller   Created pod: pi-9lcgn
  Normal    SuccessfulCreate     119s    job-controller   Created pod: pi-ls56v
  Normal    SuccessfulCreate     98s     job-controller   Created pod: pi-lvprt
  Warning   BackoffLimitExceeded 18s     job-controller   Job has reached the↩
 specified backoff limit
```

`原因`

何らかの原因により、Podが異常終了しています（Podで実行されるプロセスの返却値が0ではありません）。

次の例では、printコマンドとすべきところをpintと間違ってしまっています。

```
$ cat incorrect.yaml
apiVersion: batch/v1
kind: Job
metadata:
  name: pi
spec:
  backoffLimit: 4
  template:
    spec:
      containers:
```

```
    - name: pi
      image: perl
      command: ["perl", "-Mbignum=bpi", "-wle", "prit bpi(2000)"] # ここが誤り
  restartPolicy: Never
```

対処法

Podが異常終了している原因を突き止め、修正します。

定期的に Job を実行する
CronJob

　CronJobは、Jobをスケジュール実行するためのリソースです。Jobリソースの説明をあわせて参照してください。

📋 書式例

```yaml
apiVersion: batch/v1beta1
kind: CronJob
metadata:
  name: hello
spec:
  # 1. スケジュールをcron形式で記述
  schedule: "*/1 * * * *"
  # 2. Jobの並列実行を許可するかどうか
  #     Allow：許可、Forbid：禁止。直前のJobが終わっていない場合、スキップする。
  #     Replace：現在実行しているJobを停止し、新しいJobで置き換える
  concurrencyPolicy: "Allow"
  # 3. 実行に失敗したJobの履歴をどれだけ残しておくか
  failedJobsHistoryLimit: 1
  # 4. Jobが起動するまでの期限（秒）。この時間を超えると失敗となる
  startingDeadlineSeconds: 600
  # 5. 実行に成功したJobの履歴をどれだけ残しておくか
  successfulJobsHistoryLimit: 3
  # 6. Jobを停止状態にするかどうか
  suspend: false
  # 7. Jobの定義を記述。詳細はJobリソースを参照
  jobTemplate:
    spec:
      # 8. Jobを失敗とみなすまでのリトライ回数
      backoffLimit: 4
      # 9. 指定した秒数が経過するまでJobが実行可能
      activeDeadlineSeconds: 100
      # 10. Podの実行数
```

```
completions: 1
# 11. 同時実行されるPod数
parallelism: 1
# 12. 起動するPodの仕様。詳細はPodリソースを参照
template:
  spec:
    containers:
    - name: hello
      image: busybox
      args:
      - /bin/sh
      - -c
      - date; echo Hello Kubernetes
      restartPolicy: OnFailure
```

参考：https://kubernetes.io/docs/tasks/job/automated-tasks-with-cron-jobs/

アノテーション
なし

アノテーションのプレフィクス
なし

説明

Linuxのcrontabのようなイメージで、実行時間は、分・時・日・月・曜日を指定できます。たとえば、毎月10日の12:30に実行するには、「30 12 10 * *」という形で指定します。なお、実行される時間は、コンテナ内やノードのタイムゾーンで設定された時間ではなく、Masterノードで設定されたタイムゾーンの時間が適用されます。

- ***/5 * * ***：5分ごとに実行
- **0,15,30 * * ***：0, 15, 30分に実行
- **0-10 * * ***：0〜10分の間、1分ごとに実行

タイマー実行される以外の基本的な動作は、Jobと同じです。CronJobのJobとしての詳細な動きについては、Jobリソースの説明（P.268）を参照してください。
上記の書式例をcronjob.yamlとして保存し、CronJobを作成してみましょう。helloという名前でCronJobが作成されていることがわかります。

```
$ kubectl apply -f cronjob.yaml
cronjob.batch/hello created
```

```
$ kubectl get cj
NAME    SCHEDULE    SUSPEND    ACTIVE    LAST SCHEDULE    AGE
hello   */1 * * * *    False      0         <none>           16s
```

　次に、実行結果を確認してみましょう。describeオプションでCronJobから実行されるJobとPodの名前を確認します。

```
$ kubectl describe cj
……（中略）……
Events:
  Type    Reason            Age    From                Message
  ----    ------            ----   ----                -------
  Normal  SuccessfulCreate  21s    cronjob-controller  Created job hello-15↵
53409840
  Normal  SawCompletedJob   11s    cronjob-controller  Saw completed job: h↵
ello-1553409840
$ kubectl get job hello-1553409840
NAME                COMPLETIONS    DURATION    AGE
hello-1553409840    1/1            5s          47s
$ kubectl describe job hello-1553409840
……（中略）……
Events:
  Type    Reason            Age    From            Message
  ----    ------            ----   ----            -------
  Normal  SuccessfulCreate  80s    job-controller  Created pod: hello-15534↵
09840-2kx4c
```

　logsオプションでPodの実行結果を確認します。

```
$ kubectl logs hello-1553409840-2kx4c
Sun Mar 24 06:44:14 UTC 2019
Hello Kubernetes
```

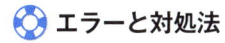 エラーと対処法

CronJobが作成されない

`エラーメッセージ`

```
$ kubectl apply -f incorrect.yaml
The CronJob "hello" is invalid: spec.schedule: Invalid value: "*/1 * * * *↵
*": Expected exactly 5 fields, found 6: */1 * * * *
```

スケジュールの設定のシンタックスが誤っています。本来5箇所指定すべきところを、6箇所指定してしまいました。

```
apiVersion: batch/v1
kind: CronJob
metadata:
  name: hello2
spec:
  schedule: "*/1 * * * * *"    # ここが誤り
  jobTemplate:
    spec:
      template:
        spec:
          containers:
          - name: hello
            image: busybox
            args:
            - /bin/sh
            - -c
            - date; echo Hello Kubernetes
          restartPolicy: OnFailure
```

対処法

scheduleのシンタックスのとおり指定してください。

各ノード上にPodを作成する
DaemonSet

別名 ds 　関連リソース ReplicaSet, StatefulSet

　DaemonSetは、Kubernetesの各ノードにPodを1つずつ配置します。ノードからのログやリソース取集、Network Pluginのエージェントなどで利用されます。

📘 書式例

```
apiVersion: apps/v1
kind: DaemonSet
metadata:
  name: fluentd-elasticsearch
  labels:
    k8s-app: fluentd-logging
spec:
  selector:
    matchLabels:
      # 1. 3.と値を一致させる
      name: fluentd-elasticsearch
  # 2. 起動するPodの仕様。詳細はPodリソースを参照
  template:
    metadata:
      labels:
        # 3. 1.と値を一致させる
        name: fluentd-elasticsearch
    spec:
      # 4. ノードに設定されているtaintsに対応するtolerations設定
      tolerations:
      - key: node-role.kubernetes.io/master
        effect: NoSchedule
      containers:
      - name: fluentd-elasticsearch
        # 5. fluentd-elasticsearchイメージ
        image: k8s.gcr.io/fluentd-elasticsearch:1.20
```

```
# 6. マウントするボリュームの設定
    volumeMounts:
    - name: varlog
      mountPath: /var/log
# 7. ボリュームの設定
    volumes:
    - name: varlog
      hostPath:
        path: /var/log
```

参考：https://kubernetes.io/docs/concepts/workloads/controllers/daemonset/

アノテーション

なし

アノテーションのプレフィクス

なし

説明

　各ノードにPodを配置します。ノードにTaintが付与されている場合は、Taintが付与されたノードへはデプロイされません。tolerationsが設定されている場合は、その設定に従います。

　一方で、ReplicaSetとは異なり、Pod数の指定はできず、1つのDaemonSetにつき1ノード1Podを起動するのみです。

　書式例のサンプルをdaemonset.yamlとして保存し、kubectl applyコマンドでリソースを作成すると、次のようなPodが作成されます。

```
$ kubectl get pods -owide
NAME                            READY   STATUS    ...   NODE
fluentd-elasticsearch-92xzp     1/1     Running   ...   aks-agentpool-11552782-0
fluentd-elasticsearch-jg4kd     1/1     Running   ...   aks-agentpool-11552782-2
fluentd-elasticsearch-n9bvj     1/1     Running   ...   aks-agentpool-11552782-1
```

　各Podは、NODE列を見ると、異なる3つのノードにデプロイされていることがわかります。念のためノード一覧を確認すると、3つのノードが定義されていることが見てとれます。

```
$ kubectl get nodes
NAME                       STATUS   ROLES   AGE     VERSION
aks-agentpool-11552782-0   Ready    agent   5h50m   v1.12.6
aks-agentpool-11552782-1   Ready    agent   5h50m   v1.12.6
aks-agentpool-11552782-2   Ready    agent   5h50m   v1.12.6
```

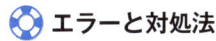 ## エラーと対処法

Podが作成されない、もしくはPodが作成されないノードがある

たとえば、ノードが3つ用意してあるクラスターでDaemonSetを起動しても、Podが2つしか作られません。

```
$ kubectl apply -f sample_no_tolerations.yaml
daemonset.apps/fluentd-elasticsearch created
$ kubectl get po -owide
NAME                        READY   STATUS   ...  NODE
fluentd-elasticsearch-92xzp 1/1     Running  ...  aks-agentpool-11552782-0
fluentd-elasticsearch-n9bvj 1/1     Running  ...  aks-agentpool-11552782-1
$ kubectl get daemonset
NAME                  DESIRED  CURRENT  READY  UP-TO-DATE  AVAILABLE ⇗
  NODE SELECTOR   AGE
fluentd-elasticsearch 2        2        2      2           2         ⇗
  <none>          70s
```

原因

ノードにTaintが設定されており、Podのスケジューリング対象から外されているノードがあります。

```
$ kubectl describe nodes|grep Taint
…… (中略) ……
Name:              aks-agentpool-11552782-2
Roles:             agent
Labels:            agentpool=agentpool
                   beta.kubernetes.io/arch=amd64
…… (中略) ……
Annotations:       node.alpha.kubernetes.io/ttl: 0
                   volumes.kubernetes.io/controller-managed-attach-detach: true
CreationTimestamp: Sun, 24 Mar 2019 08:14:55 +0100
Taints:            node-type=production:NoSchedule
Unschedulable:     false
```

上記の例では、ノードaks-agentpool-11552782-2にTaint node-type=production:NoScheduleが設定されています。

対処法

そもそもTaintが設定されているノードは、Podのスケジュールを防ぐために付与されているので、まずは本当にDaemonSetのPodを動作すべきかどうか確認します。

Podの起動が必要な場合は、DaemonSetにtolerationsを設定し、Podの作成を許可します。

```
$ cat sample_tolerations.yaml
apiVersion: apps/v1
kind: DaemonSet
metadata:
  name: fluentd-elasticsearch
  labels:
    k8s-app: fluentd-logging
spec:
…… (中略) ……
      volumes:
      - name: varlog
        hostPath:
          path: /var/log
      tolerations:
      - key: "node-type"
        operator: "Equal"
        value: "production"
        effect: "NoSchedule"

$ kubectl apply -f sample_tolerations.yaml
daemonset.apps/fluentd-elasticsearch created
```

結果を確認します。Pod数が2から3に増えているのがわかります。

```
$ kubectl get daemonsets
NAME                    DESIRED   CURRENT   READY   UP-TO-DATE   AVAILABLE ⮑
  NODE SELECTOR   AGE
fluentd-elasticsearch   3         3         3       3            3         ⮑
    <none>          70s
$ kubectl get pods
fluentd-elasticsearch-92xzp   1/1   Running   ...   aks-agentpool-11552782-0
fluentd-elasticsearch-jg4kd   1/1   Running   ...   aks-agentpool-11552782-2
fluentd-elasticsearch-n9bvj   1/1   Running   ...   aks-agentpool-11552782-1
```

DaemonSetが作成されない

エラーメッセージ

```
$ kubectl apply -f name.yaml
The DaemonSet "fe-daemon" is invalid: spec.template.metadata.labels: Inval⮑
id value: map[string]string{"name":"fluentd-elasticsearch2"}: `selector` d⮑
oes not match template `labels`
```

原因

spec.template.metadata.labels と spec.selector.matchLabels が一致しません。

```
$ cat name.yaml
apiVersion: apps/v1
kind: DaemonSet
metadata:
  name: fe-daemon
  labels:
    k8s-app: fluentd-logging
spec:
  selector:
    matchLabels:
      name: fluentd-elasticsearch1 # ここと、
  template:
    metadata:
      labels:
        name: fluentd-elasticsearch2 # ここが一致していない
    spec:
      tolerations:
      - key: node-role.kubernetes.io/master
        effect: NoSchedule
      containers:
      - name: fluentd-elasticsearch
        image: k8s.gcr.io/fluentd-elasticsearch:1.20
        volumeMounts:
        - name: varlog
          mountPath: /var/log
      volumes:
      - name: varlog
        hostPath:
          path: /var/log
      tolerations:
      - key: "node-type"
        operator: "Equal"
        value: "production"
        effect: "NoSchedule"
```

対処法

spec.template.metadata.labels と spec.selector.matchLabels の値を一致させます。

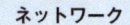

ネットワーク

サービスを公開する

Service

別名 svc 関連リソース Pod, Deployment, StatefulSet, ReplicaSet

Deployment等で管理されているPodからアクセスできるように指定されたラベルを持つリソースを、内部ロードバランサーや外部ロードバランサーからアクセスできるようにし、サービスを公開します。

書式例

```
kind: Service
apiVersion: v1
metadata:
  name: my-service
spec:
  # 1. リクエストを転送する対象をセレクターで指定
  selector:
    app: MyApp
  # 2. サービスを公開方法を指定。設定値は後述
  type: Cluster IP
  # 3. 転送するリクエストの情報を設定
  ports:
  - protocol: TCP
    # 4. Serviceがリクエストを受け付けるためのポート
    port: 80
    # 5. リクエストをPodに転送する際の、Podの待ち受けポート
    targetPort: 9376
```

アノテーション

LoadBalancerタイプのサービスを作成する際、内部ロードバランサーを作成するために、各ロードバランサ実装ごとに下記のアノテーションが提供されています。

アノテーション	型（デフォルト値）	説明
cloud.google.com/load-balancer-type	文字列	GKEで内部ロードバランサを利用するためのオプション。Internalを指定すると内部ロードバランサを利用。

アノテーション	型（デフォルト値）	説明
service.beta.kubernetes.io/aws-load-balancer-internal	CIDR	EKSで内部ロードバランサを利用するためのオプション。0.0.0.0/0を指定すると内部ロードバランサを利用。
service.beta.kubernetes.io/azure-load-balancer-internal	Boolean (true)	AKSで内部ロードバランサを利用するためのオプション。
service.beta.kubernetes.io/openstack-internal-load-balancer	Boolean (true)	OpenStackで内部ロードバランサを利用するためのオプション。

アノテーションのプレフィックス

LoadBalancerタイプのサービスのクラウドプロバイダごとのオプションを指定するためのアノテーション

● AWS

service.beta.kubernetes.io/aws-load-balancer-*

● Azure

service.beta.kubernetes.io/azure-load-balancer-*

説明

Podで提供されているアプリケーションに、外部や内部の他のPodからアクセスするための接続先を提供します。Podは永続的な存在ではないため、Podにアクセスするための抽象的な概念として、サービスが存在します。公開の方法は次に示すとおり複数あります。サービスを公開する（expose）と呼び、公開されたサービスは、環境変数とDNS（アドオンが有効になっている場合）の2つの方法でサービスディスカバリが可能です。

サービスの公開方法（Serviceタイプ）

● ClusterIP：クラスター内部からのみアクセスできるようにサービスを公開するためのタイプです。クラスターの内部IPを付与した状態でサービスが作成されます。このタイプがデフォルトとなっています。

● NodePort：各ノードのIPアドレスとポートを使い、サービスを公開する方法です。NodePortタイプを作成すると自動的にClusterIPが作成され、NodePortへの通信は自動的にClusterIPにルーティングされます。クラスター外から公開されたサービスにアクセスする際は、「<NodeIP>:<NodePort>」の形でアクセスできます。

● LoadBalancer：クラウドプロバイダが提供するロードバランサーを利用して、外部にサービスを公開する方法です。ロードバランサーを作成すると、NodePortとClusterIPも自動的に作成され、ロードバランサーはNodePortにルーティングをするという形で動作します。

● ExternalName：Kubernetesの内部DNSがCNAMEレコードを返却することで

で、ServiceとExternalNameのマッピングを行います。アプリケーションはServiceに接続することで、ExternalNameで指定した外部コンテンツ（foo.bar.example.comなどのFQDN）に接続できるようになります。この機能を利用するためには、バージョン1.7以上のCoreDNSが必要となります。この機能は外部で管理されているFQDNをサービスとして公開するための方法になるので、外部で管理されているIPアドレスをサービスとして公開することはできません。外部で管理されているIPアドレスをサービスとして公開するには、他の利用例にある「外部で管理されているIPアドレスをサービスとして公開する」を参照してください。

サービスディスカバリ

1. 環境変数

以下の3種類の環境変数が提供されています。Podで以下の環境変数を利用するには、Podを作成する前にServiceリソースを作成しておく必要があります。

- {SVCNAME}_PORT_{PORT_NUMBER}_{PROTOCOL}（Doocker links 互換形式）
- {SVCNAME}_SERVICE_HOST
- {SVCNAME}_SERVICE_PORT

たとえば、redis-masterにTCPポート6379番、cluster ipに10.0.0.11で公開した場合の環境変数は、以下のとおりです。

```
REDIS_MASTER_SERVICE_HOST=10.0.0.11
REDIS_MASTER_SERVICE_PORT=6379
REDIS_MASTER_PORT=tcp://10.0.0.11:6379
REDIS_MASTER_PORT_6379_TCP=tcp://10.0.0.11:6379
REDIS_MASTER_PORT_6379_TCP_PROTO=tcp
REDIS_MASTER_PORT_6379_TCP_PORT=6379
REDIS_MASTER_PORT_6379_TCP_ADDR=10.0.0.11
```

2. DNS

DNSのアドオンを利用しているクラスターでのみ利用可能ですが、お勧めのサービスディスカバリ方法です。DNSサーバーがKubernetes APIを監視し、新しいサービスが作成された際、新しいDNSレコードを作成します。そのため、Service作成の前にPodが起動している場合でも、Serviceが作成されればアクセスできるようになります。DNSが有効化されているクラスターでは、自動的にサービスの名前解決ができるようになります。

たとえば、「my-service」というサービスが「my-ns」というネームスペースにあ

る場合、「my-service.my-ns」というDNSレコードが作成されます。また、my-ns
ネームスペースに存在するPodは、ネームスペースを省略して名前解決可能です
(「my-service」だけで名前解決できます)。

他の利用例
　その他の利用例として、外部で管理されているIPアドレスをサービスとして公開
する方法と、複数ポートでサービスを提供するPodを公開する方法を紹介します。

1. 外部で管理されているIPアドレスをサービスとして公開する
　ヘッドレスサービス (selectorを持たないサービス) を作成します。

```
kind: Service
apiVersion: v1
metadata:
 name: some-mysql
spec:
 type: ClusterIP
 ports:
 - port: 3306
   targetPort: 3306
```

　外部管理のIPを示すEndpointを作成します。Endpointは、実際にトラフィック
をどのPodに流すかを管理します。ヘッドレス以外のサービスを作成すると
Endpointは自動的に作成されますが、ヘッドレスサービスの場合は手動でEndpoint
を作成する必要があります。手動で作成する際にKubernetes以外のサービス情報
を登録することで、あたかもKubernetes内のリソースにアクセスしているような
形で、外部のリソースにアクセスできるようになります。

```
kind: Endpoints
apiVersion: v1
metadata:
 name: some-mysql
subsets:
 - addresses:
    - ip: 10.240.0.4
   ports:
    - port: 3306
```

　他のサービスと同じようなDNSレコードとしてアクセスできます。

```
$ mysql -uxxx -pyyy -h some-mysql
```

　Serviceの定義にあるtargetPort、およびEndpointsの定義にあるsubsets.ports
を異なる値にすることによるポートマッピングも可能です。たとえば、以下の定義
ファイルを用いると、ポート80番 (httpでアクセスする場合はポート指定不要) で
Serviceにアクセスできますが、実際はポート8080番で外部に通信が飛ぶように
なります。

```
kind: Service
apiVersion: v1
metadata:
 name: some-tomcat
spec:
 type: ClusterIP
 ports:
 - port: 80
   targetPort: 8080
---
kind: Endpoints
apiVersion: v1
metadata:
 name: some-tomcat
subsets:
 - addresses:
    - ip: 10.240.0.4
   ports:
    - port: 8080
```

　これにより、デフォルトのポート以外で動いているサービス (MySQLをポート
3306番以外のポートで稼働するなど) に対して、デフォルトのポートでアクセスさ
せられるので、アプリケーションの設定が容易になります。

2. 複数ポートでサービスを提供するPodを公開する
　以下のマニフェストファイルで、複数ポートを持つPodを公開できます。

```
kind: Service
apiVersion: v1
metadata:
  name: my-service
spec:
  selector:
```

```
    app: MyApp
  ports:
  - name: http
    protocol: TCP
    port: 80
    targetPort: 9376
  - name: https
    protocol: TCP
    port: 443
    targetPort: 9377
```

エラーと対処法

公開したサービスに対してアクセスできない（サービスの名前解決ができない）

なし

DNSアドオンが入っていないことが考えられます。DNSアドオンが入っていることを以下のように確認します。

```
$ kubectl.exe get pods -nkube-system
NAME                        READY   STATUS    RESTARTS   AGE
coredns-754f947b4-l6lm5     1/1     Running   0          11d
coredns-754f947b4-wqk6l     1/1     Running   0          11d
```

DNSアドオンが実行されているのに名前解決ができない場合、Pod上で名前解決ができることを確認します。

以下のコマンドでPodのシェルを取得します。

```
$ kubectl exec -it <PodのID> -- /bin/bash
もしくは
$ kubectl exec -it <PodのID> -- /bin/sh
```

Pod内のbashもしくはsh上で名前解決ができることを確認します。名前解決をする際のリクエストは「<サービス名>.<ネームスペース名>.svc.cluster.local」というフォーマットで送信します。以下のコマンドは、defaultネームスペースにあるsome-tomcatサービスの名前解決を確かめる方法になります。

```
# apt-get update
# apt-get install dnsutils
```

▼名前解決のリクエスト送信

```
# dig some-tomcat.default.svc.cluster.local A
```

対処法

　サービス名の指定ミスなどがないのに名前解決ができない場合は、DNS Podの情報を確認し、デバッグを行います。

▼CoreDNSのPod名を確認するコマンド

```
$ kubectl get pods --namespace=kube-system
NAME                       READY   STATUS    RESTARTS   AGE
…… （中略） ……
coredns-754f947b4-l6lm5    1/1     Running   0          11d
coredns-754f947b4-wqk6l    1/1     Running   0          11d
…… （以下略） ……
```

　確認したCoreDNSのPodのログを確認します。

```
$ kubectl logs --namespace=kube-system coredns-754f947b4-l6lm59
```

環境変数に公開しているサービスの情報が入らない

原因

　サービス公開前にPodが作成されています。

対処法

　新規にPodを起動し、環境変数が設定されることを確認します。以下に示すのは、some-tomcatというサービスが公開されていることを確認するコマンドです。

```
$ kubectl run --generator=run-pod/v1 debug-container -it --image=nginx -- /bin/bash
If you don't see a command prompt, try pressing enter.
# env
…… （中略） ……
SOME_TOMCAT
SOME_TOMCAT_PORT_80_TCP_ADDR=10.3.242.220
SOME_TOMCAT_SERVICE_HOST=10.3.242.220
SOME_TOMCAT_PORT_80_TCP_PORT=80
SOME_TOMCAT_PORT_80_TCP_PROTO=tcp
SOME_TOMCAT_PORT=tcp://10.3.242.220:80
```

（左余白）**2** 実践編 ▼ リソース ▼ ネットワーク

```
SOME_TOMCAT_PORT_80_TCP=tcp://10.3.242.220:80
SOME_TOMCAT_SERVICE_PORT=80
```

　環境変数が作成されない場合は、PodがServiceの後に起動しているかどうか確認してください。

ホスト名でサービスにアクセスする
Ingress

関連リソース Service, Secret

　HTTP/HTTPSアクセスに対して、ホスト名でサービスにアクセスする機能を提供します。TLS（SSL）による暗号化の機能や、URLのリダイレクト機能も提供します。Ingressは、Ingressコントローラーの実装により、提供する機能や動作が異なります。ここでは、主にIngress Nginxを中心に説明します。

🔘 書式例

```yaml
apiVersion: extensions/v1beta1
kind: Ingress
metadata:
  name: ingress-sample
  annotations:
    # 1. URLをリダイレクトする場合、リダイレクト先のパスを指定
    ingress.kubernetes.io/rewrite-target: /accesspath
spec:
  # 2. フォワードするルールを指定
  rules:
  # 3. ホスト名を指定
  - host: test.example.com
    http:
      # 4. パスを指定
      paths:
      # 5. DNSにアクセスされるパスを指定
      - path: /srcpath
        # 6. アクセスをフォワードするサービス名とポートを指定
        backend:
          serviceName: nginx-ingress-svc
          servicePort: 80
  # 7. HTTPをIngressで暗号（HTTPS）化する
  tls:
  - hosts:
    # 8. ホスト名を指定
```

```
    - test.example.com
```
9. 証明書と秘密鍵を管理するシークレットを指定
```
    secretName: test.example.com-secret
```

アノテーション

アノテーション	型	説明
kubernetes.io/ingress.class	文字列	複数のIngressを利用する場合、どのIngressを使うか指定します。gce (GKE)[注2]、addon-http-application-routing (AKS)[注3]、nginx (Ingress Nginx) などを指定します。
kubernetes.io/ingress.global-static-ip-name	文字列	GKEで、gcloud compute addresses create <静的アドレス名> --globalコマンドで取得した静的アドレス名を指定します。
nginx.ingress.kubernetes.io/rewrite-target	パス	Ingressにアクセスしたパスをここで設定したパスに書き換え、バックエンドのPodにフォワードします。
nginx.ingress.kubernetes.io/backend-protocol	文字列	Podが公開するポートのプロトコルを指定します。
nginx.ingress.kubernetes.io/affinity	文字列	文字列「cookie」を設定すると、cookieにより振り分け先のPodを固定できます。
nginx.ingress.kubernetes.io/auth-type	文字列	認証のタイプをbasic/digestから指定します。
nginx.ingress.kubernetes.io/auth-secret	文字列	認証ファイルを取り込んだSecret名を指定します。
nginx.ingress.kubernetes.io/auth-realm	文字列	レルムを記載します（例："Authentication Required - admin"）。
nginx.ingress.kubernetes.io/ssl-passthrough	Boolean	trueにするとIngressでTLSを終端せず、そのままPodへTLSによるアクセスを転送します。
nginx.ingress.kubernetes.io/force-ssl-redirect	Boolean	HTTPでのアクセスを強制的にHTTPSへリダイレクトするか指定します（デフォルト値：true）。
ingress.gcp.kubernetes.io/pre-shared-cert	文字列	GCPで作成したTLS証明書を指定します。

アノテーションのプレフィクス

- nginx.ingress.*
  Ingress Nginx固有の設定です。
- ingress.gcp.*
  GCP/GKE固有の設定です。

説明

Kubernetesのサービスリソースに対し、HTTP（TCPポート80番）・HTTPS（TCPポート443番）によるホスト名でアクセスできるようにします。上記の書式

注2 https://cloud.google.com/kubernetes-engine/docs/tutorials/http-balancer?hl=ja
注3 https://docs.microsoft.com/ja-jp/azure/aks/http-application-routing

実践編 ▼ リソース ▼ ネットワーク

2

例では、https://test.example.com/srcpath/mypageにアクセスすると、https://<サービス>:80/accesspath/mypageにアクセスした結果が表示されます。

HTTPSを利用した場合、HTTPでアクセスすると、自動的にHTTPSにリダイレクトされます。

test.example.comのIPアドレスは、KubernetesのノードのIPアドレスを解決するように指定します。たとえば、curlで動作確認するには以下のようにします。

```
$ curl -kL -H "Host: test.example.com" https://<ノードのIP>/
```

実際に利用する際には、ユーザーがアクセスする端末のhostsファイルでホスト名とIPアドレスの組み合わせを定義するか、端末が参照するDNSにノードのIPアドレスを追加する必要があります。

HTTPSを利用する際、ユーザーが作成した証明書を利用したい場合は、spec.tls.secretNameを定義し、次のようなコマンドで、証明書をシークレットに登録します。

```
$ kubectl create secret tls test.example.com-secret --key my.key（秘密鍵）↩
--cert my.cert（証明書）
```

他の利用例

単純にHTTP（非暗号化）ポートをホスト名でそのままアクセスするには、次のように記述します。

```
apiVersion: extensions/v1beta1
kind: Ingress
metadata:
  name: ingress-http
spec:
  rules:
  - host: test.example.com
    http:
      paths:
      - path: /
        backend:
          serviceName: nginx-svc
          servicePort: 80
```

すでにHTTPSで暗号化されているサービスに対してIngressでTLS終端せずにそのままアクセスするには、次のようにします。

```
apiVersion: extensions/v1beta1
kind: Ingress
metadata:
  name: ingress-passthrough
  annotations:
    nginx.ingress.kubernetes.io/backend-protocol: "HTTPS"
    nginx.ingress.kubernetes.io/ssl-passthrough: "true"
    nginx.ingress.kubernetes.io/force-ssl-redirect: "true"
spec:
  tls:
    - hosts:
      - test.example.com
  rules:
    - host: test.example.com
      http:
        paths:
          - path: /
            backend:
              serviceName: nginx-tls-svc
              servicePort: 443
```

> **Column** Ingress Nginxの認証追加機能

Ingress Nginxは認証機能を備えています。この機能を利用すれば、Webサーバーやアプリケーションで認証機能を実装することなく、認証を追加できます。また、Helm Chartやマニフェストで提供されているアプリケーションの中には、認証を提供しないものがありますが、そのような場合でも認証を簡単に追加できます。

ここでは、Nginx IngressによるBasic認証での認証を追加する方法を説明します。Ingress Nginxを利用しない場合は、Istioやoauth2_proxyなどでも同様の機能を実現できるので、興味がある方は調べてみてください。

まず、htpasswordでパスワードファイルを作成し、SecretとしてKubernetesに登録します。

```
$ htpasswd -c -b passwordfile admin password
$ kubectl create secret generic basic-auth --from-file=auth=passwordfile
```

次のように、auth-type・auth-secret・auth-realmを設定したIngressのマニフェストをデプロイすれば、Ingressに認証を追加できます。

▼ nginx-auth.yaml

```
kind: Ingress
apiVersion: extensions/v1beta1
```

```
metadata:
  name: nginx-auth
  annotations:
    # Basic認証
    nginx.ingress.kubernetes.io/auth-type: basic
    # htpasswdファイル（ファイル名はauth）を格納したSecret
    nginx.ingress.kubernetes.io/auth-secret: basic-auth
    # 認証メッセージ
    nginx.ingress.kubernetes.io/auth-realm: "Auth Sample for Nginx"
spec:
  rules:
  - host: nginx.example.com
    http:
      paths:
      - path: /
        backend:
          serviceName: nginx
          servicePort: 80
```

　Basic認証は、HTTPで利用するとセキュリティ上問題があるため、HTTPSと組み合わせて利用するようにしてください。

🛟 エラーと対処法

┃ URLにアクセスすると404エラーとなる

`エラーメッセージ`

```
$ curl -kL -H "Host: test.example.com" https://192.168.31.193/
default backend - 404
```

`原因`

不正なホスト名が指定されています。

`対処法`

　Ingressリソースで定義したホスト名と、Webブラウザもしくはcurlなどで指定したホスト名・URLが一致していることを確認してください。

コネクションが拒否される

```
$ curl -kL -H "Host: test2.example.com" https://192.168.31.194/
curl: (7) Failed connect to 192.168.31.194:443; Connection refused
```

原因

Ingressにアクセスできていないため、コネクションエラーが発生しています。

対処法

指定したIPアドレスのホスト上で、ingress-nginx-controllerが動作しているか
どうかを確認してください。上記の例では、node1.localが192.168.31.194のIP
アドレスを持っていますが、node1.local上ではingress-nginx-controllerが動作し
ていません。

```
$ kubectl get all -ningress-nginx -owide
NAME                                      READY   STATUS    RESTARTS   AGE
    IP              NODE            NOMINATED NODE
pod/default-backend-58b7c486f8-zdv2h      1/1     Running   1          4h51m
    10.233.125.21   node1.local     <none>
pod/ingress-nginx-controller-fvfdk        1/1     Running   82         19h
    10.233.127.23   master1.local   <none>
```

2

実践編 ▼ リソース ▼ ネットワーク

Column HTTPSのデバッグ

Ingressなどを使ってHTTPSを利用する際に、Webブラウザでサイトを開くと、証明書のエラーが出力されて開けないことがあります。そんなときは、opensslコマンドを利用して、ブラウザでアクセスしたURLのドメイン名（もしくはIPアドレス）が証明書に含まれるかどうか確認すると、解決の糸口になることがあります。

以下のコマンドで、アクセス先のドメイン・ポートを-connectに指定して実行すると、証明書で定義されているドメイン名を出力から確認できます。

```
$ openssl s_client -connect localhost:6443 -showcerts |openssl x509 -↵
text -noout
…… （中略） ……
Certificate:
…… （中略） ……
          X509v3 Subject Alternative Name:
              DNS:master1.internal, DNS:kubernetes, DNS:kubernetes.↵
default, DNS:kubernetes.default.svc, DNS:kubernetes.default.svc.clust↵
er.local, DNS:kubernetes, DNS:kubernetes.default, DNS:kubernetes.defa↵
ult.svc, DNS:kubernetes.default.svc.cluster.local, DNS:localhost, DNS↵
:master1.internal, DNS:lb-apiserver.kubernetes.local, IP Address:10.2↵
33.0.1, IP Address:10.0.1.4, IP Address:10.0.1.4, IP Address:10.233.0↵
.1, IP Address:127.0.0.1, IP Address:10.0.1.4
    Signature Algorithm: sha256WithRSAEncryption
```

上記の例では、master1.internal・kubernetes・kubernetes.defaultといったドメイン名でlocalhost:6443にアクセスできることを示しています。HTTPSの証明書エラーに困ったら試してみてください。

ネットワーク接続を制限する
NetworkPolicy

別名 netpol　**関連リソース** Deployment

　特定のリソース（Pod・Container・Service）に対して、接続制限を行います。

　ネットワーク制限を行うためには、Network Plugin（v1.15時点でα）を利用する必要があります。そのため、本番環境で利用する際は、一部分から導入するなど、リスクをコントロールしながら導入することをお勧めします。

📝 書式例

```
apiVersion: networking.k8s.io/v1
kind: NetworkPolicy
metadata:
  name: test-network-policy
  namespace: default
spec:
  # 1. ポリシーを適用する範囲をセレクターで指定
  podSelector:
    matchLabels:
      role: db
  policyTypes:
  - Ingress
  - Egress
  # 2. リクエストを受信するときに適用するルールに関する設定
  ingress:
  - from:
    # 3. 接続を許可するIPアドレスをレンジで指定。IPアドレスレンジの中でも除外をしたい
    # IPアドレスはexceptで指定する
    - ipBlock:
        cidr: 172.17.0.0/16
        except:
        - 172.17.1.0/24
    # 4. ルールを適用するNamespaceを指定
    - namespaceSelector:
        matchLabels:
```

```
        project: myproject
# 5. 接続を許可するPodをセレクターで指定
- podSelector:
    matchLabels:
        role: frontend
# 6. 接続を許可するプロトコルとポートを指定
ports:
- protocol: TCP
  port: 6379
# 7. リクエストを送信するときに適用するルールに関する設定
egress:
- to:
    # 8. 接続を許可するIPアドレスをレンジで指定。IPアドレスレンジの中でも除外をしたい
    # IPアドレスはexceptで指定
    - ipBlock:
        cidr: 10.0.0.0/24
# 9. 接続を許可するプロトコルとポートを指定
ports:
- protocol: TCP
  port: 5978
```

アノテーション

なし

アノテーションのプレフィクス

なし

説明

特定のリソース（Pod・Container・Service）に対して、接続制限を行います。接続制限の宛先と接続先はネームスペース・ラベル・IPアドレスを指定可能です。

Pod間通信の制限はネームスペースやラベルを用いて行い、クラスター外との通信はIPアドレスを用いて行う形にすると、より設定変更に柔軟な構成をとれます。

ユースケースとしては、Web 3層モデルのシステムにおいてDBへの接続を制限する（セキュリティ強化）、マイクロサービスアーキテクチャで構築されたシステムにおいてマイクロサービス間の通信を制限する（性能劣化防止・想定外のサービスからの呼び出し防止）、といったことが考えられます。

他の利用例

NetworkPolicy の設定例（Kubernetes Network Policy Recipes）が https://

github.com/ahmetb/kubernetes-network-policy-recipesで公開されており、基本的な制御（すべて許可・すべて拒否・一部に制限をかけるなど）、ネームスペースごとの制御、クラスター外との通信制御、高度な制御（特定ポートのみ通信を許可する・複数セレクターを持つリソースからの通信許可など）などが記載されています。NetworkPolicyによる制御を始める際は、これらの設定例を参考にすると、より効率的に行いたい制御ができるようになるのでお勧めです。

　Podから、クラウドプロバイダーのメタデータサーバー（ここでは169.254.169.254とします）や、Kubernetesのノードへのアクセスを禁止してセキュリティを強化したい場合、以下のようなNetworkPolicyを利用するとよいでしょう。

```
kind: NetworkPolicy
apiVersion: networking.k8s.io/v1
metadata:
  name: deny-metadata-server
spec:
  podSelector: {}
  policyTypes:
    - Egress
  egress:
  - to:
    - ipBlock:
        cidr: 0.0.0.0/0
        except:
        # メタデータサーバー
        - 169.254.169.254/32
        # KubernetesノードのIPアドレスレンジ
        - 192.168.0.0/24
```

🔧 エラーと対処法

NetworkPolicyを設定したが、1つも通信制御がかからない

エラーメッセージ

　なし

原因

　Network Pluginがインストールされていないか、またはインストールしたNetwork PluginがNetworkPolicyに対応していません。手軽にKubernetesを利用できるMinikube（2019年9月時点でv1.3.1）ですが、デフォルトではNetwork Pluginを利用しない構成になっています。

Network Pluginのインストール確認

　kubelet起動時の引数に --network-plugin=xxx が設定されている場合、Network

Pluginがインストールされています。

▼ 確認コマンドの例
```
$ sudo ps -ef | grep kubelet
/home/kubernetes/bin/kubelet ... --network-plugin=cni ...
```

Network Plugin が NetworkPolicy に対応しているか確認

　各プラグインの実装を確認する必要があります。たとえば、Calico（https://docs.projectcalico.org/v3.5/introduction/）や Canal（https://github.com/projectcalico/canal）は、NetworkPolicyに対応しています。https://github.com/containernetworking/cniにPluginがおおむねまとまっているので、そこから各プラグインの実装を確認することをお勧めします。

対処法

Network Plugin のインストール

　共通のやり方はないので、各プラグインの提供するインストール手順に従ってインストールを行います。プラグインの1つであるCalicoの場合、インストールはhttps://docs.projectcalico.org/v1.6/getting-started/kubernetes/installation/に記載されている手順で行います。

設定どおり通信制御を行えない

エラーメッセージ

　なし

原因

　NetworkPolicyの設定が間違っています（意図どおり設定できていません）。

対処法

　前述のNetworkPolicyの設定例を参考にすることで、ある程度の間違いを発見できるようになります。

　また、適用されているNetworkPolicyは、以下のコマンドで確認できます（「xxx」はmetadata.nameに設定するNetwokPolicy名を指定します）。

```
$ kubectl get networkpolicy.networking.k8s.io/xxx
NAME                POD-SELECTOR              AGE
xxx                 security-zone=internal    5m


$ kubectl describe networkpolicy.networking.k8s.io/xxx
Name:        xxx
Namespace:   default
```

```
Created on:    2019-02-10 14:44:26 +0900 +09
Labels:        <none>
Annotations:   kubectl.kubernetes.io/last-applied-configuration={"apiVersio↩
n":"networking.k8s.io/v1","kind":"NetworkPolicy","metadata":{"annotations"↩
:{},"name":"k8spocket-netpol","namespace":"default"},"spec":{"egre...
Spec:
  PodSelector:     security-zone=internal
  Allowing ingress traffic:
    To Port: 8080/TCP
    From PodSelector: security-zone=dmz
  Allowing egress traffic:
    To Port: <any> (traffic allowed to all ports)
    To: <any> (traffic not restricted by source)
  Policy Types: Ingress, Egress
```

それでも問題を発見できない場合は、ステップバイステップでデバッグをする必要があります。ネットワークの通信確認をするために本番環境と同様のセットアップをするのは時間がかかるので、echo server を利用するやり方を説明します。

次の例では、web Pod から ap Pod へ TCP 8080 で接続できるかどうか確認します。

▼ コンテナを作成

```
$ kubectl run --generator=run-pod/v1  --port=80 --image=nginx web --label↩
s='security-zone=dmz'
$ kubectl run --generator=run-pod/v1  --port=8080 --image=nginx ap --label↩
s='security-zone=internal'
```

以下の構成ファイルを k8spocket-netpol.yaml という名前で作成し、kubectl apply -f k8spocket-netpol.yaml コマンドで適用します。

```
apiVersion: networking.k8s.io/v1
kind: NetworkPolicy
metadata:
  name: k8spocket-netpol
  namespace: default
spec:
  podSelector:
    matchLabels:
      security-zone: internal
  policyTypes:
  - Ingress
  - Egress
```

実践編 ▼ リソース ▼ ネットワーク

```
      ingress:
      - from:
        - podSelector:
            matchLabels:
                security-zone: dmz
          ports:
          - protocol: TCP
            port: 8080
      egress:
      - {}
```

各Pod（コンテナ）でbashを起動します。

```
$ kubectl exec -it web -- /bin/bash
$ kubectl exec -it ap -- /bin/bash
```

bash起動後に、通信確認用のツール（netcat）をインストールします。

```
# apt-get update -y
# apt-get install -y netcat
```

ap Podでecho serverを実行します。

```
# nc -l -p 8080
```

web Podでecho client（nc）を実行します。コマンド実行後、メッセージ（hello）を入力します。

```
# nc 10.233.67.7 (ap PodのIPアドレス) 8080
hello コンソールから入力
```

ap Podで実行したecho server上にhelloが出力され、通信できていることが確認できます。

▼接続エラー時の出力
```
# nc <PodのIPアドレス> <接続NGポート>
(UNKNOWN) [<PodのIPアドレス>] <接続NGポート> (?) : Connection timed out
```

▼例
```
# nc 10.233.67.7 8000
(UNKNOWN) [10.233.67.7] 8000 (?) : Connection timed out
```

Podの設定をリソースとして管理する
ConfigMap

別名 cm 　関連リソース Secret, Volume

　ConfigMapは、設定ファイル・コマンド・環境変数・ポート番号などをリソースとして保持します。Podの実行時にリソースに保持されている設定がセットされます。

🔧 書式例

```
apiVersion: v1
kind: ConfigMap
metadata:
  name: configmapsample
data:
  # キー：値のセットで設定値を指定
  env: dev
  # --from-fileから読み込んだ場合は、次のようなフォーマット
  k8s.pocket.properties: |-
    property.1=value-1
    property.2=value-2
    property.3=value-3
```

アノテーション

　なし

説明

　ConfigMapを使うと、KubernetesのPodの実行時に、設定ファイル・コマンド・環境変数・ポート番号などを設定できます。ConfigMapを使うことでPodから環境依存性を排除し、開発・検証・商用などの複数の環境を使い分けやすくなり、移植性が上がります。ConfigMapは暗号化が不要な設定値などに追加します。パスワードなどの機密性が高いものはSecretを使いましょう。

　ConfigMapで作成した値は、自動的にkubeletによりチェックされ、アップデートされます。ただし、envFormで設定した環境変数は、自動的に更新されないので注意してください。

　PodのVolumeとしてマウントする場合は、次のように設定します。

```
apiVersion: v1
kind: Pod
metadata:
  name: k8s.pocket.configmap
spec:
  containers:
    - name: busybox
      image: k8s.gcr.io/busybox
      # /etc/config/keysにconfigmapsの設定を出力する
      command: [ "/bin/sh","-c","ls /etc/config" ]
      # volumeをマウントする。マウントするパスはmountPath
      volumeMounts:
      - name: config-volume
        mountPath: /etc/config
  # volumesとしてpathに記述したパスに設定する
  volumes:
    - name: config-volume
      configMap:
        name: configmapsample
  restartPolicy: Never
```

k8s.pocket.configmap Podのログを確認すると、ConfigMapがPodにマウントされていることがわかります。

```
$ kubectl create -f configmapcontainer.yaml
pod "k8s.pocket.configmap" created
$ kubectl logs k8s.pocket.configmap
env
k8s.pocket.properties
```

他の利用例

環境変数として使う場合は、次のように扱います。

```
apiVersion: v1
kind: Pod
metadata:
  name: k8s.pocket.configmap.env
spec:
  containers:
    - name: busybox
      image: k8s.gcr.io/busybox
      # Pod実行時に環境変数を出力
```

```
    command: [ "/bin/sh", "-c", "env" ]
    # configmapを環境変数として設定
    envFrom:
    - configMapRef:
        name: configmapsample
  restartPolicy: Never
```

　Podを実行すると、環境変数としてConfigMapの値が設定されていることがわかります。

```
$ kubectl create -f configmapcontainerenv.yaml
pod "k8s.pocket.configmap.env" created
$ kubectl logs k8s.pocket.configmap.env
KUBERNETES_PORT=tcp://10.7.240.1:443
…… (中略) ……
env=dev
```

機密性が高い設定を
リソースとして管理する
Secret

関連リソース ConfigMap, Volume, Ingress

　Secretは、パスワードやTLSの鍵など機密性が高いリソースを保存するためのリソースです。ConfigMapと同様に、Podが実行されるときにSecretの内容がセットされます。

🛟 書式例

```
apiVersion: v1
kind: Secret
metadata:
  name: k8s.pocket.secret
type: Opaque
data:
  # 1. Base64でエンコードした値を準備。$ echo -n 'masa' | base64
  username: bWFzYQ==
  # 2. $ echo -n 'password' | base64
  password: cGFzc3dvcmQ=
```

アノテーション

なし

説明

　Secretは、機密性の高い設定を、平文ではなくリソースとして管理できます。パスワードなどの機密性の高い設定を保存します。一般的な文字列・Docker-registryの認証の値・TLSシークレットを保存できます。

　kubectl create secretコマンドの引数に渡した場合、自動的にBase64でエンコードされますが、YAMLファイルでマニフェストとして準備する場合は、あらかじめBase64でエンコードした値を準備しておく必要があります。

　Secretで作成した値は、自動的にkubeletによりチェックされ、アップデートされます。Secretも、envFromで設定した環境変数については、自動的に更新されないので注意してください。

　PodのVolumeとしてマウントする場合は、次のように設定します。

```
apiVersion: v1
kind: Pod
metadata:
  name: k8s.secret.pod
spec:
  containers:
  - name: k8ssecret
    image: nginx
    # volumeを/etc/userにリードオンリーでマウント
    volumeMounts:
    - name: user
      mountPath: "/etc/user"
      readOnly: true
  # volumesとしてsecretを設定
  volumes:
  - name: user
    secret:
      secretName: k8s.pocket.secret
```

k8ssecret Podにログインして、secretの内容を確認しましょう。

```
$ kubectl exec -it k8s.secret.pod /bin/bash
root@k8s:/# ls /etc/user
password  username
root@k8s:/# cat /etc/user/username
masa # 実際は改行はない
root@k8s:/# cat /etc/user/password
password # 実際は改行はない
```

　このように、Podの内部ではBase64デコードされて扱われていることがわかります。

他の利用例

　環境変数として使う場合は、次のように扱います。

```
apiVersion: v1
kind: Pod
metadata:
  name: secret.env
spec:
  containers:
  - name: k8ssecretenv
```

```
    image: redis
    # 環境変数として、secretから設定
    env:
      # P.306 書式例（k8s.pocket.secret）のusernameの値を設定
      - name: USER
        valueFrom:
          secretKeyRef:
            name: k8s.pocket.secret
            key: username
      # P.306 書式例（k8s.pocket.secret）のpasswordの値を設定
      - name: PASSWORD
        valueFrom:
          secretKeyRef:
            name: k8s.pocket.secret
            key: password
  restartPolicy: Never
```

　Podを実行すると、環境変数としてsecretの値が設定されていることがわかります。

```
$ kubectl exec -it secret.env /bin/bash
root@secret:/data# echo $USER
masa
root@secret:/data# echo $PASSWORD
password
```

永続ディスクのリクエストを管理
PersistentVolumeClaim

別名 pvc　関連リソース PersistentVolume, StorageClass

　Persistent Volume Claim は、ユーザーからのストレージの利用要求を管理するリソースです。Persistent Volume リソースに Persistent Volume Claim を紐付けて、ユーザーがストレージを利用できるようにします。Persistent Volume Claim を利用することにより、ストレージの実装に紐付いた IP アドレスなどの Persistent Volume が持つ内部情報をラップし、ストレージの実装情報をユーザーから隠蔽できます。

書式例

```
kind: PersistentVolumeClaim
apiVersion: v1
metadata:
  name: k8s-fast
spec:
  # 1. アクセスモードをReadWriteOnce、ReadOnlyMany、ReadWriteManyの3つから選ぶ。
  #    マウントするストレージの特性により、指定できるオプションに制限がある
  accessModes:
    - ReadWriteOnce
  # 2. 永続ストレージをFilesystem、またはrawの2つから指定する。
  #    rawの場合、ブロックストレージとして提供される
  volumeMode: Filesystem
  resources:
    requests:
      # 3. 提供するストレージのサイズ
      storage: 8Gi
  storageClassName: fast-gce
  selector:
    # 4. 以下のlabelが設定されているPersistent Volumeを選択する
    matchLabels:
      env: "dev"
    # 5. 条件に一致した場合に適用する
    matchExpressions:
      - {key: environment, operator: In, values: [dev]}
```

なし

説明

Persistent Volume Claimは、ユーザーからのPersistent Volumeのリクエスト
を管理して割り当てます。

動的に割り当てる方法と、事前にPersistent Volumeを用意して静的に割り当て
る方法の2つがあります。静的に割り当てる方法は、Persistent Volume（P.313）
で説明しています。ここでは動的に割り当てる方法を中心に説明します。

静的に割り当てる方法は管理がしやすい一方、事前にPersistent Volumeを準備
する必要などがあります。

動的に割り当てる場合は、管理の手間が少なくなる一方、ユーザーからのリクエ
ストベースとなるため、管理者が管理しにくくなるという側面もあります。

動的にPersistent Volumeを割り当てるには、次のステップが必要です。

1. Storage Classを作成する
2. Storage Classを使ったPersistent Volume Claimを作成する
3. Pod実行時に、Persistent Volumeをリクエストしてマウントする

Storage Classはストレージの種類などを管理するためのリソースです。詳細は
Storage Classのリソースの箇所（P.318）で説明します。GKE/AKSでは、デフォル
トで以下のStorage Classが定義されているので、ストレージの定義を省略できます。

▼ GKE/AKSで利用できる定義済みStorage Class

Kubernetes	定義済みStorage Class
GKE	standard*
AKS	default* (HDD)、managed-premium (SSD)

*印が付いているStorage Classは、デフォルトのStorage Classに設定されて
いるため、Persistent Volume Claim作成時にStorageClassNameを省略すると、
これらのStorage Classが利用されます。

ここでは、手動でStorage Classを作成し、作成したStorage ClassからPersist
ent Volume Claimを作成してみましょう。

```
apiVersion: storage.k8s.io/v1
kind: StorageClass
metadata:
  name: fast-gce
provisioner: kubernetes.io/gce-pd
parameters:
```

```
# SSDの永続ディスクを指定
 type: pd-ssd
```

createコマンドでStorage Classオブジェクトを作成します。

```
$ kubectl create -f storage-class.yaml
storageclass.storage.k8s.io "fast-gce" created
$ kubectl get storageclass
NAME                   PROVISIONER          AGE
fast-gce               kubernetes.io/gce-pd  43s
standard (default)     kubernetes.io/gce-pd  43d
```

　次に、書式例の中のselector以外の箇所からマニフェストを作成して、Persistent
Volume Claimを作成します。

```
$ kubectl create -f pvc-fast.yaml
persistentvolumeclaim "pvc-fast" created
masanori_satoh@cloudshell:~/pd_sample (gke-sample-masa)$ kubectl get pvc
NAME       STATUS     VOLUME                                       CAPACITY ⮠
 ACCESS MODES   STORAGECLASS   AGE
pvc-fast   Bound      pvc-c44def21-32b2-11e9-a17f-42010a800144     8Gi      ⮠
 RWO            fast-gce       5s
```

　最後に、Podを作成するときにpvc-fastのPersistent Volume Claimオブジェク
トを指定して、Persistent Volumeをアタッチしてみましょう。Podの実行に使う
マニフェストファイルは、次のように作成します。

```
apiVersion: v1
kind: Pod
metadata:
  name: pvc-pod
spec:
  containers:
    - name: nginx
      image: nginx
      volumeMounts:
      # Podの/mnt/pvにマウント
      - mountPath: "/mnt/pv"
        name: pv-fast
  volumes:
    - name: pv-fast
      persistentVolumeClaim:
```

```
      claimName: pvc-fast
```

Podを作成してみましょう。

```
$ kubectl create -f pvc-fast-pod.yaml
pod/pvc-pod created
$ kubectl describe pod/pvc-pod
Name:                   pvc-pod
…… (中略) ……
Containers:
  nginx:
  …… (中略) ……
    Mounts:
      /mnt/pv from pv-fast (rw)
      /var/run/secrets/kubernetes.io/serviceaccount from default-token-m58⏎
vn (ro)
```

このように、Mountsの箇所に指定したPersistent Volumeが割り当てられていることがわかります。

他の利用例

静的にPersistent Volumeを割り当てる場合は、Persistent Volumeの箇所を確認してください。

エラーと対処法

ReadWriteOnceで作成したPersistent Volume Claimが複数のPodで利用できる

エラーメッセージ

ReadWriteOnceモード、つまり「読み書きを1つのPodからのみ受け付けるモード」でボリュームを作成しましたが、複数のPodからアクセスできてしまいます。

原因

2019年9月時点では、ReadWriteOnceは、厳密には1つのPodからしか利用できないボリュームではなく、1つのノード上でしか利用できないボリュームです。そのため、MinikubeやMicroK8sのようなノードが1つしかないような環境では、複数のPodを作成しても同じノードに配置されるため、複数のPodからボリュームを利用できてしまいます。

対処法

環境の違いによる動作の違いの混乱を避けるためにDeployment/ReplicaSetを利用する場合は、ReadWriteOnceは利用しないようにしてください。

永続ディスクを作成する
PersistentVolume

別名 pv　**関連リソース** PersistentVolumeClaim, StorageClass

Persistent Volumeはデータを永続化するためのストレージを管理するリソースで、ストレージの実装に紐付いた情報（ストレージサービス名・ストレージにアクセスするためのIPアドレス・URL・iqnなど）を持ちます。

主に、クラスター管理者もしくはProvisionerによって作成されます。また、ユーザーが作成したPersistent Volume Claimから要求されて使われます。

📖 書式例

```yaml
apiVersion: v1
kind: PersistentVolume
metadata:
  name: pv-gce
spec:
# 1. 永続ストレージのサイズを指定する
  capacity:
    storage: 5Gi
# 2. 永続ストレージをFilesystemまたはrawのどちらかから指定する。
#    rawの場合、ブロックストレージとして提供される
  volumeMode: Filesystem
# 3. アクセスモードをReadWriteOnce、ReadOnlyMany、ReadWriteManyの3つから選ぶ。
#    マウントするストレージの特性により、指定できるオプションに制限がある
  accessModes:
    - ReadWriteOnce
# 3. 再び要求されたときの動作をRetain、Recycle、Deleteの3つから選ぶ。
# RecycleはNFSとhostPathだけをサポートする。他のクラウドストレージなどはRetainで
# 残すか、Deleteで削除するかのどちらかを指定する
  persistentVolumeReclaimPolicy: Retain
# 4. PersistentVolumeClaimから要求されるときに名称として使う。
#    StorageClassのオブジェクト
  storageClassName: slow
# 5. マウントする永続ストレージの種類を指定する。Google Compute Engineの永続ディスク
#    やNFSなど、さまざまなリソースを指定できる
```

```
gcePersistentDisk:
  pdName: pd-reginal
  fsType: ext4
```

なし

　Kubernetesを運用していくうえで、永続化が必要なデータをどのように扱うかは重要なポイントです。Stateless（状態を持たない）ように設計をするのが、1つのベストプラクティスです。Statelessに設計するには、Podやノードなどには状態を持たず、外部のデータベースやオブジェクトストレージなどにデータを保存するようにします。

　一方、レイテンシなどを考慮し、ノードやクラスター全体でデータを保持して、Stateを持たせる設計のほうが有利な場合もあります。そのようなときには、Persistent Volumeが便利に使えるでしょう。

　書式例で作成したPersistent Volumeを持つPodを作ってマウントしてみましょう。Persistent Volumeは、Persistent Volume Claimを経由してPodから要求される形で、Podにマウントされます。

　Persistent Volume Claimでは、動的にPersistent Volumeを作成するか、あらかじめ作成されたPersistent Volumeを静的に利用するか、どちらかを選べます。ここでは静的に利用する場合の使い方を説明します。Persistent Volume Claimの詳細な説明や動的な利用方法は、P.310のPersistent Volume Claimリソースの説明を参照してください。

　順序は次のとおりです。

1. 永続ディスクを用意する
2. Persistent Volumeを作成する
3. Persistent Volume Claimを作成する
4. PodからPersistent Volume Claimをマウントして利用する

　では、最初のステップから説明していきます。今回はGoogle Compute Engineのリージョナル永続ディスクを作成してみましょう。gcloudコマンドの細かい設定は完了していることとします。ここでは、5GバイトのVMにアタッチできるレプリケーションされるタイプのディスクを用意します。

```
$ gcloud beta compute disks create pd-reginal --size 200G --region us-cen↵
tral1 --replica-zones us-central1-a,us-central1-b
WARNING: You have selected a disk size of under [200GB]. This may result i↵
n poor I/O performance. For more information, see: https://developers.goog↵
```

```
le.com/compute/docs/disks#performance.
Created [https://www.googleapis.com/compute/beta/projects/gke-sample-masa/↗
regions/us-central1/disks/pd-reginal].
NAME        ZONE    SIZE_GB  TYPE         STATUS
pd-reginal          200      pd-standard  READY

New disks are unformatted. You must format and mount a disk before it
can be used. You can find instructions on how to do this at:

https://cloud.google.com/compute/docs/disks/add-persistent-disk#formatting
```

　次に、Persistent Volumeを作成します。書式例にあるマニフェストを使用します。

```
$ kubectl create -f pv-gce.yaml
persistentvolume "pv-gce" created
$ kubectl get pv
NAME      CAPACITY    ACCESS MODES    RECLAIM POLICY    STATUS      CLAIM    ↗
 STORAGECLASS   REASON    AGE
pv-gce    5Gi         RWO             Retain            Available            ↗
 slow                   2m
```

　続いて、PersistentVolumeへの要求を管理するPersistent Volume Claimを作成します。次のマニフェストに従って作成しましょう。

```
apiVersion: v1
kind: PersistentVolumeClaim
metadata:
  name: pvc-gce
spec:
  storageClassName: slow
  volumeName: pv-gce
  accessModes:
    - ReadWriteOnce
  resources:
    requests:
      storage: 4G
```

　kubectl createコマンドで作成します。

```
$ kubectl create -f pvc-gce.yaml
persistentvolumeclaim "pvc-gce" created
```

```
$ kubectl get pvc
NAME      STATUS   VOLUME   CAPACITY   ACCESS MODES   STORAGECLASS   AGE
pvc-gce   Bound    pv-gce   200Gi      RWO            slow           18s
```

Persistent Volume Claimの作成に成功しました。

最後に、Podからマウントして使ってみましょう。使うマニフェストファイルは、以下のものです。

```
apiVersion: v1
kind: Pod
metadata:
  name: pv-pod
spec:
  containers:
    - name: nginx
      image: nginx
      volumeMounts:
      # Podの/mnt/pvにマウント
      - mountPath: "/mnt/pv"
        name: pv-pvc
  volumes:
    - name: pv-pvc
      persistentVolumeClaim:
        claimName: pvc-gce
```

Podを作成してログインしてみましょう。

```
$ kubectl create -f pvc-fast-pod.yaml
pod "pvc-pod" created
$ kubectl get pods
NAME      READY     STATUS    RESTARTS   AGE
pvc-pod   1/1       Running   0          2m
$ kubectl exec -it pvc-pod /bin/bash
root@pv-pod:/# echo 'pv complete' > /mnt/pv/pv.txt
root@pv-pod:/# cat /mnt/pv/pv.txt
pv complete
```

このように、Persistent VolumeとしてPodにマウントしたパスにファイルを作成できました。

Google Compute EngineのSSD永続化ディスクが作成されているか確認しましょう。一番下に表示されているものが、Persistent Volumeによって生成されたSSDの永続ディスクです。上の3つは、Nodeのローカルディスクです。

```
$ gcloud compute disks list
NAME                                                             ZONE       ↵
     SIZE_GB  TYPE         STATUS
gke-your-first-cluster-1-pool-1-bd3866a8-c3z3                    us-centra↵
l1-a  30       pd-standard  READY
gke-your-first-cluster-1-pool-1-bd3866a8-fhtd                    us-centra↵
l1-a  30       pd-standard  READY
gke-your-first-cluster-1-pool-1-bd3866a8-h6cc                    us-centra↵
l1-a  30       pd-standard  READY
gke-your-first-cluster-pvc-c44def21-32b2-11e9-a17f-42010a800144  us-centra↵
l1-a  8        pd-ssd       READY
```

　動的にPersistent Volumueを割り当てる場合は、Persistent Volume Claimを
参照してください。

ストレージのクラスを定義する
StorageClass

別名 sc **関連リソース** PersistentVolume, PersistentVolumeClaim

Storage Classは、ストレージを実装ごとに管理するためのリソースです。たとえば、SSDをFast、HDDをSlowのようにディスクのタイプごとに分けられます。Ceph・Gluster・NFS・iSCSIなど複数のストレージを利用する場合、ストレージごとに作成する必要があります。

🔵 書式例

```
kind: StorageClass
apiVersion: storage.k8s.io/v1
metadata:
  name: standard
# 1. 永続ディスクを提供するprovisionerを指定
provisioner: kubernetes.io/gce-pd
# 2. Provisionerごとに指定できるパラメータは異なる
parameters:
  type: pd-standard
  replication-type: regional-pd
# 3. 動的にPersistent Volumesを作成するときの再要求時の挙動。デフォルトでは Delete。
# Retainを指定すると、Persistent Volumeリソース削除時にデータを格納したボリュームを
# 消さずに残す
reclaimPolicy: Retain
# 4. 動的にPersistent Volumesを作成するときに指定されるマウントオプション
mountOptions:
  - debug
# 5. Persistent Volumeが使えるようになるタイミングを指定する。volumeBindingModeを指定
# すると、Persistent Volumeが使えるようになってから、バインドされる。Provisionerに
# よってはWaitForFirstCosumerを指定できない
volumeBindingMode: WaitForFirstConsumer
```

アノテーション

なし

実践編 ▼ リソース ▼ ストレージ管理

2

Storage Classは、Persistent Volumeをクラスごとに管理するリソースです。クラスとは、利用できるPersistent Volumeがどのような特徴を持っているかを示すものです。KubernetesはPersistent Volumeを扱うためのProvisionerをプラグインで提供しています。Version 1.13では以下のProvisionerが用意されています。

Volume Provisioner	Kubernetes に組み込み	ReadWrite Once	ReadOnly Many	ReadWriteMany
AWSElasticBlockStore	✓	✓	-	-
AzureFile	✓	✓	✓	✓
AzureDisk	✓	✓	-	-
CephFS	-	✓	✓	✓
Cinder	✓	✓	-	-
FC	-	✓	✓	-
Flexvolume	-	✓	✓	（ドライバ依存）
Flocker	✓	✓	-	-
GCEPersistentDisk	✓	✓	✓	-
Glusterfs	✓	✓	✓	✓
HostPath	-	✓	-	-
iSCSI	-	✓	✓	-
Local	-	✓	-	-
Quobyte	✓	✓	✓	✓
NFS	-	✓	✓	✓
RBD	✓	✓	✓	-
VsphereVolume	✓	✓	-	-
PortworxVolume	✓	✓	-	✓
ScaleIO	✓	✓	✓	-
StorageOS	✓	✓	-	-

　「Kubernetesに組み込み」にチェックが入っているものは、Kubernetesに組み込まれています。見てのとおり、多くのクラウドプロバイダーや標準的なプロトコルなどに対応しています。また、External Provisionerとしてhttps://github.com/kubernetes-incubator/external-storageが公開されています。仕様に従えば、Provisionerを自ら実装することもできます。ベンダーの提供するストレージを利用したい場合、対応するProvisionerが用意されているかは、各ベンダーに確認してください。

　Deployment/ReplicaSetでPersistent Volume Claimを利用すると、1つのボリュームが複数のPodからマウントされて利用されます。そのため、上記の表のReadWriteMany（読み書き可能）あるいはReadOnlyMany（読み取り専用）に

チェックが入っている必要があります。

　最初は、一般的なHDDの永続化ディスクを使った場合です。Typeにpd-standardを指定します。replication-typeにnoneを指定したため、永続ディスクはレプリケーションされません。速度としては一般的なので、nameにはgce-slowを指定しています。

　ユースケースとしては、IO性能を必要とせず、耐久性・可用性もそこまで高いものを求められないときに利用します。バックアップから復元できるものなどがよいでしょう。

```
kind: StorageClass
apiVersion: storage.k8s.io/v1
metadata:
  name: gce-slow
provisioner: kubernetes.io/gce-pd
parameters:
  type: pd-standard
  replication-type: none
```

　次は、SSDの永続化ディスクを使った場合です。Typeにpd-ssdを指定します。速度はpd-standardに比べて高速なので、nameにはgce-fastを指定しています。ユースケースとしては、可能な限りディスクへのレイテンシを抑えたいときに利用します。

```
kind: StorageClass
apiVersion: storage.k8s.io/v1
metadata:
  name: gce-fast
provisioner: kubernetes.io/gce-pd
parameters:
  type: pd-ssd
  replication-type: none
```

　最後は、一般的なHDDの永続化ディスクを使い、レプリケーションをするパターンです。Typeにpd-standardを指定し、replication-typeはregional-pdを指定したため、永続ディスクが複数のZoneに複製されます。Google Cloud PlatformのZoneとは電源系統やネットワークが別系統となっているため、複数ゾーンに複製することで、耐久性・可用性を高められます。

　ユースケースとしては、高い耐久性・可用性が必要なときです。念のため、バックアップの仕組みも入れたほうがよいでしょう。

```
kind: StorageClass
apiVersion: storage.k8s.io/v1
metadata:
  name: gce-reginal
provisioner: kubernetes.io/gce-pd
parameters:
  type: pd-standard
  replication-type: regional-pd
```

　このように3つのStorage Classを準備しましたが、Kubernetes上で動かすアプリケーションの特性に合わせて、必要なストレージクラスを指定し、Podを展開するとよいでしょう。

　Internal provisionerで主要なクラウドやプロトコルはカバーされていますが、使えるオプションはベースとなるストレージの技術仕様によって異なるので、注意してください。

Kubernetes クラスター内のリソースを論理的に分離する

Namespace

別名 ns **関連リソース** Role, RoleBinding

1つのKubernetesクラスター内のリソースを論理的に分離する機能を提供します。Role-Based Access Control（RBAC）によるアクセス制御、Resource Quotaによるリソース制限、LimitRangeによるリソースのデフォルト値の設定においても、Namespaceリソースを利用します。

 書式例

```
apiVersion: v1
kind: Namespace
metadata:
  # 1. ネームスペース名を指定
  name: production
```

説明

Kubernetesは、複数チーム・多数のユーザーで利用できるように設計されています。それを実現するのが、Namespaceリソースです。Namespaceリソースにより、1つのクラスタをネームスペースと呼ばれる管理単位で仮想的に分割できます。たとえば、複数のチームで利用する場合、チームごとに異なるネームスペースを割り当てると、各チームの作業が他のチームに干渉しないようにできます。

Kubernetesのリソースは、ネームスペース内において同じリソース名のリソースを作成できません。ただし、ネームスペースが異なれば、リソース名が重複しても問題となりません。

なお、違いの小さなリソース（バージョン違いのデプロイメントなど）を管理するためであれば、Namespaceを利用する必要はありません。そのような場合は、ラベルを用いるのが適切です。

ネームスペースでリソースを分離することもできますが、ネームスペースをむやみに増やしてしまうと、管理面でのコストが大きくなります。組織のニーズに応じて、適切にネームスペースを利用することが重要です。

デフォルトでは、以下の3つのネームスペースが存在します。

```
$ kubectl get namespaces
NAME            STATUS    AGE
```

```
default         Active    1d
kube-system     Active    1d
kube-public     Active    1d
```

- default：ネームスペースを指定しない場合にデフォルトで利用されるネームスペース
- kube-system：Kubernetesのシステムによって作成されるオブジェクトのためのネームスペース
- kube-public：すべてのユーザーから参照可能なネームスペース。このネームスペースは、主にクラスター全体に公開されるべきリソースのために確保されている特定のネームスペースの概要を取得できます。

```
$ kubectl describe namespaces default
Name:         default
Labels:       <none>
Annotations:  <none>
Status:       Active

No resource quota.

Resource Limits
 Type       Resource  Min  Max  Default Request  Default Limit  Max Limit/Request Ratio
 ----       --------  ---  ---  ---------------  -------------  -----------------------
 Container  cpu       -    -    100m             -              -
```

ネームスペースを指定してリクエストを送信する場合は、--namespaceオプションを指定します。

```
$ kubectl --namespace=<ネームスペース名> run nginx --image=nginx
```

デフォルトで使用されるネームスペースを設定することも可能です。

```
$ kubectl config set-context $(kubectl config current-context) --namespace=⏎
<ネームスペース名>
```

ネームスペースとDNS
ネームスペースは、名前解決でも利用されます。

サービスが作成されると、DNSエントリーが作成されます。このエントリーは、「<サービス名>.<ネームスペース名>.svc.cluster.local」という形式で作成されます。詳細はP.284を参照してください。

コンテナリソースのデフォルト値を設定
LimitRange

別名 limits   **関連リソース** ResourceQuota, Namespace

　Pod/コンテナ/ストレージのデフォルトのリソース要求値と上限を設定します。LimitRangeはネームスペースごとに設定でき、ネームスペースごとの要求値と上限を設定できます。

🔵 書式例

```yaml
apiVersion: v1
kind: LimitRange
metadata:
# 1. リソース名を指定
  name: cpu-limit-range
spec:
  limits:
# 2. コンテナの制限・最小値・最大値を指定
  - type: Container
    default:            # デフォルトの制限値
      cpu: 1
      memory: 256Mi
    defaultRequest:     # デフォルトの要求値
      cpu: 0.5
      memory: 128Mi
    min:                # 最小のリソース量
      cpu: 0.1
      memory: 32Mi
    max:                # 最大のリソース量
      cpu: 2
      memory: 512Mi
# 3. ストレージの要求値の制限
  - type: PersistentVolumeClaim
    min:
      storage: 128Mi
    max:
      storage: 100Gi
```

2

実践編 ▼ リソース ▼ アクセス制御

memory/storageは、Mi（メガバイト）、Gi（ギガバイト）を利用します。CPU
は、数字のみのときには利用するCPUの数を表し、100mのように表記するときに
は1秒間に100ミリ秒だけCPUを利用するという意味になります。

説明

LimitRangeは、ネームスペースごとのリソース使用のデフォルト値を設定する
ためのリソースです。

LimitRangeの説明をする前に、コンテナのrequestsとlimitsについて説明しま
す。

コンテナのrequestsとlimits

コンテナのリソースの要求値と上限をresourcesの設定によって行えます。たと
えば、Podの定義は以下のようになります。

```
kind: Pod
…… （中略） ……
spec:
  containers:
  …… （中略） ……
    resources:
      requests: # コンテナをデプロイするときのリソース要求値
        cpu: 200m
        memory: 100Mi
      limits:    # コンテナのリソース上限
        cpu: 800m
        memory: 400Mi
```

requests

リソース要求はrequestsにより行い、Podを配置するときのノードの空きリソー
スのチェックに利用されます。

requestsで指定したリソースを確保できるノードを探してPodをデプロイし、す
べてのノードで確保できなければ、デプロイは失敗します。

また、Podがデプロイされたノードは、requestsで指定されたリソースが利用済
みとしてマークされ、残りリソースの計算に利用されます。たとえば、8Gバイトの
メモリを持つノードがあった場合、3Gバイトのメモリのrequestsを持つコンテナ
を2つ（計6Gバイト）まではデプロイできますが、3つ（9Gバイト）はデプロイで
きません。たとえコンテナの実メモリ使用量が少なくても、requestsで指定した値
のみが考慮されることになります。

requestsが小さすぎると、ノードに過剰にPodがデプロイされ、負荷が高まっ
た際にリソース不足が起こります。逆にrequestsが大きすぎると、ノードに対して
少ないPodしかデプロイできないため、リソースの利用効率が低下します。コンテ

ナが利用する平均的なリソース量よりも少し大きい値をrequestsとするのがよいで
しょう。

limits

limitsは、コンテナが利用できるリソースの上限を設定します。limitsで設定した
値を超えてコンテナがリソースを利用すると、CPUの場合は、リソースの割り当て
が制限されるため、処理が遅くなります。メモリの場合は、プロセスを強制停止す
るOOM Killerが発行され、プロセスが停止します。

limitsが小さすぎると、(特にメモリの場合は) コンテナでOOM Killerが発行され
る可能性が高くなります。逆に、limitsが大きすぎると、特定のコンテナがリソー
スを専有し、他のコンテナのパフォーマンスに影響を与える可能性が高まります。
メモリに関しては、最大メモリ利用時における20%増程度を目安に設定し、CPU
に関しては耐えうるレスポンスタイムを得られるCPUの上限値の20%増程度を目
安に設定するのがよいでしょう。

LimitRangeのrequestsとlimits

LimitRangeは、上記のrequestsとlimitsの指定を省略したときのデフォルト値、
およびPodのresourcesで設定できる範囲 (max・min・maxLimitRequestRatio)
を指定します。LimitRangeリソースでは、.spec.limitsに以下の値を設定します。

フィールド名	Type			説明
	Container	Pod	Persistent Volume Claim	
default	✓			デフォルトのlimits
defaultRequest	✓			デフォルトのrequests
maxLimitRequest Ratio	✓	✓		limits/requestsの最大値。この値が指定された場合、リソースはrequestsとlimitsの両方が必要
max	✓	✓	✓	Pod、PersistentVolumeClaimで設定するrequestsとlimitsの最大値を指定
min	✓	✓	✓	Pod、PersistentVolumeClaimで設定するrequestsとlimitsの最小値を指定

PersistentVolumeClaimについては、コンテナ・Podと異なり、指定値がスト
レージ容量になります。

なお、Google Kubernetes Engineでは、defaultネームスペースに以下の
LimitRangeが設定されています。

```
apiVersion: v1
kind: LimitRange
metadata:
```

```
  name: limits
  namespace: default
  …… (中略) ……
spec:
  limits:
  - defaultRequest:
      cpu: 100m
    type: Container
```

Pod の QoS (Quality of Service)

Podには、QoSクラスが割り当てられます。Kubernetesは、このQoSクラスによって、Podsのスケジュール・他のノードへの移動を判断をします。
QoSクラスは、以下のように確認できます。

```
$ kubectl get po nginx -o yaml
apiVersion: v1
kind: Pod
  …… (中略) ……
status:
  qosClass: Burstable
  …… (以下略) ……
```

なお、QoSクラスとその条件は、以下のとおりです。

- Guaranteed
  Pod内のすべてのコンテナが、memory limitとmemory requestを持ち、かつ同じ値であること
  Pod内のすべてのコンテナが、cpu limitとcpu requestを持ち、かつ同じ値であること
- Burstable
  QoSクラス「Guaranteed」の条件を満たさないこと
  少なくともPod内の1つのコンテナが、memoryあるいはCPU requestを持つこと
- BestEffort
  上記以外 (limits/requestsを持たないこと)

エラーと対処法

コンテナのリソース使用が指定した最小値を下回る

```
$ kubectl run nginx --image=nginx --generator=run-pod/v1 --requests='cpu=100m'
Error from server (Forbidden): pods "nginx" is forbidden: minimum cpu usage ↲
per Container is 200m, but request is 100m.
```

原因

指定したコンテナのリソースが、LimitRangeで指定したmin未満の値です。

対処法

LimitRangeで指定したmin以上の値で、コンテナをデプロイしましょう。

ネームスペース単位でリソースを制限

ResourceQuota

別名 quota **関連リソース** Namespace, LimitRange, Pod, PersistentVolumeClaim

Resource Quotaは、ネームスペースごとにPodが利用できるCPU・メモリ・ストレージに制限を設定するリソースです。ノードの数が固定されていて、多くのチームや開発者で共有されているときに設定すると、一部のユーザーやチームがリソースを専有することを防げます。

🔵 書式例

```
apiVersion: v1
kind: ResourceQuota
metadata:
  # 1. Resource Quotaの名前を指定
  name: object-quota-demo
spec:
  # 2. ネームスペース内のリソース上限を指定
  hard:
    cpu: 10                           # CPU requestsの合計上限
    limits.cpu: 20                    # CPU limitsの合計上限
    memory: 10Gi                      # メモリrequestsの合計上限
    limits.memory: 20Gi               # メモリlimitsの合計上限
    count/pods: "20"                  # Pod数
    persistentvolumeclaims: "10"      # PersistentVolumeClaimの合計数
    requests.storage: 50Gi            # PersistentVolumeClaimの合計容量
```

説明

Resource Quotaは、ネームスペースごとのリソース上限を設定するためのリソースです。

複数のユーザーやチームでクラスターを共有する場合、特定のチームがリソースを専有してしまうという懸念があります。Resource Quotaを利用することで、そのような問題を防げます。

Resource Quotaを有効化

Resource Quotaは、多くのKubernetesディストリビューションでデフォルト

で有効化されています。apiserverの--enable-admission-plugins=オプションに
ResourceQuotaを含めることで有効化されます。

Resource Quotaの種類
Resource Quotaには、以下の3種類があります。

- Compute Resource Quota
- Storage Resource Quota
- Object Count Quota

Compute Resource Quota
特定のネームスペースでリクエストできるcompute resources（コンテナ・Pod）
の合計を制限します。
以下のリソースタイプがサポートされています。

リソース名	詳細
cpu / requests.cpu	CPU requestsの合計値
limits.cpu	CPU limitsの合計値
memory / requests.memory	memory requestsの合計値
limits.memory	memory limitsの合計値

コンテナの各requests値とlimits値の合計が、ResourceQuotaで設定した上記
の値を超えると、コンテナ（Pod）をデプロイできなくなります。
なお、requests・limitsを設定した場合、対応する設定値を持たないコンテナを
デプロイしようとすると、コンテナの要求するリソース量がわからないので、使用
量の計算ができなくなり、エラーが返されます。各コンテナに対応する設定を記述
するか、LimitRangeリソースを利用して、デフォルトの値を設定するようにしま
しょう。
Extended Resourcesと呼ばれる、GPUなどの管理に使われる拡張可能なリソー
スもあります。利用例をkubectl taintコマンドの説明に記載しているので、P.216
を参照してください。

Storage Resource Quota
特定のネームスペースでリクエストできるstorage resourcesの合計を制限しま
す。

リソース名	詳細
requests.storage	persistent volume claims の storage requests の合計値
persistentvolumeclaims	ネームスペース内に存在できる persistent volume claims の合計数
<storage-class-name>.storageclass. storage.k8s.io/requests.storage	あるストレージクラスの、persistent volume claims での storage requests の合計値
<storage-class-name>.storageclass. storage.k8s.io/persistentvolumeclaims	あるストレージクラスの、ネームスペース内に存在できる persistent volume claims の合計数

Object Count Quota

v1.9から、すべてのネームスペースに紐付くリソースタイプについて、Quotaを設定できるようになりました。

- count/<resource>.<group>

たとえば、以下のようなQuotaがあります。

- count/persistentvolumeclaims
- count/services
- count/secrets
- count/jobs.batch

🔧 使い方

Resource Quotaを使ってリソースを制限してみましょう。以下の簡単なサンプルを利用してみます。

▼ sample_quota.yaml

```
apiVersion: v1
kind: ResourceQuota
metadata:
  name: object-quota-demo
spec:
  hard:
    count/pods: "1"
    persistentvolumeclaims: "1"
```

このResource Quotaを作成します。

```
$ kubectl apply -f sample_quota.yaml
resourcequota/object-quota-demo created
```

```
$ kubectl describe resourcequota/object-quota-demo
Name:                     object-quota-demo
Namespace:                default
Resource                  Used  Hard
--------                  ----  ----
count/pods                0     1
persistentvolumeclaims    0     1
```

利用量（Used）は0で、上限（Hard）はそれぞれ1であることがわかります。

次に、Podを作成してみます。利用可能な上限値以下なので、問題なくPodが作成されます。

```
$ kubectl run nginx-1 --image=nginx --generator=run-pod/v1
pod/nginx-1 created

$ kubectl describe resourcequota/object-quota-demo
Name:                     object-quota-demo
Namespace:                default
Resource                  Used  Hard
--------                  ----  ----
count/pods                1     1
persistentvolumeclaims    0     1
```

Podを1つ作成したので、count/podsのUsedの値が1になりました。

さらにPodを作成してみると、Resource Quotaによるリソース制限によって、Podの作成が失敗することがわかります。

```
$ kubectl run nginx-2 --image=nginx --generator=run-pod/v1
Error from server (Forbidden): pods "nginx-2" is forbidden: exceeded quota↵
: object-quota-demo, requested: count/pods=1, used: count/pods=1, limited:↵
 count/pods=1
```

メッセージからPodが1と要求されたものの、すでに利用されているPod数が1で、上限が1であるために作成できないことが確認できます。

なお、Resource Quotaによるリソース制限は、Resource Quotaが作成後に適用される点に注意しましょう。たとえば、あらかじめPodを2つ作成した後、先ほどのResource Quotaを作成すると、以下のようになります。

```
# Podを2つ作成
$ kubectl run nginx-1 --image=nginx --generator=run-pod/v1
```

```
$ kubectl run nginx-2 --image=nginx --generator=run-pod/v1
```

```
# Resource Quotaを作成
$ kubectl apply -f sample_quota.yaml
```

```
# 確認
$ kubectl describe resourcequota/object-quota-demo
Name:                   object-quota-demo
Namespace:              default
Resource                Used  Hard
--------                ----  ----
count/pods              2     1      # 上限を超えている
persistentvolumeclaims  0     1
```

⚙ エラーと対処法

コンテナ作成時に、必要な値が指定されていない

`エラーメッセージ`

```
Error from server (Forbidden): pods "nginx" is forbidden: failed quota: cp↩
u-quota: must specify requests.cpu
```

`原因`

Compute Resource Quotaで指定されたrequests・limitsの値が、コンテナの設定値に指定されていません。

`対処法`

Compute Resource Quotaにおいてrequests・limitsを設定する場合、対応する設定値を持たないコンテナをデプロイしようとすると、エラーが返されます。各コンテナに対応する設定を記述するか、LimitRangeリソースを利用して、デフォルトの値を設定するようにしましょう。

次の手順で、上記の挙動を確認できます。

```
# Namespaceを作成
$ kubectl create ns requestquota
namespace/requestquota created
```

```
# RequestQuotaを作成
$ kubectl create quota cpu-quota --hard=requests.cpu=1 -n requestquota
resourcequota/cpu-quota created
```

```
# CPU requestsを指定せずPodを起動（エラー）
$ kubectl run nginx --image=nginx --generator=run-pod/v1 -n requestquota
```

```
Error from server (Forbidden): pods "nginx" is forbidden: failed quota: cp↵
u-quota: must specify requests.cpu

# CPU requestsを指定してPodを起動（成功）
$ kubectl run nginx --image=nginx --generator=run-pod/v1 --requests='cpu=↵
100m' -n requestquota
pod/nginx created
```

ネームスペース単位で権限を定義する

Role

関連リソース RoleBinding, Namespace

ネームスペース単位で権限を定義します。

🔵 書式例

```
kind: Role
apiVersion: rbac.authorization.k8s.io/v1
metadata:
  # 1. 対象となるネームスペースを指定
  namespace: default
  # 2. ロール名を指定
  name: pod-reader
rules:
  # 3. APIグループを指定。""はcore API groupを意味する
- apiGroups: [""]
  # 4. 対象となるリソースを指定
  resources: ["pods"]
  # 5. 許可する操作を指定
  verbs: ["get", "watch", "list"]
```

アノテーション

アノテーション	型	説明
rbac.authorization.kubernetes.io/autoupdate	Boolean	クラスターの起動時、APIサーバーがデフォルトのRoleなどで不足している権限を自動更新することで、意図しない修正や新規リリースに対して、権限を適切に保ちます。

説明

Roleを使うことで、ネームスペース単位で権限を定義します。具体的には、ネームスペース・リソースの種類・許可する操作に対して、rulesのセットとして権限を定義します。

ユーザーに対して権限制御を有効化するためには、RoleBindingリソースを使ってRoleとユーザーと紐付ける必要があります。

RBACの具体的な利用方法については、Role Based Access Controlの説明（P.381）を参照してください。

Roleとユーザーを紐付ける
RoleBinding

関連リソース Role, ClusterRole, Namespace

　RoleもしくはClusterRoleをユーザー・グループ・ServiceAccountに紐付け、指定したネームスペースのアクセス権を設定します。ClusterRoleBindingと異なり、指定したネームスペースのリソースに対してのみアクセス権を定義します。

　ClusterRoleへの紐付けを指定した場合でも、指定したネームスペースへのアクセス権のみとなります。

📖 書式例

```
kind: RoleBinding
apiVersion: rbac.authorization.k8s.io/v1
metadata:
  # 1. 対象となるネームスペースを指定
  namespace: default
  # 2. ロール名を指定
  name: read-pods
# 3. Roleと紐付ける対象を指定
subjects:
- kind: User
  name: jane # nameは大文字小文字を区別
  apiGroup: rbac.authorization.k8s.io
# 4. 紐付けるロールを指定
roleRef:
  kind: Role # RoleまたはClusterRoleを指定
  name: pod-reader # 紐付けたいRoleまたはClusterRoleの名前を指定
  apiGroup: rbac.authorization.k8s.io
```

アノテーション

アノテーション	型	説明
rbac.authorization.kubernetes.io/autoupdate	Boolean	クラスターの起動時、APIサーバーがデフォルトのRoleなどで不足している権限を自動更新することで、意図しない修正や新規リリースに対して、権限を適切に保ちます。

RoleBindingによって、Roleで定義された権限をユーザーあるいはグループに紐付けられます。

RoleBindingは、RoleだけでなくClusterRoleを指定することも可能です。その場合、RoleBindingのネームスペース内で、ClusterRoleで定義されたネームスペースリソースへの権限が付与されます。これにより、管理者はクラスターにわたる共通的なロールのセットを定義でき、複数のネームスペースで再利用できます。

RBACの具体的な利用方法については、Role Based Access Controlの説明（P.381）を参照してください。

クラスター単位で権限を定義する
ClusterRole

関連リソース ClusterRoleBinding, Namespace

クラスター単位で権限を定義します。定義した権限は、ClusterRoleBindingを利用してクラスター全体に付与したり、RoleBindingを利用して特定のネームスペースに割り当てられます。

🌀 書式例

```
kind: ClusterRole
apiVersion: rbac.authorization.k8s.io/v1
metadata:
  # 1. リソース名を指定
  name: secret-reader
rules:
# 2. APIグループを指定。""は、core API groupを意味する
- apiGroups: [""]
  # 3. 対象となるリソースを指定
  resources: ["secrets"]
  # 4. 許可する操作を指定
  verbs: ["get", "watch", "list"]
```

アノテーション

アノテーション	型	説明
rbac.authorization. kubernetes.io/autoupdate	Boolean	クラスターの起動時、APIサーバーがデフォルトのRoleなどで不足している権限を自動更新することで、意図しない修正や新規リリースに対して、権限を適切に保ちます。

説明

ClusterRoleを使って、クラスター単位で権限を定義します。

Roleリソースは単一のネームスペース内のリソースに対して権限を付与しますが、ClusterRoleリソースはクラスター全体のリソースに対して権限を付与します。

たとえば、ClusterRoleを使って、以下のリソースに権限を付与します。

- クラスタースコープのリソース（ノードなど）

実践編 ▼ リソース ▼ アクセス制御

2

- リソースでないエンドポイント（"/healthz"など）
- すべてのネームスペースおよびネームスペースリソース（Podなど）

　ユーザーに対して権限制御を有効化するためには、ClusterRoleBindingリソースにより、ClusterRoleとユーザーとを紐付ける必要があります。

　RBACの具体的な利用方法については、Role Based Access Controlの説明（P.381）を参照してください。

Aggregated ClusterRole

　aggregationRuleを利用すると、他のClusterRoleのルールを参照した新しいClusterRoleを作成できます。参照するClusterRoleは、Podのセレクターと同じようにラベルを利用して指定できます。

　以下に示すのは、Aggregated ClusterRoleの一例です。

```
kind: ClusterRole
apiVersion: rbac.authorization.k8s.io/v1
metadata:
  name: monitoring
# 1. aggregationRuleを設定
aggregationRule:
  # 2. 集約するClusterRoleをラベルで指定
  clusterRoleSelectors:
  - matchLabels:
      rbac.example.com/aggregate-to-monitoring: "true"
rules: [] # ルールはコントローラーマネージャーによって自動的に設定される
```

　ここでは、ラベルrbac.example.com/aggregate-to-monitoringがtrueに設定されたClusterRoleを参照する、新しいClusterRole monitoringを作成しています。

　なお、デフォルトロールにはClusterRole集約が設定されています。

- admin：rbac.authorization.k8s.io/aggregate-to-admin
- edit：rbac.authorization.k8s.io/aggregate-to-edit
- view：rbac.authorization.k8s.io/aggregate-to-view

　そのため、ClusterRoleリソースに上記のラベルを付与することで、デフォルトロールに権限を追加できます。

　以下に示すのは、admin・edit・viewに権限を付与する一例です。

```
kind: ClusterRole
apiVersion: rbac.authorization.k8s.io/v1
metadata:
```

```
  name: aggregate-cron-tabs-edit
  labels:
    # デフォルトロールの"admin"、"edit"に権限を付与するためにラベルを指定
    rbac.authorization.k8s.io/aggregate-to-admin: "true"
    rbac.authorization.k8s.io/aggregate-to-edit: "true"
# デフォルトロールに追加する権限
rules:
- apiGroups: ["stable.example.com"]
  resources: ["crontabs"]
  verbs: ["get", "list", "watch", "create", "update", "patch", "delete"]
---
kind: ClusterRole
apiVersion: rbac.authorization.k8s.io/v1
metadata:
  name: aggregate-cron-tabs-view
  labels:
    # デフォルトロールの"view"に権限を付与するためにラベルを指定
    rbac.authorization.k8s.io/aggregate-to-view: "true"
rules:
- apiGroups: ["stable.example.com"]
  resources: ["crontabs"]
  verbs: ["get", "list", "watch"]
```

ClusterRoleとアカウントを紐付ける
ClusterRoleBinding

関連リソース ClusterRole, Namespace

ClusterRoleをユーザー・グループ・ServiceAccountに紐付け、アクセス権を設定します。

書式例

```
kind: ClusterRoleBinding
apiVersion: rbac.authorization.k8s.io/v1
metadata:
  # 1. リソース名を指定
  name: read-secrets-global
subjects:
- kind: Group          # 2. グループを指定
  name: manager        # nameは大文字小文字を区別
  apiGroup: rbac.authorization.k8s.io
- kind: User           # 3. ユーザーを指定
  name: yamada
  apiGroup: rbac.authorization.k8s.io
- kind: ServiceAccount # 4. ServiceAccountを指定
  name: default
  namespace: default
roleRef:
  kind: ClusterRole    # 5. 紐付けるClusterRoleを指定
  name: secret-reader
  apiGroup: rbac.authorization.k8s.io
```

アノテーション

アノテーション	型	説明
rbac.authorization. kubernetes.io/autoupdate	Boolean	クラスターの起動時、APIサーバーがデフォルトのRoleなどで不足している権限を自動更新することで、意図しない修正や新規リリースに対して、権限を適切に保ちます。

ClusterRoleBindingによって、ClusterRoleで定義された権限を、ユーザーあるいはグループに紐付けられます。ClusterRoleBindingは、クラスターレベルかつすべてのネームスペースに及ぶ権限を付与できます。

RBACの具体的な利用方法については、Role Based Access Controlの説明（P.381）を参照してください。

サービスアカウントを管理する
ServiceAccount

別名 sa　**関連リソース** RoleBinding, ClusterRoleBinding

ServiceAccountは、Pod に含まれるコンテナ内のプロセスが API サーバーと通信する際の認証に使用するリソースです。

🔧 書式例

```
apiVersion: v1
kind: ServiceAccount
metadata:
  # 1. リソース名を指定
  name: test-serviceaccount
# 2. Tokenを自動でマウントするかどうかを指定。デフォルトはtrue
automountServiceAccountToken: true
# 3. （オプション）private repositoryにアクセスするためのsecretsを指定
imagePullSecrets:
- name: myregistrykey
```

説明

ServiceAccountは、Pod に含まれるコンテナ内のプロセスが API サーバーと通信する際の認証に使用するリソースです。

Kubernetesはユーザー認証の仕組みを持っていないため、基本的に外部の認証の仕組み（LDAP・ActiveDirectory・OIDC Provider・証明書など）を利用して一般ユーザーは認証されます。一方、ServiceAccountは、Kubernetesによって管理され、Kubernetesの内部で利用する特別なユーザーです。

APIサーバーとの通信に利用されるほか、PodSecurityPolicyによるポリシー設定を行ったり、一般ユーザーを作成するのに全社のディレクトリサーバーへの追加の申請が必要などで手間がかかる場合に、テストのために利用する仮のユーザーアカウントとするといった用途で利用できます。詳細は、第3章のRBACの説明（P.381）を参照してください。

ServiceAccountは特定のネームスペースに属し、APIサーバーによって自動的に作成されたり、API call経由で作成されたりします。 ServiceAccountを作成するとSecretリソースが作成され、Kubernetes APIと通信用にPod内にマウントされます。

Podを作成する際、ServiceAccountを指定しない場合には同じネームスペース内のdefaultが使用されます。

```
$ kubectl get serviceaccount --all-namespaces | grep default
default       default                                    1          22h
kube-public   default                                    1          22h
kube-system   default                                    1          22h
```

default ServiceAccount以外を利用するには、spec.serviceAccountNameにServiceAccount名を指定します。

```
apiVersion: v1
kind: Pod
metadata:
  name: my-pod
spec:
  serviceAccountName: test-serviceAccountName
  ……（以下略）……
```

Podのセキュリティを強化する
PodSecurityPolicy

別名 psp **関連リソース** ServiceAccount, ClusterRole, Role,
ClusterRoleBinding, RoleBinding, Pod

Pod/コンテナの権限を制限します。具体的には、ホストリソースへのアクセスを制限したり、Pod/コンテナのSecurity Contextで設定できる値を制限します。この制限により、Security Contextで勝手にセキュリティを緩和できないようにして、セキュリティ権限が弱いPodをユーザーが作成するのを防げます。

🔵 書式例

```
apiVersion: policy/v1beta1
kind: PodSecurityPolicy
metadata:
  name: my-psp
spec:
  # 1. 特権での実行の許可の可否
  privileged: false
  # 2. 許可するUID
  runAsUser:
    rule: MustRunAsNonRoot
  # 3. ルートファイルシステムを読み取り専用にするかどうか
  readOnlyRootFilesystem: false
  # 4. ボリュームをマウントするときのユーザーの範囲
  fsGroup:
    rule: RunAsAny
  # 5. ユーザーの所属可能なグループ範囲
  supplementalGroups:
    rule: RunAsAny
  # 6. 特権の昇格の許可の可否
  defaultAllowPrivilegeEscalation: true
  # 7. 利用を許可するボリューム
  volumes:
  - 'emptyDir'
  - 'secret'
```

```yaml
  - 'downwardAPI'
  - 'configMap'
  - 'persistentVolumeClaim'
  - 'projected'
# 8. hostPIDの利用の可否
hostPID: false
# 9. hostIPCの利用の可否
hostIPC: false
# 10. ホストNetworkの利用の可否
hostNetwork: false
# 11. ホストNetworkを利用したときの許可ポート
hostPorts:
- min: 0
  max: 65535
# 12. ホストパスへのアクセス許可
allowedHostPaths:
- pathPrefix: "/var/log"
  readOnly: true
# 13. FlexVolumeのアクセス許可
allowedFlexVolumes:
- driver: example/cifs
# 14. /procの変更の許可
allowedProcMountTypes:
- Default
# 15. ドロップするケイパビリティ
requiredDropCapabilities:
- ALL
# 16. 許可するケイパビリティ
allowedCapabilities:
- NET_ADMIN
# 17. デフォルトで追加するケイパビリティ
defaultAddCapabilities:
- NET_BIND_SERVICE
# 18. 許可するsysctl設定
allowedUnsafeSysctls:
- kernel.msg*
# 19. 禁止するsysctl設定
forbiddenSysctls:
- kernel.shm_rmid_forced
```

```
# 20. 禁止するsysctl設定
seLinux:
  rule: RunAsAny
```

アノテーション	型	説明
seccomp.security.alpha. kubernetes.io/ allowedProfileNames	文字列	設定を許可するseccompのプロファイル（例：docker/default）
seccomp.security.alpha. kubernetes.io/ defaultProfileName	文字列	デフォルトのseccompのプロファイル（例：docker/default）
apparmor.security.beta. kubernetes.io/ allowedProfileNames	文字列	設定を許可するAppArmorのプロファイル（例：runtime/default）
apparmor.security.beta. kubernetes.io/ defaultProfileName	文字列	デフォルトのAppArmorのプロファイル（例：runtime/default）

アノテーションのプレフィクス

- seccomp.security.*
  seccompを設定
- apparmor.security.*
  Ubuntu/SuSEなどで利用されるAppArmorの設定

説明

　PodSecurityPolicyは、その名のとおりPodのセキュリティポリシーの設定を行います。PodSecurityPolicyを設定することにより、Pod作成時にrootユーザーで実行するのを禁止したり、ホストリソースへのアクセスを禁止できます。

　PodSecurityPolicyは、2019年9月時点で標準では無効となっています。PodSecurityPolicyの利用には、AdmissionControllerでの設定などが必要です。詳細はP.355のコラムを参照してください。

　PodSecurityPolicyを有効にすると、デフォルトでは、セキュリティが最も厳格な状態となり、PodSecurityPolicyに対応していないイメージ・マニフェスト・Helm Chartを実行しようとすると、ほとんどの場合でエラーとなります。利用する際には注意が必要です。

　たとえば、rootユーザーによるコンテナの起動を禁止する場合、次のようなPodSecurityPolicyを定義します。

▼ my-psp.yaml

```
apiVersion: policy/v1beta1
kind: PodSecurityPolicy
```

```
metadata:
  name: my-psp
spec:
  runAsUse:
    rule: MustRunAsNonRoot
  seLinux:
    rule: RunAsAny
  supplementalGroups:
    rule:  RunAsAny
  fsGroup:
    rule: RunAsAny
  volumes:
  - secret
```

　runAsUseの設定に注目してください。このPodSecurityPolicyは、コンテナの実行にMustRunAsNonRoot（rootユーザーでないこと）を要求するポリシーです。このポリシーを利用するには、以下のいずれかに（Cluster）RoleBindingで設定します。

- Podが利用するServiceAccount
- リソースを作成するユーザー
- リソースを作成するグループ

　以下では、ServiceAccountを利用する例で説明します。ユーザー・グループでPodSecuriryPolicyを利用する場合は、kubeconfigに設定するユーザー（もしくは設定したグループに所属するユーザー）を設定し、ServiceAccountの設定は無視してください。
　Roleで上記のPodSecurityPolicyを定義するには、次のようなマニフェストを記述します。

▼ my-psp-role.yaml

```
apiVersion: rbac.authorization.k8s.io/v1
kind: ClusterRole
metadata:
  name: my-psp-cr
rules:
- apiGroups: ['policy']
  resources: ['podsecuritypolicies']
  verbs:     ['use']
  resourceNames:
  - my-psp-cr
```

ここでは、psp-testというネームスペースを作成したうえで、testsa Service Accountに PodSecurityPolicy の設定を行ってみます。

```
# PodSecurityPolicyの作成
$ kubectl apply -f my-psp.yaml
podsecuritypolicy.policy/my-psp created
# ClusterRoleの作成
$ kubectl apply -f my-psp-cr.yaml
clusterrole.rbac.authorization.k8s.io/my-psp-cr created
# ネームスペースの作成
$ kubectl create ns psp-test
namespace/psp-test created
# ServiceAccountの作成
$ kubectl create sa testsa -npsp-test
# ServiceAccountへのClusterRoleのバインド
$ kubectl create rolebinding my-psp-crb --clusterrole=my-psp-cr --service↵
account=psp-test:testsa -npsp-test
rolebinding.rbac.authorization.k8s.io/my-psp-role created
```

　ユーザーもしくはグループに PodSecurityPolicy を設定する場合は、上記の rolebinding を作成するところで、「--serviceaccount=...」の代わりに「--user=<ユーザー名>、--group=<グループ名>」と記述します。また、設定したユーザー・グループの設定を使ってkubectlを実行すれば、ServiceAccountを指定する必要はありません。

　上記の設定を行ったうえで、root ユーザー権限で動作する Pod を kubectl run コマンドで起動しようとすると、次のようにエラーとなります。

```
$ kubectl run --generator=run-pod/v1 nginx --image=nginx:1.15.9 --service↵
account=testsa -npsp-test
$ kubectl get pods -npsp-test
NAME      READY    STATUS
nginx     0/1      CreateContainerConfigError
```

　上記の Pod の状態を確認すると、設定関連のエラーであることがわかるので、次に describe で詳細を確認します。

```
$ kubectl describe pod/nginx -npsp-test
…… (中略) ……
Events:
  Type     Reason      Age     From                  Message
  ----     ------      ---     ----                  -------
  Normal   Scheduled   22s     default-scheduler     Successful↵
```

```
ly assigned test-ns/nginx to node1.internal
  Normal   Pulling      16s (x2 over 21s)   kubelet, node1.internal  pulling ↵
image "nginx"
  Normal   Pulled       6s (x2 over 17s)    kubelet, node1.internal  Successf↵
ully pulled image "nginx"
  Warning  Failed       6s (x2 over 17s)    kubelet, node1.internal  Error: c↵
ontainer has runAsNonRoot and image will run as root
```

runAsNonRoot（rootユーザーでの実行を禁止）設定をコンテナが持っていますが、イメージはrootユーザーで実行しようとしているので、エラーとなっていることがわかります。このように、rootユーザーでの実行を禁止できます。

ここで、Container Security Contextを設定して、強制的にrootユーザーで起動できるか試してみましょう。

▼ nginx-with-root.yaml

```yaml
apiVersion: v1
kind: Pod
metadata:
  name: nginx
spec:
  containers:
  - name: nginx
    image: nginx
    securityContext:
      runAsNonRoot: false
```

securityContext.runAsNonRootをfalseに設定すると、rootユーザーでの実行を許可します。

```
$ kubectl apply -f nginx-with-root.yaml -npsp-test
Error from server (Forbidden): error when creating "nginx-with-root.yaml": ↵
 pods "nginx" is forbidden: unable to validate against any pod security po↵
licy: [spec.containers[0].securityContext.runAsNonRoot: Invalid value: fal↵
se: must be true spec.containers[0].securityContext.runAsNonRoot: Invalid ↵
value: false: must be true]
```

「Container Security ContextのrunAsNonRootの値は、falseではなくtrueでなければならない」というエラーが出力され、Podを起動できませんでした。このように、Pod Security Policyはポリシーの準拠を強制し、Pod Security ContextやContainer Security Contextによる設定の上書きを禁止します。

次に、my-psp.yamlを変更して、Pod Security Policyを任意のユーザーで実行

できるように変更します。

▼my-psp.yaml

```
apiVersion: policy/v1beta1
kind: PodSecurityPolicy
metadata:
  name: my-psp
spec:
  runAsUser:
    rule: RunAsAny
…… (以下略) ……
```

　修正したポリシーを適用し、Podを実行すると、今度は実行できるようになります。

```
$ kubectl apply -f my-psp.yaml
$ kubectl delete pod/nginx -npsp-test
$ kubectl run --generator=run-pod/v1 nginx --image=nginx -npsp-test

$ kubectl get pod -npsp-test
NAME    READY   STATUS    RESTARTS   AGE
nginx   1/1     Running   0          12s
```

　上記はPodSecurityPolicyの動作を説明するための例ですが、実際にはPodSecurityPolicyを利用した場合、Podやコンテナ、あるいはイメージの設定を変更して、PodSecurityPolicyを守るようにアプリケーションやマニフェストを作成する必要があります。
　セキュリティを厳しく制限するマニフェストの例として、以下のようなマニフェストを用意します。

▼restricted.yaml

```
apiVersion: policy/v1beta1
kind: PodSecurityPolicy
metadata:
  name: restricted
  annotations: #1
    seccomp.security.alpha.kubernetes.io/allowedProfileNames: 'docker/default'
    apparmor.security.beta.kubernetes.io/allowedProfileNames: 'runtime/default'
    seccomp.security.alpha.kubernetes.io/defaultProfileName:  'docker/default'
    apparmor.security.beta.kubernetes.io/defaultProfileName:  'runtime/default'
spec:
  runAsUser: #2
```

```
  rule: 'MustRunAsNonRoot'
readOnlyRootFilesystem: true #3
fsGroup: #4
  rule: 'MustRunAs'
  ranges:
    - min: 1
      max: 65535
supplementalGroups: #5
  rule: 'MustRunAs'
  ranges:
    - min: 1
      max: 65535
privileged: false #6
allowPrivilegeEscalation: true #6
requiredDropCapabilities: #7
  - ALL
defaultAddCapabilities: #7
 - NET_BIND_SERVICE
volumes: #8
  - 'configMap'
  - 'emptyDir'
  - 'projected'
  - 'secret'
  - 'downwardAPI'
  - 'persistentVolumeClaim'
hostNetwork: false #9
hostIPC: false #9
hostPID: false #9
seLinux: #10
  rule: 'RunAsAny'
```

上記の設定は、次のような内容になっています。

1. OSのセキュリティ設定としてDocker標準の設定を利用
2. ユーザーはrootユーザー以外のユーザーを利用
3. ルートファイルシステムは、読み込み専用
4. ボリュームマウント時のユーザーをrootユーザー以外に設定
5. ユーザーが所属するグループはrootユーザー以外
6. 特権権限は利用しないが、特権の昇格は許可（capability利用のため）
7. ポート1024番（TCP/UDP）未満のポートの利用の許可
8. ボリュームを制限（hostPathなど危険なものは利用させない）
9. ホストリソースへのアクセスを制限

10. SELinux はどんな設定も許可

Pod では、Pod 用の Pod Security Context とコンテナ用の Container Security Context を設定できます。

たとえば、Pod Security Context と Container Security Context を定義した Pod は、次のようなマニフェストになります。

```
apiVersion: v1
kind: Pod
metadata:
  name: nginx
spec:
  # Pod Security Context
  securityContext:
    runAsUser: 100
  containers:
  - name: foo
    image: fooimg
    # Container Security Context
    securityContext:
      runAsUser: 33
    …… (中略) ……
  - name: bar
    image: barimg
```

これらのセキュリティ設定は、次の順に優先されます。

1. PodSecurityPolicy
2. Container Security Context
3. Pod Security Context

正確には、PodSecurityContext は Pod・コンテナの Security Context の設定を制限し、自由に設定できなくしたり、指定がないときのデフォルト値を設定します。

Container Security Context の設定は、Pod Security Context の設定を上書きします。上記の例では、Pod の実行ユーザーは 100 になっていますが、foo コンテナは実行ユーザーを 33 で行うように設定されているので、UID 33 で上書きされます。bar コンテナは、Pod Security Context で定義された UID 100 で実行されます。

これに対して、PodSecurityPolicy では、同じ runAsUser パラメータに対し、MustRunAs (UID 範囲を指定)、MustRunAsNonRoot (root ユーザー以外で実行)、RunAsAny (任意のユーザーで実行) と設定種別を設定します。

このように、表記方法は若干異なることがあります。PodSecurityPolicy・Pod

Security Context・Container Security Contextの設定値の一覧を以下の表でまとめておくので、参考にしてください。

▼ PodSecurityPolicy・Pod Security Context・Container Security Contextの設定値の一覧

パラメータ	設定可能な値（-は設定なし）		
	PodSecurityPolicy	Container Security Context	Pod Security Context
runAsUser	MustRunAs MustRunAsNonRoot RunAsAny	UID	UID
runAsNonRoot	-	true false	true false
readOnly RootFilesystem	true/false	true false	-
runAsGroup	MustRunAs MustRunAsNonRoot RunAsAny	GID	GID
fsGroup	RunAsAny MustRunAs	-	GID
supplementalGroups	MustRunAs RunAsAny	-	GIDs
privileged	true false	true false	-
defaultAllow PrivilegeEscalation	true false	-	-
Allow PrivilegeEscalation	true false	true false	
defaultAddCapabilities	CAPs	-	-
requiredDropCapabilities	CAPs	-	-
allowedCapabilities	CAPs	-	-
capabilities	-	CAPs	
allowedProcMountTypes	Default Unmasked		-
procMount		DefaultProcMount UnmaskedProcMount	
selinux	MustRunAs RunAsAny	-	-
seLinuxOptions	-	seLinux LEVEL	seLinux LEVEL
forbiddenSysctls	SYSCTLs	-	-
allowedUnsafeSysctls	SYSCTLs	-	-
sysctls			SYSCTLs

大文字の箇所には、それぞれ指定の値が入ります。UID、GID はユーザーID、グループIDです。CAPsはCAPの設定を配列で、SYSCTLsもsysctlの設定を配列で、seLinux LEVEL は SELinuxのレベルを配列で記述します。

その他の箇所は、セルの値を選択して指定します。以下の設定は、次のような意味を持ちます。

- **MustRunAs**：IDや設定を指定し、それ以外の設定値を選択できないようにする
- **MustRunAsNonRoot**：root ユーザー・グループによる実行を禁止
- **RunAsAny**：すべての値を許可

> **Column** PodSecurityPolicy を有効にする方法

PodSecurityPolicy はデフォルトでは無効のため、有効にする必要があります。PodSecurityPolicy を有効にするには、Admission Controller の設定に PodSecurity Policy を追加します。

具体的には、Kubernetes の apiserver の --enable-admission-plugins オプションに PodSecurityPolicy を追加します。

```
--enable-admission-plugins=NamespaceLifecycle,LimitRanger,...,PodSecurityPolicy
```

kubeadm を利用して構築した場合（Kubespray も含みます）は、以下のファイルに設定箇所があるので、該当箇所を書き換えます。

▼ /etc/kubernetes/manifests/kube-apiserver.yaml

```
- --enable-admission-plugins=...,PodSecurityPolicy
```

GKEの場合は、以下のコマンドを実行し、PodSecurityPolicy を有効にします。

```
$ gcloud beta container clusters create psp  --enable-pod-security-policy
```

⚙ エラーと対処法

Podが実行できない

エラーメッセージ

Pod実行時に CreateContainerConfigError となります。

```
$ kubectl run --generator=run-pod/v1 nginx --image=nginx
$ kubectl get pods
NAME     READY   STATUS
```

```
nginx    0/1    CreateContainerConfigError
```

describeで詳細を確認すると、以下のようなメッセージが表示されます。

```
$ kubectl describe pod/nginx
…… (中略) ……
Events:
  Type     Reason     ... Message
  ----     ------     ... -------
  Normal   Scheduled  ... Successfully assigned test-ns/nginx to node1.internal
  Normal   Pulling    ... pulling image "nginx"
  Normal   Pulled     ... Successfully pulled image "nginx"
  Warning  Failed     ... Error: container has runAsNonRoot and image will run as root
```

原因

PodSecurityPolicyを有効にすると、デフォルトでさまざまな制限がかかるようになります。上記の例では、デフォルトではrootユーザーでの実行が禁止されるようになりますが、nginxイメージはrootユーザーで実行するようになっているので、エラーとなっています。

対処法

実行ユーザーを緩和したPodSecurityPolicyを作成し、ネームスペースのdefault ServiceAccountに設定します。

細かいセキュリティ権限の設定が不要な場合は、組み込みのPodSecurityPolicyのprivileged（Kubesprayの場合。GKEの場合はgce.privileged）をServiceAccountに適用すると、実行できるようになります。

▼privileged-default-sa.yaml

```
---
apiVersion: rbac.authorization.k8s.io/v1
kind: Role
metadata:
  name: privileged-role
rules:
- apiGroups: ['policy']
  resources: ['podsecuritypolicies']
  verbs:      ['use']
  resourceNames:
  - privileged      # GKEの場合はgce.privileged
---
apiVersion: rbac.authorization.k8s.io/v1
```

```
kind: RoleBinding
metadata:
  name: privileged-rb
roleRef:
  apiGroup: rbac.authorization.k8s.io
  kind: Role
  name: privileged-role
subjects:
- kind: ServiceAccount
  name: default
```

以下のように実行します。

```
$ kubectl apply -f privileged-default-sa.yaml
$ kubectl run --generator=run-pod/v1 nginx --image=nginx
$ kubectl get pods
NAME      READY    STATUS
nginx     1/1      Running
```

　ただし、この方法では、ServiceAccountを利用できるすべてのユーザーが、セキュアでないPodを作成できるようになるので、特定のネームスペース・ユーザーに制限してください。

Chapter

3

応用編

本章では、Kubernetesを利用するうえで応用的なトピックとして、役に立つコンテナイメージの作成やGitLabによるプライベートレジストリの作成と利用、RBACによる認証認可、Lokiによるログ管理について紹介します。

スマートなコンテナイメージの作成ノウハウ

Kubernetesで利用するコンテナイメージは、さまざまな作り方が可能です。

一方で、Kubernetesで効果的に利用できるようにするには、ある程度ルールに沿ってコンテナイメージを作成する必要があります。ここでは、効果的に使えるコンテナイメージを作るノウハウを紹介します。

コンテナイメージ作成のプラクティス

systemdの利用はやめて直接実行ファイルを起動する

ベアメタルやVM上にOSをインストールし、その上でMWやアプリケーションを動かす場合、systemdなどを用いてこれらを起動および管理するやり方が一般的です。たとえばWordPressを動かす場合、ApacheやNginxなどのwebサーバー・PHP・MySQLやPostgreSQLなどのデータベースをインストールおよび設定し、OS起動時にこれらが起動するように設定を行います。

しかし、これと同じような考え方でコンテナを作ってしまうと、次のような問題があります。そのため、1プロセス・1コンテナに分割し、systemd経由ではなくForegroundタスクとしてサービスやアプリケーションを起動するように変更を行うほうが適切です。

- systemdを起動するために、コンテナに対して高い権限を付与する（--privileged）必要があり、セキュリティ上問題がある
- イメージが大きくなり、コンテナイメージの取得に時間がかかる。これによりコンテナのデプロイに時間がかかるため、新しいバージョンのコンテナリリース時や問題があった際のロールバック時などに時間を要することになる
- コンテナ上のプロセス管理（起動・停止・再起動）がsystemdに依存するため、Kubernetesのreadiness probeやliveness probeなどの正常性を保証するための機構との親和性が悪くなる
- 設定変更時の影響範囲が大きくなる。1プロセス・1コンテナに分割してあれば、必要なコンテナのみ置き換えれば問題なく、コンポーネントによってはダウンタイムなしにコンテナの置き換えが可能になる（従来のやり方では、毎回メンテナンス時間を設けてコンテナを置き換える必要がある）

▼例：systemdを利用したコンテナ

```
FROM centos:7
RUN yum -y install httpd; yum clean all; systemctl enable httpd;
RUN echo "Successful Web Server Test" > /var/www/html/index.html
```

```
RUN mkdir /etc/systemd/system/httpd.service.d/; echo -e '[Service]\nResta↵
rt=always' > /etc/systemd/system/httpd.service.d/httpd.conf
EXPOSE 80
CMD [ "/sbin/init" ]
```

　上記の内容をDockerfileとしてカレントディレクトリに用意し、次のコマンドを実行してください。このコマンドは、コンテナを起動し、その中でhttpdサービスを停止しています。httpdサービスが停止されるとコンテナが終了するという挙動を期待したのですが、そのような挙動にはならず、コンテナは起動状態のままになります。Kubernetes上では、replication controllerに管理されているPod（コンテナ）は、意図せずコンテナが終了した際に自動復旧されます。しかし、このやり方ではコンテナが終了しないため、自動復旧がかからないことになります。

　たとえば、以下のようにhttpdプロセスをkillしても、httpdプロセスが復活するため、コンテナを停止できません。

```
$ docker build -t systemd:httpd-v1 .
$ docker run -d --privileged --name=my-systemd -p 8080:80 systemd:httpd-v1
$ docker exec -it my-systemd bash
$ systemctl status httpd # プロセス番号を調べる
$ kill xxx # httpdプロセスを停止する
```

　httpdサービスを終了したときにコンテナを終了するには、以下のように、systemdを利用せずhttpdをコンテナの中で直接起動するようにします。

▼ systemdを用いないコンテナに変更する例
```
FROM centos:7
RUN yum -y install httpd; yum clean all;
RUN echo "Successful Web Server Test" > /var/www/html/index.html
EXPOSE 80
CMD ["/usr/sbin/httpd", "-DFOREGROUND" ]
```

▌ログをstdout／stderrに出力する

　アプリケーションが出力するメッセージを標準出力または標準エラー出力に書き込むことにより、Kubernetes標準の方法でメッセージを保存できます。Nginxを利用している場合は、以下の設定を行うことで、標準出力や標準エラー出力にログを書き出せます。他のミドルウェアを利用している場合も、同様の設定をすることで可能です。

```
……（中略）……
error_log /dev/stdout info;
```

```
http {
  access_log /dev/stdout;
  …… (中略) ……
}
```

ログの確認方法は次のとおりです。

```
# kubectl logs <Pod名>
```

Podが出力するログをリアルタイムに確認したいときは、次のように -f オプションを付けます。

```
# kubectl logs -f <Pod名>
```

> **Column** マネージドKubernetesでのログの確認

マネージドKubernetesを利用した場合、クラウドが持つログ管理の機能でログを管理できます。ここでは、GKEとAKSでのログ管理について紹介します。

Stackdriver Loggingによるログの確認（GKE）
GKEを利用している場合、Stackdriver Loggingを併用することにより、ログの永続化やデバッグの高速化、分析の簡素化が可能となります。

▼ GKEのStackdriver Loggingの有効化
作成時に［Stackdriver Loggingサービスを有効にする］オプションにチェックを付ける（執筆時点ではデフォルトでチェックが付いている）

* 標準クラスタ
  継続的インテグレーション、ウェブサービス、バックエンド。さらにカスタマイズする場合や、何を選択したらよいかわからない場合に最適な選択肢です。

その他の機能
✓ Stackdriver Logging サービスを有効にする
✓ Stackdriver Monitoring サービスを有効にする

▼ Stackdriver Logging のログ出力例

　コンテナが標準出力および標準エラー出力に書き込んだログを、Stackdriver Logging
上で確認できます。

　また、Stackdriver Logging サービスが有効になっている GKE クラスター上の Pod
からメッセージを出力する際に、JSON形式で標準出力や標準エラー出力にメッセージ
書き込みを行うと、Stackdriver Logging 上でログが構造化されて保存されます。デ
バッグ時のログ検索を高速化するためにも、JSON形式でメッセージを出力するほうが
お勧めです。

　以下の設定は、Nginxでログを JSON形式で出力する設定例です。ソフトウェアを
自分で作っている場合は、ロガーのフォーマッターを使って JSON形式で書き込むの
がお勧めです。

▼ Nginx で JSON形式のログを出力するための設定例

```
…… （中略）……
http {
        log_format json_combined escape=json '{ "httpRequest": {'
        '"requestMethod": "$request_method", '
        '"requestUrl": "$request_uri", '
        '"responseSize": "$bytes_sent", '
        '"status": "$status", '
        '"userAgent": "$http_user_agent", '
        '"remoteIp": "$remote_addr", '
        '"referer": "$http_referer", '
        '"host": "$host", '
        '"requestTime": "$request_time", '
        '"upstreamResponseTime": "$upstream_response_time" }, '
        '"time": "$time_local" }';

        access_log /dev/stdout json_combined;
```

3

応用編

363

```
    server {
        listen        80;
        server_name   _;

        location / {
            root   html;
            index  index.html index.htm;



}
…… (以下略) ……
```

▼ Stackdriver Logging上でログが構造化されるイメージ

```
▼ jsonPayload: {
  ▼ httpRequest: {
      host: "localhost"
      requestTime: "0.000"
      upstreamResponseTime: ""
    }
  }
```

Azure Monitor for containersによるログの確認 (AKS)

　AKSを利用している場合、Azure Monitor for containersにより、Webの管理画面でコンテナのログを確認できます。

▼ Azure Monitor for containersのログ検索画面

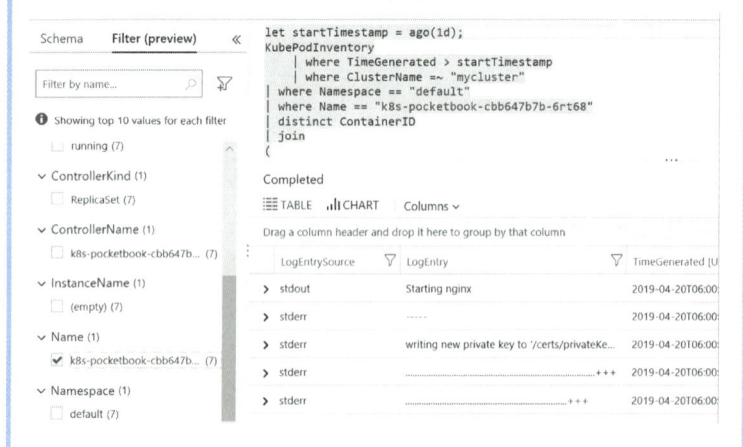

　Filter（画面左）からコンテナなどを選択してログを表示できるほか、ログクエリー（画面右上）を用いてログを検索することも可能です。

🔵 コンパクトなイメージの作り方

　コンテナのイメージをなるべく小さくすることで、コンテナのデプロイを高速に行えるようになります。サービスのローンチや、問題があった場合のロールバックを早くできるので、運用上のメリットは大いにあります。また、イメージを小さくすることを目的としたパッケージの見直し、および後述するマルチステージビルドにより、不要なパッケージを省けるので、セキュリティ上も大きなメリットが得られます。

▌ベースイメージの選択（alpine、scratch）

　コンテナを作成する際、ベースとして利用するイメージによってサイズが大きく異なります。Alpine Linux を利用すると、サイズの小さいコンテナを作成できるのでお勧めです。
　次に示すのは、各ディストリビューションごとのイメージサイズの違いの例です。

```
# docker images
REPOSITORY        TAG              IMAGE ID           CREATED          SIZE
ubuntu            19.04            d6e206581aca       11 days ago      75.9MB

debian            7.11             8c971baff57b       11 days ago      88.3MB
alpine            3.9              caf27325b298       2 weeks ago      5.53MB
centos            7                1e1148e4cc2c       2 months ago     202MB
```

　また、「scratch」という、Dockerが提供するサイズが極めて小さいイメージを利用することもできます。ただし、このイメージはサイズが極小である代わりに、パッケージ管理用のソフトウェア（yumやaptなど）さえも用意されていません。バイナリを単純に実行するという形態でアプリケーションを動作させられる場合は、このイメージを利用するのもよいでしょう。

▼例：scratchイメージを利用するコンテナ
　helloというバイナリをコンテナイメージ内に配置し、そのバイナリを実行するというサンプル

```
FROM scratch
COPY hello /
CMD ["/hello"]
```

▌パッケージをキャッシュしない

　OSが提供するパッケージ管理機構（yum、apt、apkなど）を利用すると、デフォルトではインストール時にキャッシュが作成されるようになっていることが多くあります。しかし、コンテナを作成する際にキャッシュをコンテナ内に持っても、それが有効利用されるケースはほとんどありません。そのため、キャッシュを作らないようにオプションを指定する、あるいはインストール後にキャッシュを消すとい

う作業を実行しましょう。また、キャッシュの消去については、インストールを行うステートメントの中で行うようにしましょう。つまり、コマンドを&&でつないで、1つのステートメントの中で複数のコマンドを実行します。

▼Alpine Linuxでパッケージインストール時にキャッシュを作らない
```
apk --no-cache add xxx
```

▼yumキャッシュを削除する
```
yum clean all
```

▼apt-getのキャッシュを削除する
```
apt-get clean
```

以下の例では、実際のDockerfileをもとに、サイズにどのような変化があるのか確認します。

▼type1：yum install後にyumキャッシュの消去を行わない例
```
FROM centos:7
ENV container docker
RUN yum install -y httpd
```

▼type2：yum install後、同じステートメントでyumキャッシュの消去を行う例
```
FROM centos:7
ENV container docker
RUN yum install -y httpd && yum clean all
```

▼type3：yum install後、別のステートメントでyumキャッシュの消去を行う例
```
FROM centos:7
ENV container docker
RUN yum install -y httpd
RUN yum clean all
```

▼イメージサイズの比較
　この例ではcentos:7がベースとなっているイメージ。without-cache-purgeがtype1、cache-purgedがtype2、cache-purged-after-installがtype3

```
# docker images
REPOSITORY        TAG              IMAGE ID         CREA⊿
TED         SIZE
imagetest         cache-purged-after-install  45d16679b8d0     5 se⊿
conds ago   335MB
imagetest         cache-purged     a4a871eedd36     19 m⊿
```

```
inutes ago        258MB
imagetest                  without-cache-purge         fab97453ddbb       23 m⤓
inutes ago        312MB
centos                     7                           1e1148e4cc2c       2 mo⤓
nths ago          202MB
```

　上記の例から、キャッシュの消去を同じステートメントで行ったイメージ（type2）が、消去していないイメージや別ステートメントでキャッシュの消去をしたイメージと比較して、サイズが小さいことがわかります。

🌐 マルチステージビルド

　マルチステージビルドを利用すると、ビルドステージを複数に分けられて、あるステージで作成したファイルを最終的なイメージにコピーできます。最終的にイメージ化されるステージ以外の作業内容は破棄されるので、コンパクトなイメージや、認証情報を利用した場合にセキュアなイメージを作成することが可能です。以下では、コンパクトなイメージとセキュアなイメージを作成する例をそれぞれ紹介します。

┃コンパクトなイメージの作成

　コンパイラなどのビルド環境やビルド途中に生成されたオブジェクトファイルやクラスファイルなどを含むことなく、アプリの実行に必要なバイナリと最小限のランタイムだけ制限でき、コンパクトなイメージを作成できます。
　次のような、Go言語で書かれた簡単なアプリを含むイメージを作成してみます。

▼ main.go

```
package main

import (
    "fmt"
    "log"
    "net/http"
)

func handler(w http.ResponseWriter, r *http.Request) {
    fmt.Fprintf(w, "Hello World!\n")
}

func main() {
    http.HandleFunc("/", handler)
    log.Fatal(http.ListenAndServe(":80", nil))
}
```

続いて、次のような Dockerfile を準備します。

▼ Dockerfile

```
# Goアプリのビルド環境のステージ（builder）
From ubuntu:18.04 as builder
RUN apt-get update
RUN apt-get install -y golang=2:1.10~4ubuntu1
ADD main.go /
WORKDIR /
RUN CGO_ENABLED=0 GOOS=linux go build -a -installsuffix cgo main.go

From scratch as image    最終的にイメージに含まれるステージ
EXPOSE 80
COPY --from=builder /main /web    builderステージからビルドされたバイナリだけをコピー
ENTRYPOINT ["/web"]
```

「From … as ＜ステージ名＞」でステージを定義します。最終的にイメージに含まれるのは、最終ステージのみです。上記のサンプルでは、空（scratch）のイメージに、builderステージで作成したアプリのバイナリ/mainのみをコピーしています。上記のサンプルにおいて、マルチステージビルドを利用しない場合は609Mbでしたが、マルチステージビルドを利用した場合だとたったの6.57Mbに収まり、約99％の容量が削減できました。

┃ セキュアなイメージの作成

ファイルの取得時にSSH鍵やその他の認証情報が必要な場合でも、イメージに認証情報を含めずに作成できます。以下では、scpによる他ホストからのコピーの例を示します。

▼ Dockerfile

```
# ファイルをコピーするための一時的なステージ（temp-env）
FROM alpine:latest AS temp-env
RUN apk update
RUN apk add --no-cache openssh

COPY sshkey.pem /root/.ssh/id_rsa
RUN scp -r -oStrictHostKeyChecking=false ubuntu@172.31.18.112:/share/www www

# メインのステージ
FROM library/nginx:1.15.8

# temp-envステージで取得したファイルをコピー
```

```
COPY --from=temp-env www/*  /usr/share/nginx/html/

EXPOSE 80
STOPSIGNAL SIGTERM
CMD ["nginx", "-g", "daemon off;"]
```

　上記の例では、最初のステージ（temp-env）でSSHの鍵をコンテナ内にコピーしてscpを実行していますが、メインステージではscpでコピーされたファイルのみコピーしています。そのため、最終的に生成されるコンテナイメージには、ファイルは残りません。このように、イメージ生成途中で一時的に必要な認証情報などを最終的なコンテナイメージに含めることなく、イメージを作成できます。

🔵 Dockerfileを作成する際のリファレンス

　Dockerfileの作成時に使う一般的に利用されるステートメント、説明および例を紹介します。詳細はDockerの公式ページ（https://docs.docker.com/engine/reference/builder/）を参照してください。

ステートメント	説明	例
FROM	ベースとして使用するイメージを指定する	FROM alpine:3.9
RUN	指定されたコマンドを実行する	RUN yum install -y httpd && yum clean all
CMD	コンテナを実行する際のデフォルトコマンドを指定する	CMD ["/usr/lib/postgresql/9.3/bin/postgres", "-D", "/var/lib/postgresql/9.3/main", "-c", "config_file=/etc/postgresql/9.3/main/postgresql.conf"]
EXPOSE	外部からアクセスするためのポートを公開する	EXPOSE 5432
ENV	このステートメント以降利用できる環境変数を定義する	ENV PATH="${PATH}:/opt/abc/bin"
ADD	ファイル、ディレクトリ、リモートファイル(URL)からファイルを取得し、コンテナに追加する	ADD test relativeDir/
COPY	ファイル、ディレクトリからファイルを取得し、コンテナに追加する	COPY test relativeDir/
ENTRYPOINT	ここで指定されたコマンドが、docker runが実行された際、コンテナ内で実行される	ENTRYPOINT ["executable", "param1", "param2"]
USER	このステートメント以降、指定されたユーザーでステートメントを実行する	USER postgres
WORKDIR	このステートメント以降で使われるRUN、CMD、ENTRYPOINT、COPY、ADDは、ここで指定されるディレクトリ上で実行される	WORKDIR /path/to/workdir

GitLabによる
プライベートレジストリの使い方

　Dockerを直接利用する場合と異なり、Kubernetesに自前で作成したアプリやコンテナをデプロイするには、コンテナレジストリ（Dockerイメージを登録しておき、必要なイメージを選択・利用可能にするための場所）が必要となります。

　サービスとして手軽に利用できるレジストリとしては、DockerHubやGoogle Container Registryが有名です。これらはインターネット上のサービスなので、オンプレミスを前提としており、プライベートな環境では利用できない場合があります。また、自前で構築するレジストリとしては、オープンソースで手軽に使えるものではDocker Registryがありますが、ユーザー認証などの機能はありません。

　ユーザー認証が可能なコンテナレジストリとして、Docker Trusted RegistryやHarborがありますが、Dockerfileの管理にGitが必要だったり、Dockerファイルのビルドを自動化するのにCIツールが別途必要だったりします。GitLabを利用すれば、これらの問題を解決できます。

　GitLabはもともとGitリポジトリサービスでしたが、DockerレジストリやCI/CDの機能も備え、統合的にコンテナイメージの管理をサポートしてくれます。GitにプッシュしたDockerfileからイメージをビルド・テストして、問題がなければレジストリ上のコンテナイメージをアップデート、といったビルドの自動化を簡単に実現できます。つまり、さまざまなツールを組み合わせなくてもコンテナイメージの管理が完結するので、非常に便利です。

　本書では、Webサービスとして提供されているgitlab.comのサービスを利用して解説しますが、ローカルにGitLabを構築しても同じように利用可能です。GitLabの構築方法については、P.375を参照してください。

🛟 プロジェクトの作成

　ブラウザからhttps://gitlab.comにログインし、[New Project]ボタンをクリックします。

▼ GitLabのプロジェクト作成（1）

　[Project name]の入力欄に任意の値を入力し、[Create Project]ボタンをクリックします。

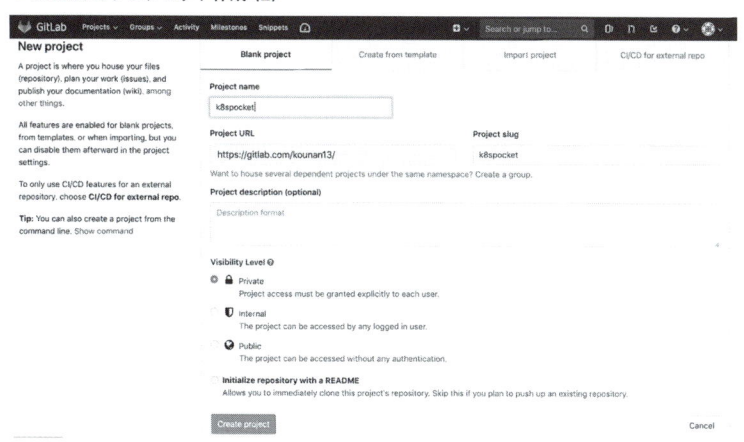

 ## イメージのプッシュ

イメージファイルの元となる Dockerfile とスクリプトファイル (helloworld) を作成します。

```
$ mkdir helloworld/
$ cd helloworld/
$ vi Dockerfile # 以下を記述
FROM ubuntu:16.04

COPY helloworld /usr/local/bin
RUN chmod +x /usr/local/bin/helloworld

CMD ["helloworld"]
$ vi helloworld # 以下を記述
#!/bin/sh

echo "Hello, World!"
```

ターミナルから docker login したうえで、docker build コマンドを実行し、イメージファイルを作成します。

```
$ docker login registry.gitlab.com
Username: kounan13
Password:
Login Succeeded
```

3.

応用編

```
$ docker build -t registry.gitlab.com/kounan13/k8spocket .
Sending build context to Docker daemon  3.072kB
Step 1/4 : FROM ubuntu:16.04
16.04: Pulling from library/ubuntu

…… (中略) ……

Successfully built 442c127f983d
Successfully tagged registry.gitlab.com/kounan13/k8spocket:latest
```

「k8spocket」という名称で、イメージファイルをレジストリにプッシュします。

```
$ docker push registry.gitlab.com/kounan13/k8spocket
The push refers to repository [registry.gitlab.com/kounan13/k8spocket]
6150e6427234: Pushed
0d4ce8900889: Pushed
428c1ba11354: Pushed
b097f5edab7b: Pushed
27712caf4371: Pushed
8241afc74c6f: Pushed
latest: digest: sha256:1b2ab23f8655bcebeb44d725637cf71d22afff7e4ad488cbbc↵
4852f505727871 size: 1564
```

以下のように、イメージを GitLab にプッシュできました。

▼ GitLab にプッシュされたコンテナイメージ

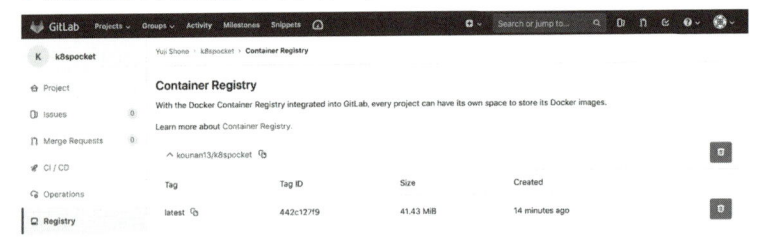

なお、GitLab は次の3階層のイメージ名をサポートしています。

1. registry.gitlab.com/kounan13/k8spocket:tag
2. registry.gitlab.com/kounan13/k8spocket/optional-image-name:tag
3. registry.gitlab.com/kounan13/k8spocket/optional-name/optional-
   image-name:tag

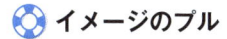 イメージのプル

docker pull コマンドでイメージをプルします。

```
$ docker pull registry.gitlab.com/kounan13/k8spocket:latest
latest: Pulling from kounan13/k8spocket
Digest: sha256:1b2ab23f8655bcebeb44d725637cf71d22afff7e4ad488cbbc4852f505727871
Status: Image is up to date for registry.gitlab.com/kounan13/k8spocket:latest
```

プルしたイメージは、docker images コマンドで確認できます。

```
$ docker images
REPOSITORY                                      TAG              IMAGE ID⊋
          CREATED          SIZE
registry.gitlab.com/kounan13/k8spocket          latest           442c127f⊋
983d        37 minutes ago     117MB
```

登録したイメージをKubernetesで利用する

コンテナレジストリへ登録したイメージをKubernetesで利用するには、Podの
コンテナ定義で登録したイメージを指定するだけです。たとえば、PodやDeploymentで上記で作成したコンテナを利用するには、次のように記述します。

```
spec:
  containers:
    - name: sample-container
      image: registry.gitlab.com/kounan13/k8spocket:latest
```

ここでは、GitLabの例で紹介していますが、他のコンテナレジストリを利用した
場合でも同じです。

コンテナレジストリへの認証が必要なコンテナイメージを利用する場合、レジストリの認証情報をSecretとして作成し、Podの定義に設定する必要があります。
Secretの作成の詳細はkubectl create secret（P.93）を参照してください。

まずは、Secretを作成してみましょう。次のコマンドでGitLabプロジェクトの認証情報からSecret samplegitlabを作成します。

```
$ kubectl create secret docker-registry samplegitlab \
        --docker-server=https://registry.gitlab.com/ \
        --docker-username=youruser \
        --docker-password=yourpass \
        --docker-email=yourmail@gmail.com
secret/samplegitlab created
```

```
$ kubectl get secret
NAME                   TYPE                                DATA   AGE
samplegitlab           kubernetes.io/dockerconfigjson      1      8h
```

　Podでイメージを利用するには、次のようにimagePullSecretsに作成したSecret
を指定します。

```
spec:
  containers:
    - name: sample-container
      image: registry.gitlab.com/kounan13/k8spocket:latest
  imagePullSecrets:
    - name: samplegitlab
```

🔵 イメージの自動ビルド

　GitLabには、CI/CDの機能が統合されています。この機能を利用すると、GitLab
上のGitリポジトリ上に変更がプッシュされたときに、自動的にコンテナイメージを
ビルドして、GitLabのレジストリに登録できます。イメージの自動ビルドとレジス
トリへの登録を行うには、.gitlab-ci.ymlという名前で次のようなCI用ファイルを作
成し、Gitリポジトリのルートディレクトリに配置します。

▼ .gitlab-ci.yml

```
image: docker:stable

services:
  - docker:dind

variables:
  CONTAINER_IMAGE: registry.gitlab.com/$CI_PROJECT_PATH
  DOCKER_HOST: tcp://docker:2375
  DOCKER_DRIVER: overlay2

before_script:
  - docker login -u gitlab-ci-token -p $CI_JOB_TOKEN registry.gitlab.com

build:
  stage: build
  script:
    - docker pull $CONTAINER_IMAGE:latest || true
    - docker build --cache-from $CONTAINER_IMAGE:latest --tag $CONTAINER↵
_IMAGE:$CI_COMMIT_SHA --tag $CONTAINER_IMAGE:latest
```

```
    - docker push $CONTAINER_IMAGE:$CI_COMMIT_SHA
    - docker push $CONTAINER_IMAGE:latest
```

　上記の設定では、イメージ名がGitLabのプロジェクト名に設定されており、リポジトリのルートディレクトリでdocker buildが実行されます。スクリプトをカスタマイズすることで、イメージ名やプッシュするリポジトリを変更することもできます。

🛟 Kubernetes上へのGitLabの構築

　GitLabは便利ですが、社内で利用する場合や、あるいは機密情報を扱う場合には、インターネット上に公開されているGitLabを利用するのはためらわれるかもしれません。そのようなときは、GitLabのHelm Chartを利用すると、Kubernetes上に簡単にGitLabを構築できます。ここでは、Helm Chartを利用したGitLabの構築方法を紹介します。

　最初に、GitLabのChartのパラメータファイルを以下のコマンドで取得します。

```
$ helm repo add gitlab https://charts.gitlab.io
$ helm pull --untar gitlab/gitlab-omnibus
$ ls gitlab-omnibus/
CHANGELOG.md  Chart.yaml  README.md  charts  requirements.lock  requireme⏎
nts.yaml  templates  values.yaml
```

　次に、取得したvalues.yamlを環境に合わせて編集します。最低限のポイントだけ説明します。

```
baseDomain: example.com
```

　GitLabにアクセスするベースドメインを設定します。上記の例では、次のようなURLで各サービスにアクセスします。

▼ GitLabの提供するサービスのURL

URL	提供サービス
https://gitlab.example.com/	GitLab
https://registry.example.com/	レジストリ
https://mattermost.example.com/	Mattermost（チャットツール）
https://prometheus.example.com/	Prometheus（監視用）

```
baseIP: 3.1.85.67
```

　Ingressに外部からアクセスされるIPを設定します。

```
gitlabConfigStorageClass: standard
gitlabDataStorageClass: standard
gitlabRegistryStorageClass: standard
postgresStorageClass: standard
redisStorageClass: standard
```

　GitLabの設定ファイル・データストア・レジストリ・PostgreSQLのデータ・reditのデータを格納するStorageClassを指定します。本書で紹介したKubesprayを利用した例では、standardになります。

　後は、GitLabのリポジトリを設定して編集したパラメータファイルを指定し、Helm Chartをインストールします。

```
$ kubectl create ns gitlab
$ kubectl config set-context --current --namespace=gitlab
$ helm install gitlab gitlab/gitlab-omnibus -f values.yaml
……（中略）……
This deployment will be incomplete until you provide these variables:

$ helm upgrade gitlab \
  --set baseDomain=example.com,gitlab-runner.gitlabUrl=https://gitlab.exa↵
mple.com,legoEmail=you@example.com \
  gitlab/kubernetes-gitlab-demo
```

　数分待って、以下のようにPodが起動していれば準備は完了です。

```
$ kubectl get all
pod/gitlab-gitlab-748cb4b566-nzkpz                    1/1    Run↵
ning   0       29m
pod/gitlab-gitlab-postgresql-7b99699f5b-92wft         1/1    Run↵
ning   0       29m
pod/gitlab-gitlab-redis-58bdb6bb8b-d56sg              1/1    Run↵
ning   0       29m
pod/gitlab-gitlab-runner-664c687cd8-t5hvk             1/1    Run↵
ning   3       29m
```

　GitLabにアクセスする端末で、DNSもしくはhostsファイルを適切に設定し、指定したURLでIngressにアクセスできるようにします。そして、https://gitlab.example.com/にアクセスすると、GitLabにアクセスできます。

　うまく動作しないときには、baseIPでIngressのControllerにアクセスできるか、StorageClassで利用できるストレージが用意されているかを確認してみてください。

継続的インテグレーション（CI：Continuous Integration）とは、プログラムの実装後、即座にビルドやテストを行うものです。また、継続的デリバリ（CD：Continuous Delivery）とは、新しいサービスを次々と出荷するものです。これらはビジネスの実現に欠かせない存在となってきています。

ここでは、Kubernetes をサポートする Spinnaker と Tekton について紹介します。

Spinnaker は、OSS の CD を実現するプラットフォームです。Netflix 社により開発され、2017年に 1.0 がリリースされて、現在は Continuous Delivery Foundation でホストされています。GUI でデプロイする機能に加えて、パイプラインによる一連のプロセスを実行可能であることが特徴です。GCP や AWS のようなパブリッククラウドや、OpenShift や Kubernetes のコンテナなど、対応する環境も豊富です。

これらの機能により、無停止リリースやリリース失敗時の切り戻しなど、これまでの CI ツール単独では作り込みが多く発生していた部分の工数を削減できます。

Kubernetes 環境の構築においては、コンテナのビルドをトリガーに、Helm を用いてテスト環境でデプロイし、品質が確認できたら本番環境へのデプロイを承認する、といったパイプラインを構築できます。

そのほかにも、ロールベースの権限管理を行う RBAC や、本番環境への意図的な障害を組み込むことで運用改善を図るカオスモンキー連携など、さまざまな機能があります。

Tekton は、Kubernetes での利用を前提とした CI/CD フレームワークです。当初 Google 社により Knative の一部として開発されていた CI/CD フレームワークですが、Knative から分離して開発されるようになりました。執筆時点（2019年9月）の最新版は 0.4.0 とまだ発展途上ではありますが、Google 社・Pivotal 社・Red Hat 社のエンジニアらが開発に参加しており、次世代の Kubernetes の CI/CD フレームワークとして、デファクトスタンダードのポジションになりそうな雰囲気です。

Tekton は、CI を含んだ全体のパイプラインを提供します。Tekton は簡単に Kubernetes 上にデプロイできると共に、ビルドパイプライン自身も Kubernetes のリソースとして実行します。このように、最初から Kubernetes との統合を視野に入れて開発されているので、「Kubernetes Native CI/CD Framework」と言われています。ローリングアップデート・Blue/Green デプロイ・カナリアデプロイなど、最近の CI/CD ツールに必要な機能を実装しているほか、Git のリポジトリに登録したソースコードやマニフェストを検出し、自動的にビルドやデプロイを行う GitOps にも対応しています。Spinnaker と同じく、Continuous Delivery Foundation の初期プロジェクトの1つとなっています。

Spinnaker と Tekton は、運用管理作業を CI/CD などにより徹底的に改善する、今どきの SRE（Site Reliability Engineer）が有するスキルセットをツール化したものとも言えます。SRE の分野に興味がある方は一度触ってみてはいかがでしょうか。

3

応用編

　世の中のシステムアーキテクチャは、従来のモノリシックな作りから、コンポーネントを細かく分けてマイクロサービスへ分割する作りへ変化してきています。しかし、サービスの増加に伴い、サービス間の通信が複雑になったり、サービスごとにCI/CDの実現方式（Blue/Greenデプロイメント、カナリアリリースなど）がバラバラになるなどの弊害が生まれやすくもなっています。

　Istioなどのサービスメッシュを利用することで、コンポーネント間の通信を中央集権的に制御したり、各サービスで統一したやり方で簡単にCI/CDを行えます。

　また、サーバーレスプラットフォームを実現するKnativeの上で、ソースコードのビルドから、イベント駆動での実行、リソースの伸縮性の確保など、アプリケーションライフサイクルをカバーできます。

Istioとは

　Istio（イスティオ）とは、サービスメッシュを実現するためのソフトウェアです。マイクロサービスを実現するために必要な回復性や耐障害性などの機能を提供します。Pilot・Mixer・Citadelの3つのコンポーネントで構成され、サービス間の通信制御（トラフィック分割、レートリミットなど）、セキュリティポリシーの適用（暗号化、認証など）、メトリクスの取得（リソース、トレーシングなど）を提供します。

Knativeとは

　Knative（ケイネイティブ）とは、Kubernetes上でサーバーレスを実現するためのミドルウェアコンポーネントです。Build・Event・Servingの3つのコンポーネントで構成され、ソースコードのビルドから、イベント駆動での実行、Pod数0からのオートスケールなど、アプリケーションライフサイクルをカバーする機能を備えています。

ネームスペースとRBACによる
アクセス制御

ネームスペースとは

　クラスターを論理的に分割した領域をネームスペース（仮想クラスター）と呼びます。初期状態では「kube-system」と「default」という2つのネームスペースが存在します。ユーザーは独自にネームスペースを作成し、作成したネームスペース内にPodを配置できます。

▼ ネームスペースによるクラスター論理分割

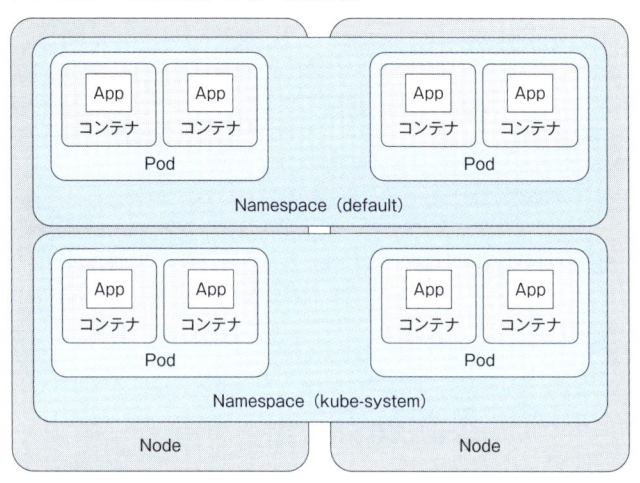

　ネームスペースを作成するメリットは、後述するRole Base Access Control（RBAC）と組み合わせることで、権限分割ができるようになることです。

　ノードの数が固定化されている環境でネームスペースを利用する場合は、ネームスペース単位で使用可能なリソースに制限をかける（Quota）ことが推奨されます。これにより、他のネームスペース内のPodが多くリソースを使うことでリソースが足りなくなり、他のネームスペースでPodが起動できなくなるという問題を回避できます。

　クラウドプロバイダーが提供するマネージドKubernetes（GCPならばGKE）を利用する場合は、Nodeのオートスケーリング機能を利用すると、リソース制限を設けなくてもリソースが不足するとNodeが追加される（クラスターで利用できるリソースが増える）ようになるので、上記のような問題を懸念する必要はありません。ただし、コンテナ自身にリソース制限（resources.limits）を設定していない場

合、アプリケーションのバグなどでコンテナが暴走した際に、コンテナを停止する機会がなくなってしまいます。Nodeのオートスケーリングを行う場合でも、コンテナにリソース制限は最低限行いましょう。

アクセス権分割のためのネームスペースデザインパターン

ネームスペースは、リソースやアクセス権限を分割する目的で作成されます。アクセス権限を分割する目的でネームスペースを作成する場合、チームや組織の構造により権限制御の要求が異なるため、単一のベストプラクティスというものはありません。以下では、アクセス権限を分割することを目的にネームスペースを作成するためのデザインパターンを紹介します。これらのパターンを参考に、自身の要求に合った設定を行ってください。

環境による分割

小規模なチームでも最低限やっておいたほうがよい構成です。この構成により、開発環境が本番環境に影響を与えることなく運用できます。また、チームに金銭的・時間的・能力的な余力がある場合は、環境ごとにクラスターを分けるという構成をとることも可能です。しかし、クラスターを分けるとリソース効率は下がる（余剰リソースが増える）ことに注意が必要です。

また、ステージング環境・本番環境という形でネームスペースを作成し、ステージング環境を使ったカナリアテスト実施時に影響を抑えるという使い方や、ブルー・グリーンデプロイメントのためにブルー環境用ネームスペース・グリーン環境用ネームスペースを作って運用するといった使い方も考えられます。

▼ 環境による分割

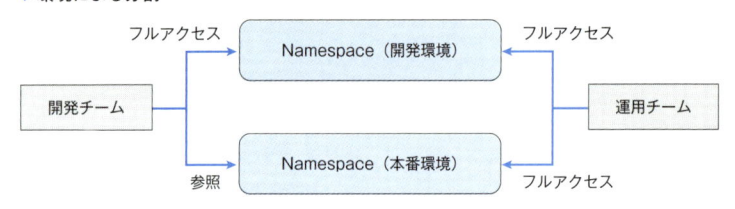

チーム・役割による分割

規模の大きい組織で、各チーム・担当でサービスを開発しているような状況でお勧めの構成です。また、チーム・担当で開発環境・本番環境用のネームスペースを持つ、もしくは開発環境と本番環境でクラスター自身を分けるといった取り組みも効果があります。

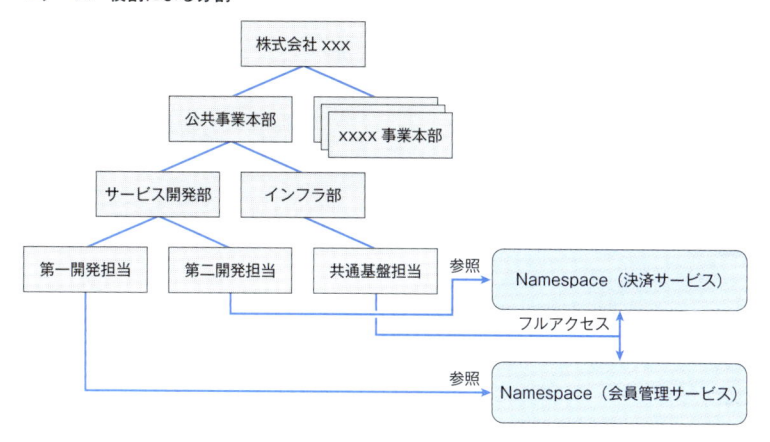

雇用関係による分割

　同じ組織やチーム内であっても権限を分割したいという要望がある場合に利用できる構成です。これは一般的に、多くのエンタープライズ企業でとられる組織・チーム構成です。そのようなケースでは、チーム内の役割・雇用関係や委託関係に注目して、作業上必要最低限の権限を整理し、設定を行います。

▼ 雇用関係による分割

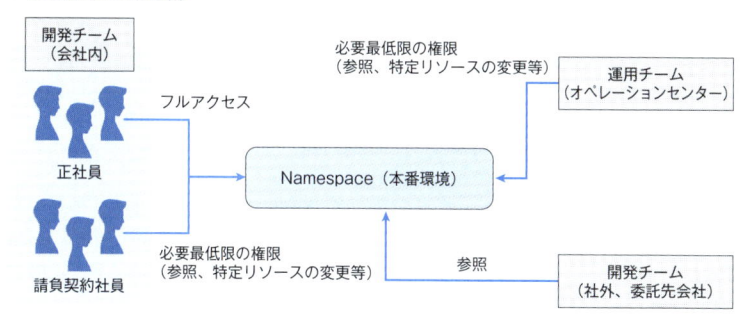

🟢 RBAC (Role Based Access Control) とは

　RBACは、クラスター全体もしくはネームスペースに対して行えるオペレーションに制限を設けるための機構です。制限を行うことは、一般的に権限制御として知られています。

　RBAC自体は認証機能を持っておらず、定義された権限どおりに制御を行う認可機能を提供します。RBACでは、権限を定義したロール・権限とユーザーの紐付けを定義するバインディングを使って権限制御を行います。ロールには、ネームス

ベースで利用できるRoleと、ネームスペース共通で共通で利用できるClusterRole
の2種類が存在します。

▼RBACの全体像

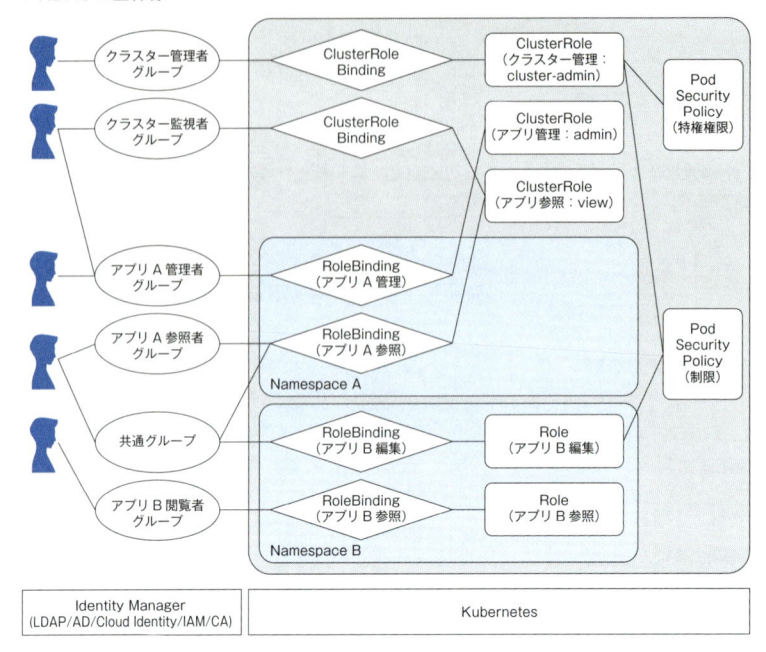

Role・ClusterRoleは、権限設定だけでなく、Pod Security Policyも設定でき
ます。また、Role・ClusterRoleは、RoleBinding・ClusterRoleBindingを利用し
て、グループやユーザー、ServiceAccountに割り当てます。

ClusterRoleBindingは、クラスター全体の権限を割り当てられ、すべてのネーム
スペースに対して付与された権限で操作できます。一方、RoleBindingは、Role
Bindingが属するネームスペースの権限のみを付与できます。まとめると、次のよ
うに利用するとよいでしょう。

1. クラスター自体の設定や運用を行うチーム

ClusterRole・ClusterRoleBindingを用いて権限の割り当てを行います。す
べてのネームスペースに対して、与えられた権限で操作できます。インフラ
チームのようなKubernetesクラスター自体の設定や運用を行うチームで利
用します。

2. 一般的なプロジェクトのチーム（ネームスペース利用者）

クラスターで定義したClusterRoleをRoleBindingで割り当てます。メンバーの所属するネームスペースに対してのみ、与えられた権限で操作できます。

3. 特殊な権限が必要なプロジェクトのチーム（ネームスペース利用者）

Roleリソースでネームスペース固有の権限を定義して、RoleBindingでメンバーに割り当てます。メンバーの所属するネームスペースに対してのみ、与えられた権限で操作できます。

Kubernetesには、標準で次のClusterRoleが用意されています。ロールの定義に迷ったら、はじめはこれらのClusterRoleを利用するとよいでしょう。

▼ 定義済みClusterRole

ClusterRole	説明
cluster-admin	クラスター管理者。すべての権限を持つ
admin	ネームスペース管理者。ネームスペースのリソースは管理できるが、cluster-adminに比べLimitRange、Namespaces、ResourceQuotas、PodSecurit、Policyなどのクラスターリソースの編集が禁じられている。ネームスペースを利用するシステムやアプリの管理者が利用
edit	ネームスペースユーザー。一般的なリソースの利用はできるが、adminに比べるとネームスペースのロールの編集が禁じられている。アプリ開発者が利用
view	リソースを参照するだけで作成・変更するような操作はできない。テスターや監視オペレーターなどが利用

RBACの利用例

ここではRBACの利用例を示します。ClusterRoleの定義サンプルは、以下のとおりです。

▼ test-cr.yaml

```
kind: ClusterRole
apiVersion: rbac.authorization.k8s.io/v1
metadata:
  name: test-cr
rules:
- apiGroups:     # APIのアクセス権の設定
  - ""
  resources:
  - pods
  verbs:
  - create
  - delete
  - deletecollection
```

```
        - update
        - patch
        - get
        - watch
        - list
    - apiGroups: ['policy']  # PodSecurityPolicyの設定
      resources: ['podsecuritypolicies']
      verbs:        ['use']
      resourceNames:
      # GKEの場合はgce.privileged
        - privileged
```

ClusterRole（Role）のruleでは、以下を指定します。

▼ ClusterRole・Roleで指定できるrule

設定項目	説明
apiGroups	APIのグループを記述する。""を指定した場合はcoreグループになる
resources	リソースを記述する
verbs	操作を指定する

リソースごとに指定できるapiGroupsは決まっています。apiGroupsとリソースの対応の例を以下の表に掲載します。詳細は、https://github.com/kubernetes/kubernetes/blob/master/plugin/pkg/auth/authorizer/rbac/bootstrappolicy/testdata/cluster-roles.yamlを参照してください。

▼ APIグループとリソース

apiGroups	resources
"" （core）	pods services configmaps secrets serviceaccounts persistentvolumeclaims endpoints
extensions	deployments ingresses networkpolicies daemonsets replicasets
apps	replicasets statefulsets daemonsets deployments replicasets

3

応用編

apiGroups	resources
rbac.authorization.k8s.io	roles rolebindings clusterroles clusterrolebindings
autoscaling	horizontalpodautoscalers
batch	jobs cronjobs
policy	podsecuritypolicies poddisruptionbudgets

verbで指定できるアクションには、次のようなものがあります。

▼ verbで指定できるアクション

更新系		参照系	
create	作成	get	内容取得
delete	削除	list	リスト取得
deletecollection	すべて削除	watch	更新の取得
patch	パッチ	use	ポリシーの利用
update	更新		

作成したtest-cr ClusterRoleは、次のようにRoleBindingリソースを作成して、ユーザーやグループ、ServiceAccountに権限を付与します。

▼ test-rb.yaml

```
apiVersion: rbac.authorization.k8s.io/v1
kind: RoleBinding
metadata:
  name: test-rb
roleRef:
  apiGroup: rbac.authorization.k8s.io
  kind: ClusterRole
  name: test-cr
subjects:
- kind: Group
  name: k8s-user
- kind: User
  name: yamada
- kind: ServiceAccount
  name: defeult
```

RoleBindingの代わりにClusterRoleBindingを利用すると、すべてのネームス

ベースに対する権限を付与できます。Groupには、serviceaccountに関する以下の値を指定することもできます。

- **system:serviceaccounts**：すべてのServiceAccount
- **system:serviceaccounts:<ネームスペース名>**：特定のネームスペースのすべてのServiceAccount

ServiceAccountによるアクセス制御

Kubernetesには、ユーザーアカウントとServiceAccountの2種類のアカウントが存在します。ユーザーアカウントはKubernetesへログインするためのものですが、ServiceAccountはその名のとおりサービス（実際にはPod）のためのアカウントです。ServiceAccountは、次の3つの用途に利用できます。

1. サービス（Pod）からKubernetes APIにアクセスするためのトークンの設定

Pod内のコンテナからKubernetes APIを叩いて自動化を行いたい場合、ServiceAccountを利用することで、Kubernetes APIの認証トークンをアプリケーションに渡せます。このトークンを利用して、コンテナとして動作するアプリケーションがKubernetes APIにアクセスできます。サードパーティーサービス（Spinnakerなど）やKubernetesの運用を効率化するような自作アプリケーションを動かすときなどに利用します。

基本的にはClusterRoleBindingを利用し、クラスターで定義したロールを利用します。ネームスペース個別で定義して利用することは、さほど多くありません。

2. Podに対するPodSecurityPolicyによるセキュリティポリシーの設定

PodSecurityPolicyによりPodにセキュリティポリシーを設定する場合、ServiceAccountにPodSecurityPolicyによるポリシーを紐付けて、PodでそのServiceAccountを利用をすることでポリシーを適用できます。詳細は、P.345のPodSecurityPolicyの説明を参照してください。

3. 簡易的なユーザーアカウントの代わりとして

Kubernetesは基本的にユーザー管理の機能を持っていないため、ユーザー管理をする場合、ユーザー用の証明書を発行したり、LDAPや認証ツールと連携設定を行ったりする必要があります。そうなると、ちょっとした（Cluster）Roleや（Cluster）RoleBindingの動作確認にも、ひと手間かかってしまいます。

ServiceAccountをユーザーアカウントとして利用することで、ユーザーのアクセス権の挙動確認などを簡単に行えるようになります。たとえば、defaultネームスペースのtestuser ServiceAccountをユーザーとみなしてkubectlコマンドを実行したい場合は、次のように「--as=system:serviceacccount:」を付けて、ネームスペースとServiceAccount名を指定します。

```
$ kubectl --as=system:serviceaccount:default:testuser get all
```

Helm ChartでKubernetes
アプリケーションを楽々管理

🛟 Helmとは

Helmは、Kubernetesのアプリケーションを管理する仕組みです。Helmを利用すると、Chartと呼ばれるパッケージングされたマニフェストを利用し、Kubernetes上で簡単にアプリケーションやKubernetesの拡張機能を管理できます。Helmがyumやaptのようなパッケージ管理ツールだとすれば、Chartはrpmやdebのようなパッケージに相当します。Kubernetes上にデプロイされたChartは、リリースと呼ばれます。CNCFでGoogle・Microsoft・Bitnamiなどの企業が中心に開発しており、パッケージマネージャーのデファクトスタンダードという位置付けです。

- **環境依存設定の独立**

  yum/aptと異なり、環境依存の設定を設定ファイルとして、個別に管理できます。設定項目はChartごとに異なりますが、IngressやLoadBalancerなどの外部接続設定や、ストレージのサイズやPod数などの設定ができます。

- **依存関係の管理**

  Chartの依存関係の解決も行ってくれます。たとえば、WordPressのChartをインストールする際に、WordPressのインストールに必要なMySQLのChartも一緒にインストールできます。

- **バージョンアップ**

  新しいバージョンのChartがリリースされたときに、簡単にアップデートできます。

🛟 Helmクライアントのインストール

Helmには、執筆時点（2019年9月）で安定版の2.x系のバージョンと、開発中の3.x系のバージョンがあります。2.x系と3.x系では使い方が若干異なりますが[注1]、本書では3.0.0beta3をベースに解説します。

https://github.com/helm/helm/releasesから自身のOSに合わせて3.x系の最新バージョンをダウンロード・解凍し、適当なパス（/usr/local/bin、C:/appsなど）にhelm・helm.exeをコピーして環境変数のPATHを設定し、シェルから実行できるようにしてください。

Helm 3.0.0beta1以降では、Helmを実行する前にHelmリポジトリを追加する

注1　バージョン2.xでは、初期化時にKubernetes上にtillerと呼ばれるPodをデプロイするため、Service AccountやRBACの設定などが必要となります。

3

応用編

必要があります。ここでは、Helmプロジェクト公式で配布されているChartを追加します。

```
$ helm repo add stable  https://kubernetes-charts.storage.googleapis.com
"stable" has been added to your repositories
$ helm repo list
NAME    URL
stable  https://kubernetes-charts.storage.googleapis.com
```

Helm v3.0.0beta3では、Kubernetesの設定ファイルとして ~/.kube/config ファイルを利用します。MicroK8sなどのように ~/.kube/config ファイルが存在しないKubernetes環境で利用する場合は、以下のコマンドを実行して ~/.kube/config ファイルを作成してください。

```
$ mkdir -p ~/.kube
$ cd ~/.kube
$ microk8s.kubectl config view --raw > config
```

🔘 Chartのインストールと管理

Chartの検索

次に、Chartを検索してみましょう。ここではWordPressのChartを検索してみます。

```
$ helm search repo wordpress
NAME             CHART VERSION   APP VERSION     DESCRIPTION
stable/wordpress 5.12.0          5.2.1           Web publishing platform f⤶
or building blogs and ...
```

「stable/wordpress」という名前のChartが見つかりました。showを使うと、Chartの詳細を確認できます。

```
$ helm show stable/wordpress
apiVersion: v1
appVersion: 5.2.1
dependencies:
- condition: mariadb.enabled
…… (中略) ……


## Introduction           (Chartの説明)


This chart bootstraps a [WordPress](https://github.com/bitnami/bitnami-do⤶
```

```
cker-wordpress) deployment on a [Kubernetes](http://kubernetes.io) cluste↵
r using the [Helm](https://helm.sh) package manager.

…… (中略) ……

## Prerequisites        (前提条件)

- Kubernetes 1.4+ with Beta APIs enabled
- PV provisioner support in the underlying infrastructure

## Installing the Chart    (インストール方法)

To install the chart with the release name `my-release`:

$ helm install --name my-release stable/wordpress
…… (中略) ……

## Configuration           (カスタマイズパラメータの内容)


The following table lists the configurable parameters of the WordPress ch↵
art and their default values.

|-------------------------|-------------------------------|-------------|
| Parameter               | Description                   | Default     |
|-------------------------|-------------------------------|-------------|
| `global.imageRegistry`  | Global Docker image registry  | `nil`       |
| `image.registry`        | WordPress image registry      | `docker.io` |
…… (中略) ……
| `wordpressFirstName`    | First name                    | `FirstName` |
| `wordpressLastName`     | Last name                     | `LastName`  |
…… (以下略) ……
```

helm showの出力結果から、Chartの説明・前提条件・インストール方法・設定などが確認できます。特に、インストール方法とパラメータは事前に確認しておくとよいでしょう。前記の出力結果を見ると、WordPress固有の設定パラメータが用意されているのが確認できます。

Chartのインストール

さて、WordPressのChartをインストールしてみましょう。まず、Chartをデプロイしたいネームスペースを作成します。

```
# ネームスペースの作成
$ kubectl create namespace wordpress
namespace/wordpress created
```

　準備ができたらHelmを実行します。ここでは、後でバージョンアップを指定するため、バージョンを指定しています（--versionオプションを省略すると、最新版がインストールされます）。また、デバッグオプションを付けておきます。helmコマンド実行時にエラーになっても、デバッグオプションがないとほとんど原因がわからないので、デバッグオプションを付けて実行するようにしましょう。

```
$ helm install mywp stable/wordpress --version 5.2.0 --namespace wordpress --set↩
 allowOverrideNone=no --debug
NAME:   mywp
LAST DEPLOYED: Mon Feb 25 09:26:39 2019
NAMESPACE: wordpress
STATUS: DEPLOYED
…… (中略) ……
2. Login with the following credentials to see your blog

  echo Username: user
  echo Password: $(kubectl get secret --namespace wordpress mywp-wordpress -o js↩
onpath="{.data.wordpress-password}" | base64 --decode)
```

　Kubernetesにインストールされた Chart は、リリースと呼ばれます。helm list でリリースを確認できます。

```
$ helm list --namespace=wordpress
NAME    NAMESPACE   REVISION   UPDATED         STATUS     CHART
mywp    wordpress   1          2019-06-09...   deployed   wordpress-5.2.0
```

　helm listでは、実際にデプロイされたPodなどのリソースが正しく動作しているかどうかまでは確認できません。インストールされたChartが正しく動作しているかを確認するには、ネームスペースにデプロイされたリソースを確認します。

```
$ kubectl get all -nwordpress
NAME                                     READY   STATUS
pod/mywp-mariadb-0                       1/1     Running
pod/mywp-wordpress-86bb479896-zg2m5      1/1     Running
…… (中略) ……
NAME                   TYPE              CLUSTER-IP    EXTERNAL-IP    PO↩
RT(S)                  AGE
```

```
service/mywp-mariadb        ClusterIP      10.0.36.116     <none>           33⤸
06/TCP                      5m9s
service/mywp-wordpress      LoadBalancer   10.0.238.176    168.61.16.244    80⤸
:31975/TCP,443:32442/TCP    5m9s

$ kubectl get ingress -nwordpress    # Ingressを指定した場合確認
NAME              HOSTS                          ADDRESS    PORTS    AGE
mywp-wordpress    wordpress.example.com                     80       13m
```

　上記の service/wp-wordpress に設定されている LoadBalancer の IP アドレス
168.61.16.244（Ingress を指定した場合は、指定した URL）に Web ブラウザでア
クセスすると、WordPress にアクセスできます。
　WordPress の Chart は、デフォルトでは LoadBalancer を利用するようになって
います。Ingress を利用する場合は、次のような values.yaml を用意し、Ingress の
パラメータを指定します。Ingress の設定は Kubernetes の環境ごとに異なるので、
詳細は P.54 を参照してください。

▼ values.yaml

```
service:
  type: ClusterIP

ingress:
  enabled: true
  hosts:
  - name: wordpress.example.com
    path: /
    tls: false
```

```
$ helm install mywp -name stable/wordpress --version 5.2.0 -f values.yaml
```

　設定ファイルではなく、コマンドラインの引数でパラメータを設定したい場合は、
--set オプションに続けて、以下のようにパラメータをカンマ「,」で区切って設定し
ます。

```
$ helm install mywp stable/wordpress --version 5.2.0 --namespace wordpress ⤸
--set service.type=ClusterIP,ingress.enabled=true,ingress.hosts[0].name=w⤸
ordpress.example.com,ingress.hosts[0].path=/,ingress.hosts[0].tls=false
```

　配列を指定する部分は、位置を指定するインデックスも必要となるので注意して
ください。

リリースのアップグレード

　新しいバージョンのChartがリリースされた際にアップグレードしたいときには、次のようにします。

```
$ helm upgrade mywp stable/wordpress --namespace=wordpress
NAME: mywp
LAST DEPLOYED: 2019-06-09 11:28:43.972655307 +0000 UTC
NAMESPACE: wordpress
STATUS: deployed
……（中略）……
WARNING: Rolling tag detected (bitnami/wordpress:5.0.3), please note that⏎
 it is strongly recommended to avoid using r
olling tags in a production environment.
```

```
+info https://docs.bitnami.com/containers/how-to/understand-rolling-tags-↗
containers/

$ helm list
NAME    NAMESPACE    REVISION    UPDATED                              ↗
        STATUS       CHART
mywp    wordpress    2           2019-06-09 11:28:43.972655307 +00↗
00 UTC  deployed     wordpress-5.12.0
```

リリースの削除

不要になったChartを削除するには、helm uninstallを実行します。

```
$ helm uninstall mywp
release "mywp" uninstalled
```

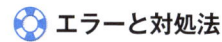 エラーと対処法

エラーメッセージ

podのステータスを見ると、CreateContainerConfigErrorが表示され、詳細には Error: container has runAsNonRoot and image will run as root が表示される。

```
$ kubectl get pod/mywp-wordpress-c89656785-9zvmd  -nwordpress
NAME                            READY STATUS
mywp-wordpress-c89656785-9zvmd  0/1   CreateContainerConfigError
$ kubectl describe  pod/mywp-wordpress-c89656785-9zvmd  -nwordpress
…… (中略) ……
Events:
  Type    Reason     Age                       From               ↗
    Message
  ----    ------     ----                      ----               ↗
    -------
…… (中略) ……
  Warning Failed     2m50s (x8 over 4m18s)  kubelet, node1.intern↗
al  Error: container has runAsNonRoot and image will run as root
```

原因

PodSecurityPodを有効にすると、デフォルトではrootユーザーによるコンテナ 起動を許可しなくなります。これは、rootユーザーによりコンテナが起動しなくなっ たためです。

根本的な原因は、stable/wordpress ChartがPodSecurityPolicyに対応してい

ないので、適切な権限がServiceAccountに与えられていないためです。

エラーとなったPodで利用されているServiceAccountに、cluster-admin ClusterRoleを付与します。まず、エラーとなったPodのServiceAccountを確認します。

```
$ kubectl get -oyaml pod/mywp-wordpress-c89656785-9zvmd  -nwordpress
…… (中略) ……
  serviceAccount: default
  serviceAccountName: default
```

確認したServiceAccount（ここでは「default」）に適切な権限を付与します。例として、クラスター管理者権限（cluster-admin）を追加します。

```
$ kubectl create rolebinding default-cluster-admin --clusterrole=cluster-
admin --serviceaccount=wordpress:default -nwordpress
rolebinding.rbac.authorization.k8s.io/default-cluster-admin created
```

エラーになったPodを削除し、Podを作成し直せば、Podが動作します。

```
$ kubectl delete pod/mywp-wordpress-c89656785-9zvmd -nwordpress
pod "mywp-wordpress-c89656785-9zvmd" deleted
$ kubectl get pod -nwordpress
NAME                                  READY   STATUS    RESTARTS   AGE
mywp-mariadb-0                        1/1     Running   0          17m
mywp-wordpress-c89656785-jbld2        1/1     Running   0          2m
```

エラーメッセージ

```
$ helm install monitoring stable/prometheus-operator --version  5.12.2 -f
values.yaml --debug
…… (中略) ……

Error: the namespace from the provided object "kube-system" does not matc
h the namespace "monitoring". You must pass '--namespace=kube-system' to
perform this operation.
helm.go:56: [debug] the namespace from the provided object "kube-system"
does not match the namespace "monitoring". You must pass '--namespace=kub
e-system' to perform this operation.
```

Chartのデプロイ先として利用されるネームスペース（monitoring）と異なるネー

ムスペース（kube-system）にリソースをデプロイしようとし、エラーメッセージが表示されています。

原因

Helm v2までは、Helm Chartの中で、指定されたネームスペースとは別のネームスペースにリソースをデプロイできました。Helm v3からは、Helmをデプロイするネームスペース（上記の例ではmonitoring）と、リソースをデプロイするネームスペース（kube-system）が異なると、エラーになります。

対処法

Chartのマニフェストで指定されているネームスペース（ここではkube-system）にデプロイすると、問題を解決できることがあります。たとえば上記の場合、次のようにします。

```
$ kubectl config set-context --current --namespace=kube-system
$ helm install monitoring stable/prometheus-operator --version  5.12.2 -f↵
  values.yaml --debug
```

Helmコマンド一覧

helm <コマンド>で実行できるコマンド一覧を次の表にまとめているので、参考にしてください。

▼ helmコマンドの一覧

コマンド	説明
chart	Chartの管理（export、list、pull、push、remove、save）
completion	シェルの補完スクリプトの作成
create	Chartのひな型の作成
dependency	Chartの依存関係の管理
get	リリースのダウンロード
help	ヘルプ
history	リリースの履歴
home	HELM_HOMEの場所を表示
init	Helmの初期化
install	Chartのインストール
lint	Chartの文法チェック
list	リリース一覧の表示
package	Chartパッケージの作成
plugin	Helmプラグインの管理
pull	Chartのダウンロードと解凍

コマンド	説明
registry	コンテナレジストリにログイン
repo	Chartリポジトリの管理
rollback	リリースを前のバージョンに戻す
search	Chartをキーワードで探す
show	Chartの詳細情報表示
status	リリースの状態を表示
template	デプロイされるmanifestsの確認
test	リリースのテスト
uninstall	リリースのアンインストール
upgrade	リリースのアップグレード
verify	署名されたChartの検証
version	Helmのバージョン情報の表示

Grafana Lokiによるログ管理

　日々の運用において、ログ管理は非常に重要です。Kubernetesは自前でログ収集の仕組みを備えていないので、外部のログ管理サーバーでログの収集などを行う必要があります。また、GKEやAKSなどのマネージドKubernetesを利用している場合、Stackdriver LoggingやAzure Monitor for containersなどにログが自動的に転送されますが、次のようなケースでは、ログ管理を自前で用意する必要があります。

- 従来のサーバーや仮想マシンで稼働するアプリケーションを、そのままコンテナへ移行した場合など、レガシーなコンテナイメージのログを収集したい場合
- ハイブリッドクラウドやマルチクラウドなど、既存のログ基盤を利用したい場合

　本節では、ログ管理ツールであるGrafana Loki（以下Loki）を用いて、Kubernetesクラスターのログを管理する方法を説明します。

❖ Lokiの特徴

Lokiには次のような特徴があります。

1. Prometheusのベストプラクティスの踏襲

Prometheuesのリソース管理のように、ログにラベルを付与して、ラベルベースでログを管理します。柔軟な可視化の機能を自身に備えないことで設計をシンプルに保つという思想も、Prometheusを踏襲したものとなっています。たとえば、GrafanaのExplore機能（6.0以降ではデフォルトで有効）を用いると、GrafanaのGUIからログ検索を行えます。

2. 軽量

Go言語で記述され、少ないリソースで軽快に動作します。3ノード・1マスターノードの4ノード構成のKubernetesクラスターに、EFK（ElasticSearch（7.1.1）＋Kibana（7.1.1）＋Fluent Bit（1.1.2））とLoki（0.1.0）をデプロイして利用リソース量を比較した結果を以下に示します。主にJavaが利用されたEFKに比べ、メモリ使用量もCPU使用量も少ないことが確認できます。

ソフトウェア	CPU使用量	メモリ使用量
EFK (7.1.1)	125 (msec)	4380 (Mbytes)
Loki (0.1.0)	55 (msec)	140 (Mbytes)

3. 専用のログフォワーダー

Kubernetesに最適化されたLoki専用のログフォワーダー「Promtail」が提供されており、Helmで簡単にデプロイできます。Fluentdなどの他のログフォワーダーの利用方法を覚える必要はありません。必要であればFluentdのプラグインも用意されているので、Fluentdと連携することもできます。

🎯 Lokiのアーキテクチャ

Lokiは次のようなアーキテクチャとなっています。

▼ Lokiのアーキテクチャ

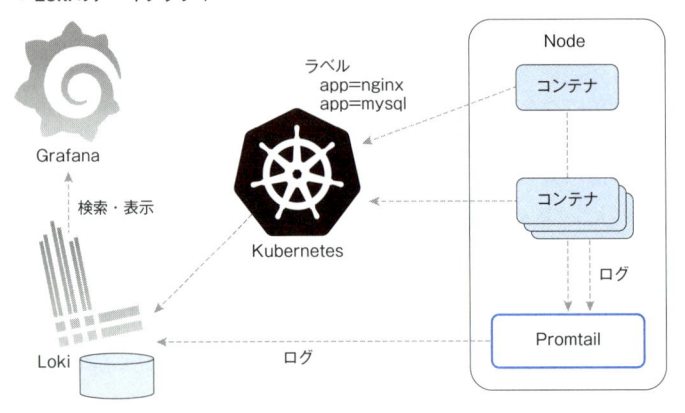

promtailというコマンドで、各ノードのコンテナのログをLokiに送信します。Lokiに送付されたログデータは、ボリュームに圧縮して保存されます。その際、LokiはKubernetesのリソース情報を調べ、コンテナとラベルを対応付けます。ユーザーはGrafanaを利用して、Lokiで収集されたログを検索・閲覧できます。

🎯 Lokiのセットアップ

では、Lokiを実際にインストールしてみましょう。ここではLokiのHelm Chartを利用してインストールします。P.387を参考に、あらかじめHelmをインストールしておいてください。

最初に、LokiのHelmリポジトリを設定します。

```
$ helm repo add loki https://grafana.github.io/loki/charts
$ helm repo update
```

　次に、LokiのHelm Chartをインストールします。永続化ストレージを利用する場合は、以下の--setオプションを利用します。オプションには、環境にあった値を指定してください。

```
$ kubectl create ns loki
$ helm install loki loki/loki --namespace loki --set "persistence.enabled↵
=true,persistence.storageClassName=standard,persistence.size=5Gi"
NAME: loki
LAST DEPLOYED: 2019-06-22 09:36:50.843489827 +0000 UTC m=+0.141603207
NAMESPACE: loki
STATUS: deployed
NOTES:
Verify the application is working by running these commands:
  kubectl --namespace loki port-forward service/loki 3100
  curl http://127.0.0.1:3100/api/prom/label
```

　Lokiが起動したら、LokiのService名を確認します。

```
$ kubectl get svc
NAME            TYPE        CLUSTER-IP    EXTERNAL-IP   PORT(S)    AGE
loki            ClusterIP   10.233.9.8    <none>        3100/TCP   4m3s
loki-headless   ClusterIP   None          <none>        3100/TCP   4m3s
```

　上記で確認したService名（ここではloki）を指定して、promtail Chartをインストールします。

```
$ helm install promtail loki/promtail --set loki.serviceName=loki
NAME: promtail
LAST DEPLOYED: 2019-06-22 09:41:01.372908616 +0000 UTC m=+0.268794009
NAMESPACE: loki
STATUS: deployed
NOTES:
Verify the application is working by running these commands:
  kubectl --namespace loki port-forward daemonset/promtail
  curl http://127.0.0.1:/metrics
```

　インストール済みのGrafanaがあれば、Grafana画面の設定（歯車アイコン）から「Data Sources」を選択して「Add data source」ボタンを押し、「Loki」を選択

します。

「Name」にデータソース名（Lokiなど）、「HTTP URL」にServiceのDNS名（<Service名>.<ネームスペース>.svc.cluster.local）を入力します。ここでは、以下の値を入力することにします。

```
http://loki.loki.svc.cluster.local:3100/
```

▼ GrafanaのLokiのデータソースの設定

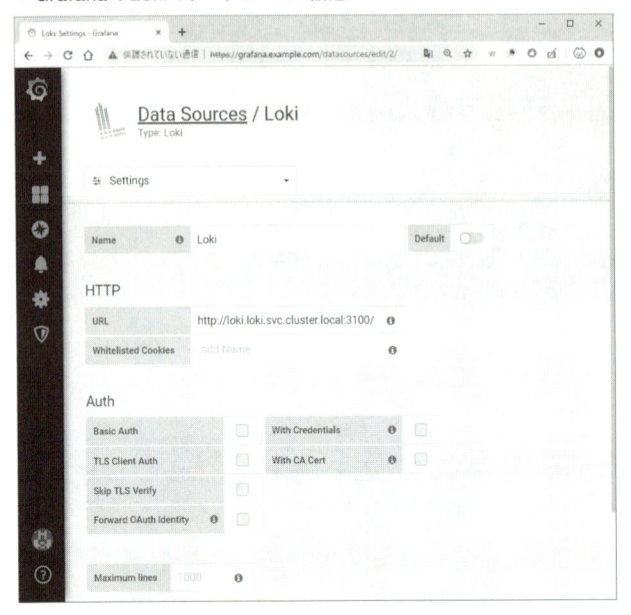

「Save & Test」をクリックして、LokiをGrafanaのデータソースとして登録します。

なお、環境にGrafana・Prometheusをまだインストールしていない場合は、Loki Stackというオールインワンパッケージを利用する方法もあります。Loki Stackには、Grafana・Loki・Promtailだけでなく、モニタリングに用いるPrometheus・Node Exporter・kube-state-metrics・Pushgatewayも含まれており、Loki Stackによりこれらを一括して環境に導入できます。

```
$ helm install loki-stack loki/loki-stack
```

次に、Grafanaの左メニューから「Exporter」を選択し、Log Labelsから表示させたいログのラベルを選択します。

▼ Lokiで表示されたログ

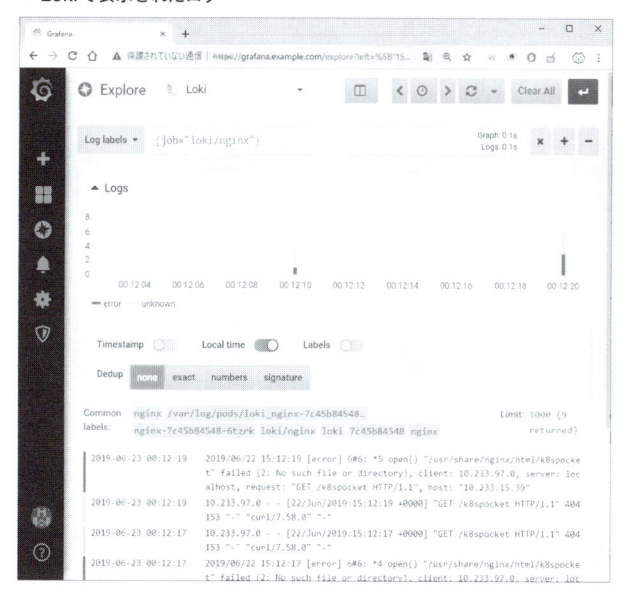

sidecarによるファイルのログの転送

　ファイルに出力されたログは、sidecarコンテナでtailを利用して、Lokiに転送できます。コンテナが出力したログに付与されているラベルとは異なるラベルを付与して管理したい場合は、Promtailをsidecarコンテナとして実行させ、付与したいラベルを付けてログをLokiに転送します。

▼ sidecarによるファイルに出力されたログの転送

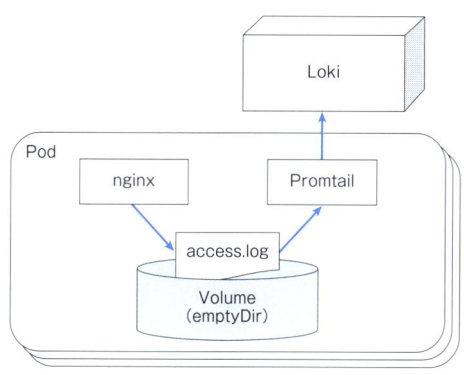

nginxコンテナの /var/log/nginx/access.log に「job: promtail-sidecar」ラベル
を付けてLokiにログを転送するサンプルを以下に掲載しておくので、参考にしてく
ださい。

▼ sidecar.yaml

```yaml
---
apiVersion: v1
kind: ConfigMap
metadata:
  name: config-promtail
  labels:
    app: promtail
data:
  promtail.yaml: |
    server:
      http_listen_port: 9080
    scrape_configs:
      - job_name: system
        entry_parser: raw
        static_configs:
          - targets:
              - localhost
            labels:
              job: promtail-sidecar
              __path__: /var/log/access.log
---
apiVersion: apps/v1
kind: Deployment
metadata:
  labels:
    app: nginx
  name: nginx
spec:
  replicas: 1
  selector:
    matchLabels:
      app: nginx
  template:
    metadata:
      labels:
        app: nginx
    spec:
      containers:
```

```yaml
      - name: nginx
        image: nginx
        ports:
        - name: http
          containerPort: 80
          protocol: TCP
        volumeMounts:
        - name: varlog
          mountPath: /var/log/nginx
      - name: promtail
        image: "grafana/promtail:master"
        imagePullPolicy: Always
        args:
          - "-config.file=/etc/promtail/promtail.yaml"
          - "-client.url=http://loki.loki.svc.cluster.local:3100/api/prom/push"
        volumeMounts:
          - name: config
            mountPath: /etc/promtail
          - name: varlog
            mountPath: /var/log
        ports:
        - containerPort: 9080
          name: http-metrics
      volumes:
        - name: config
          configMap:
            name: config-promtail
        - name: varlog
          emptyDir: {}
---
apiVersion: v1
kind: Service
metadata:
  name: nginx
  labels:
    app: nginx
spec:
  ports:
  - name: http
    port: 80
    targetPort: http
  selector:
    app: nginx
```

参考文献

　本書執筆にあたり、下記の文献・Web サイトを参考にしました。有用な情報を提供されている著者の方々に感謝いたします。

書籍

- Marko Luksa (2018)『Kubernetes in Action』Manning Publications
- 青山真也 (2018)『Kubernetes 完全ガイド』インプレス
- 須田一輝、稲津和磨、五十嵐綾、坂下幸徳、吉田拓弘、河宜成、久住貴史、村田俊哉 (2019)『Kubernetes 実践入門 プロダクションレディなコンテナ＆アプリケーションの作り方』翔泳社
- 阿佐志保、真壁徹 (2019)『しくみがわかる Kubernetes Azure で動かしながら学ぶコンセプトと実践知識』技術評論社

Web サイト

- Azure Kubernetes Service (AKS)
  https://docs.microsoft.com/ja-jp/azure/aks/
- Google Kubernetes Engine のドキュメント
  https://cloud.google.com/kubernetes-engine/docs/
- Nutanix Karbon: Enterprise-grade Kubernetes Solution
  https://www.nutanix.com/2018/11/27/nutanix-karbon-enterprise-grade-kubernetes-solution/
- Kubernetes: Pod Security Policy によるセキュリティの設定
  https://qiita.com/tkusumi/items/6692af743ae03dc0fdcc
- Kubernetes Security - Best Practice Guide
  https://github.com/freach/kubernetes-security-best-practice
- Kubernetes セキュリティベストプラクティス
  https://speakerdeck.com/ianlewis/kubernetesfalsesekiyuriteifalsebesutopurakuteisu
- Kubernetes 基礎 ボリューム
  https://qiita.com/ysakashita/items/924786aa24ef3bb864ef
- プライベートレジストリ
  https://qiita.com/ktateish/items/f094433e92310ad737a8
- Restart-Free Vertical Scaling for Kubernetes Pods
  https://static.sched.com/hosted_files/kccnceu19/31/RestartFreeVerticalScaling.pdf
- Resize Your Pods w/o Disruptions
  https://static.sched.com/hosted_files/kccnceu19/cf/Cake%20presentation.pdf

- kubecon recap
  https://speakerdeck.com/shmurata/kubeconeu-2019-recap-vpa-in-place-update
- vertical-scaling
  https://github.com/Huawei-PaaS/kubernetes/tree/vertical-scaling
- in-place update
  https://github.com/kubernetes/enhancements/pull/686/
- Grafana Loki
  https://grafana.com/loki

逆引きリファレンス

やりたいことをベースとした参照を逆引きリファレンスとして掲載します。

●ユーザーアカウントの作成・アクセス権の設定

●リソース制限

●ネットワーク

●ボリューム

●イメージ・レジストリ

著者紹介

■岡本隆史（おかもとたかし）

Kubespray コントリビュータとして、バグ修正や機能追加を行う。Certificed Kubernetes Administrator/Certificed Kubernetes Application Developer を所持。著書の『改訂新版 Git ポケットリファレンス』（技術評論社）と『Android/iPhone/Windows Phone 対応 jQuery Mobile スマートフォンアプリ開発』（ソフトバンククリエイティブ）は台湾でも出版されている。最近はマレーシアを拠点として APAC や欧州など、海外拠点への Kubernetes・CI/CD の技術支援を行っている。

■佐藤聖規（さとうまさのり）

テクノロジーと企業や開発者をマッチングして、新しい価値を生み出したり、働き方改革のために活動している。特にアーキテクチャ、DevOps コンサルティングが得意。著書に『改訂第3版 Jenkins 実践入門』（技術評論社）、『コンテナ・ベース・オーケストレーション』（翔泳社）。書籍執筆やイベント講演を通じてテクノロジーのことを多くに人に知ってもらえるのが喜び。Twitter：@lino_s

■岩成祐樹（いわなりゆうき）

エンジニアが幸せな世の中を実現すべく、日々奮闘中。現職では、クラウド、コンテナ、DevOps など、開発全般の技術支援に従事。最近の注目は、Kubernetes 関連の開発ツール、フレームワーク。イベント登壇などの際のユーザーの生の声が心の支え。共著に『改訂第3版 Jenkins 実践入門』（技術評論社）。Twitter：@yuki_iwanari

■正野勇嗣（しょうのゆうじ）

ソフトウェア開発技術のR＆Dに従事するかたわら、開発プロジェクト支援やトラブルシューティングも行う。「いまさら聞けないマイクロサービスの基本」「API エコノミーの作り方」「Swagger 入門」「RPA 入門」「Kubernetes 入門」（マイナビ ITSearch+）などの執筆活動や、マイクロサービス関連技術を中心とした講演活動を通じてさまざまな人や技術に触れるのが楽しみ。大学非常勤講師も務める。3児のパパ。

■村上大河（むらかみたいが）

テクノロジーでみんなを幸せにすることが大好き。現職ではクラウドを使って良いソフトウェアを早くつくるための活動に従事。特にインフラ技術、分散アーキテクチャが得意。最近では SRE や Chaos Technology がお気に入り。仕事の傍ら執筆、講演、大学での講義を行う。趣味は SPARTAN RACE と FX 自動売買。Twitter：@samuraitaiga111

謝辞

　本書執筆にあたり、レビューいただいた中井悦司様、篠原一徳様、長谷部光治様、本多浩文様、宇都宮雅彦様、西澤勇紀様、高橋友和様、Microsoft 原田慶子様、技術評論社で編集を担当いただいた鷹見成一郎様、西原康智様、編集制作を担当いただいたトップスタジオの武藤健志様に感謝いたします。

　Docker、Kubernetesとその関連プロダクトを開発されている方々、カンファレンス、セミナーなどで普及活動をされている方々、引用文献、参考文献として掲載させていただいたサイト、ブログ、書籍を執筆いただいた方々に感謝いたします。

　最後になりますが、技術評論社で企画・調整いただき、本書の出版の機会をくださった技術評論社細谷謙吾様に感謝いたします。

●編集・DTP
　武藤 健志（株式会社トップスタジオ）
●カバーデザイン
　株式会社 志岐デザイン事務所（岡崎 善保）
●カバーイラスト
　黒崎 玄
●担当
　西原 康智

■お問い合わせについて

本書の内容に関するご質問につきましては、下記の宛先まで FAX または書面にてお送りいただくか、弊社ホームページの該当書籍のコーナーからお願いいたします。お電話によるご質問、および本書に記載されている内容以外のご質問には、一切お答えできません。あらかじめご了承ください。

また、ご質問の際には、「書籍名」と「該当ページ番号」、「お客様のパソコンなどの動作環境」、「お名前とご連絡先」を明記してください。

●宛先
　〒 162-0846
　東京都新宿区市谷左内町 21-13
　　株式会社技術評論社　雑誌編集部
　「Kubernetes ポケットリファレンス」係
　FAX：03-3513-6173

●技術評論社 Web サイト
　https://book.gihyo.jp

お送りいただきましたご質問には、できる限り迅速にお答えをするよう努力しておりますが、ご質問の内容によってはお答えするまでに、お時間をいただくこともございます。回答の期日をご指定いただいても、ご希望にお応えできかねる場合もありますので、あらかじめご了承ください。
なお、ご質問の際に記載いただいた個人情報は質問の返答以外の目的には使用いたしません。また、質問の返答後は速やかに破棄させていただきます。

Kubernetes ポケットリファレンス

2019 年 11 月 29 日　初　版　第 1 刷発行

著　者	岡本 隆史、佐藤 聖規、岩成 祐樹、正野 勇嗣、村上 大河
発行者	片岡 巌
発行所	株式会社技術評論社
	東京都新宿区市谷左内町 21-13
	電話　03-3513-6150　販売促進部
	03-3513-6177　雑誌編集部
印刷・製本	昭和情報プロセス株式会社

定価はカバーに表示してあります。

ISBN978-4-297-10957-8 C3055
Printed in Japan